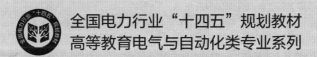

全国电力行业"十四五"规划教材

高等教育电气与自动化类专业系列

电气控制与 PLC应用

第四版

主　编　范永胜　王　岷

副主编　常　青　梁丽华

编　写　张　波　席　维

主　审　郁汉琪

中国电力出版社

CHINA ELECTRIC POWER PRESS

内 容 提 要

　　本书为全国电力行业"十四五"规划教材，中国电力教育协会高校电气类专业精品教材。

　　本书是在第三版的基础上经过修改完善编写而成的。全书共八章，内容包括常用低压电器、电气控制电路的基本规律、电气控制电路设计、可编程控制器概述、FX 系列可编程控制器编程元件及指令系统、FX 系列可编程控制器程序设计方法、PLC 控制变频器方法及应用、PLC 在 PID 控制中的应用。可编程控制器是以当前极具代表性的 FX3U 系列 PLC 为例进行了系统阐述，同时也对 FX3U 系列 PLC 的升级产品 FX5U 系列 PLC 同步进行了介绍。本书语言通畅、叙述清楚，讲解由简到繁、循序渐进，注重读者应用能力的培养，通过案例分析来帮助读者完成知识的理解和吸收。一些主要习题附有答案，供读者参考学习。

　　本书既可以作为普通高等院校电气工程及其自动化、自动化、测控技术与仪器、机械设计制造及其自动化等专业的教学用书，也可以作为控制工程、电气工程领域工程技术人员的参考用书。

图书在版编目（CIP）数据

电气控制与 PLC 应用/范永胜，王岷主编；常青，梁丽华副主编. -- 4 版. -- 北京：中国电力出版社，2025.2

ISBN 978-7-5198-9195-4

Ⅰ. TM571

中国国家版本馆 CIP 数据核字第 2024E42P13 号

出版发行：中国电力出版社

地　　址：北京市东城区北京站西街 19 号（邮政编码 100005）

网　　址：http：//www.cepp.sgcc.com.cn

责任编辑：乔　莉

责任校对：黄　蓓　朱丽芳

装帧设计：郝晓燕

责任印制：吴　迪

印　　刷：廊坊市文峰档案印务有限公司

版　　次：2004 年 8 月第一版　2007 年 2 月第二版　2014 年 4 月第三版　2025 年 2 月第四版

印　　次：2025 年 2 月北京第一次印刷

开　　本：787 毫米×1092 毫米　16 开本

印　　张：17

字　　数：404 千字

定　　价：52.80 元

前言

为了适应电气控制技术的发展，特别是 PLC 应用技术快速发展的需要，对第三版内容进行了修订。修订过程中坚持结合生产实际、突出工程应用和内容通俗易懂的原则，保留了精选内容，删除了过时内容，增加了控制与保护开关电器、FX3U、FX5U 及 PLC 在 PID 控制中的应用等实用内容。

本次修订主要变动内容如下：

（1）第一章主要介绍了常用低压电器，该章新增了第九节"控制与保护开关电器"，详细介绍了控制与保护开关电器的基本概念、结构、工作原理、分类、主要技术参数与性能指标、常见 CPS 简介、CPS 适用范围和典型用途等内容。

（2）第二章讲述了电气控制线路的基本规律，该章第二节的可逆控制和互锁环节增加了 KB0 设计可逆控制的内容，作为第一章新增内容的具体应用。

（3）第四章在介绍了 PLC 基本组成和工作原理的基础上，增加了第五节"FX3U 和 FX5U 系列 PLC 硬件介绍"和第六节"GX Works2 与 GX Works3 编程软件介绍"两节新内容。

（4）第五章第一节"FX 系列 PLC 的技术指标"内容基本全部更新，由原来的介绍 FX0S、FX0N、FX2N 型号技术指标变为简单介绍 FX2N 型号技术指标基础上，详细介绍了 FX3U、FX5U 系列的相关技术指标。考虑到 FX5U 系列与 FX3U 系列 PLC 基本指令有所不同，该章增加了第五节"FX5U 与 FX3U 不同之处"。

（5）第七章题目由原来的"PLC 控制变频器方法及编程器和编程软件的使用"变更为"PLC 控制变频器方法"，删除了第七章第三节"简易编程器的使用方法"和第四节"编程软件介绍"的过时内容。

（6）增加了第八章"PLC 在 PID 控制中的应用"，详细介绍了"FX3U 模拟量模块与 FX5U 内置模拟量""PID 的基本知识"及"PID 液位控制案例"三部分内容，并在案例中使用组态王软件设计了上位机监控系统。

（7）习题中增加了关于 FX3U 与 FX5U 系列 PLC 的内容。习题参考答案中有的使用 FX3U 系列 PLC 进行了作答，有的使用 FX5U 系列 PLC 进行作答，目的是促进大家分别练习 GX Works2 与 GX Works3 编程软件的使用，熟练掌握两种机型的相关指令。

（8）增加了附表 14～19，提供了 KB0 的各种相关参数。删除了原来陈旧的附录 B、附录 C。

本书由河北建筑工程学院的范永胜、山东建筑大学的王岷主编，河北建筑工程学院的常青、山东建筑大学的梁丽华任副主编，河北建筑工程学院的张波、席维参编。第一章的第一至八节、第二章、第三章及附表 1～13 由王岷编写；第一章的第九节及附表 14～19 由梁丽华编写；第四章的第一至四节、第五章的第二至四节、第六章、第七章由范永胜编写；第四章的第五、六节，第五章的第一、五节，第八章由常青编写；PLC 部分的习题由张波解答并调试；席维参与了 PID 控制案例上位机设计及系统调试的部分工作。

限于编者水平，书中不妥之处在所难免，敬请广大读者批评指正。

编　者
2024 年 8 月

目录

前言

第一章 常用低压电器 ……………………………………………………………………… 1
    第一节 概述 ………………………………………………………………………… 1
    第二节 常用低压电器的基本问题 ……………………………………………… 5
    第三节 接触器 ……………………………………………………………………… 18
    第四节 继电器 ……………………………………………………………………… 24
    第五节 主令电器 ………………………………………………………………… 39
    第六节 熔断器 ……………………………………………………………………… 45
    第七节 低压断路器 ……………………………………………………………… 51
    第八节 电磁执行机构 …………………………………………………………… 57
    第九节 控制与保护开关电器 ………………………………………………… 60
    习题 ………………………………………………………………………………… 69

第二章 电气控制电路的基本规律 …………………………………………………… 70
    第一节 电气控制电路的绘制原则 …………………………………………… 70
    第二节 电气控制电路中的基本环节 ………………………………………… 73
    第三节 三相交流电动机启动控制电路 …………………………………… 80
    第四节 三相交流电动机的制动控制电路 ………………………………… 84
    第五节 电气控制电路中的保护环节 ………………………………………… 86
    习题 ………………………………………………………………………………… 90

第三章 电气控制电路设计 …………………………………………………………… 91
    第一节 电气控制电路的一般设计方法 …………………………………… 91
    第二节 电气控制电路的逻辑设计方法 …………………………………… 103
    习题 ………………………………………………………………………………… 126

第四章 可编程控制器概述 …………………………………………………………… 129
    第一节 可编程控制器的产生及定义 ………………………………………… 129
    第二节 可编程控制器的特点及应用 ………………………………………… 130
    第三节 可编程控制器的分类和发展 ………………………………………… 132
    第四节 可编程控制器的基本组成和工作原理 ………………………… 135
    第五节 FX3U 和 FX5U 系列 PLC 硬件介绍 …………………………… 141

第六节　GX Works2 与 GX Works3 编程软件介绍 ………………………… 149
习题 ………………………………………………………………………… 157

第五章　FX 系列可编程控制器编程元件及指令系统 ………………… 158
第一节　FX 系列可编程控制器的技术指标 ………………………………… 158
第二节　FX 系列可编程控制器的编程元件 ………………………………… 164
第三节　FX 系列可编程控制器的基本逻辑指令 …………………………… 173
第四节　FX 系列可编程控制器的功能指令 ………………………………… 177
第五节　FX5U 与 FX3U 不同之处 …………………………………………… 192
习题 ………………………………………………………………………… 195

第六章　FX 系列可编程控制器程序设计方法 ………………………… 198
第一节　梯形图的分析设计法 ……………………………………………… 198
第二节　梯形图的时序设计法 ……………………………………………… 205
第三节　顺序功能图的设计 ………………………………………………… 207
第四节　功能指令的应用实例 ……………………………………………… 216
习题 ………………………………………………………………………… 221

第七章　PLC 控制变频器方法及应用 ………………………………… 223
第一节　PLC 控制变频器的方法 …………………………………………… 223
第二节　PLC 控制变频器应用实例 ………………………………………… 228

第八章　PLC 在 PID 控制中的应用 …………………………………… 236
第一节　FX3U 模拟量模块与 FX5U 内置模拟量 ………………………… 236
第二节　PID 的基础知识 …………………………………………………… 246
第三节　PID 液位控制案例 ………………………………………………… 248

附录　常用低压电器主要技术参数 …………………………………… 257

参考文献 ………………………………………………………………… 266

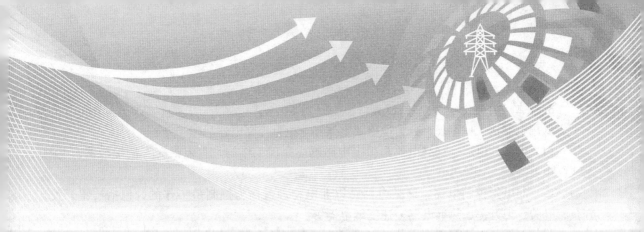

第一章 常用低压电器

第一节 概　　述

在我国经济建设和人民生活中，电能的应用越来越广泛。在工业、农业、交通、国防以及人民生活用电场合中，大多采用低压供电。为了安全、可靠地使用电能，电路中必须装设各种起调节、分配、控制和保护作用的接触器、继电器等低压电器，即无论是低压供电系统还是控制生产过程的电力拖动控制系统，均由用途不同的各类低压电器组成。随着科学技术和生产的发展，低压电器的种类不断增多，用量也不断增加，用途更为广泛。

一、低压电器的定义与分类

GB/T 14048.1—2023《低压开关设备和控制设备 第1部分：总则》规定，工作电压在交流1200V、直流1500V以下的电气线路中起通断、保护、控制或调节作用的电器称为低压电器。低压电器的种类繁多，工作原理各异，因而有不同的分类方法。以下介绍三种分类方式。

1. 按用途和控制对象分类

低压电器按用途和控制对象可分为配电电器和控制电器。

（1）配电电器。这类电器主要用于低压供电系统，包括刀开关、转换开关、隔离开关、低压断路器和熔断器等。对配电电器的主要技术要求是：①断流能力强、限流效果好；②在系统发生故障时保护动作准确，工作可靠；③具有足够的热稳定性和动稳定性。

（2）控制电器。这类电器主要用于电力拖动及自动控制系统，包括接触器、启动器和各种控制继电器等。对控制电器的主要技术要求是操作频率高、电寿命和机械寿命长、有相应的转换能力。

2. 按操作方式分类

低压电器按操作方式可分为自动电器和手动电器。

（1）自动电器。自动电器是指通过电磁（或压缩空气）做功来完成接通、分断、启动、反向和停止等动作的电器。常用的自动电器有接触器、继电器等。

（2）手动电器。手动电器是指通过人力做功来完成接通、分断、启动、反向和停止等动作的电器称为手动电器。常用的手动电器有刀开关、转换开关和主令电器等。

3. 按工作原理分类

低压电器按工作原理可分为电磁式电器和非电量控制电器。

（1）电磁式电器。这类电器是根据电磁感应原理工作的，它包括交直流接触器、电磁式继电器等。

（2）非电量控制电器。这类电器是以非电物理量作为控制量工作的，包括按钮开关、行程开关、刀开关、热继电器、速度继电器等。

另外，低压电器按工作条件还可划分为一般工业电器、船用电器、化工电器、矿用电器、牵引电器及航空电器等几类，它们对不同类型低压电器的防护形式、耐潮湿、耐腐蚀、抗冲击等性能的要求不同。

下面，重点介绍最典型的几类低压电器，如刀开关、熔断器、低压断路器、接触器、继电器、主令电器、启动器等。

二、低压电器的基本用途

在输送电能的输电线路和各种用电场合，需要使用不同的电器来控制电路通、断，并对电路的各种参数进行调节。低压电器在电路中的用途就是根据外界控制信号或控制要求，通过一个或多个器件组合，自动或手动接通、分断电路，连续或断续地改变电路状态，对电路进行切换、控制、保护、检测和调节。

三、低压电器的全型号表示法及代号含义

为了生产销售、管理和使用方便，我国对各种低压电器都按规定编制型号，即由类别代号、组别代号、设计代号、基本规格代号和辅助规格代号等几部分构成低压电器的全型号。每一级代号后面可根据需要加设派生代号。产品全型号示意如下：

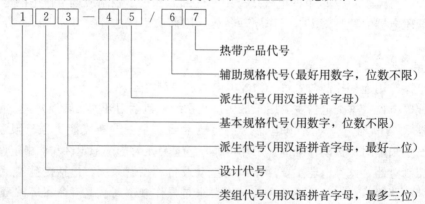

低压电器全型号各部分必须使用规定的符号或数字表示。

1. 类组代号

类组代号包括类别代号和组别代号，用汉语拼音字母表示，代表低压电器元件所属的类别，以及在同一类电器中所属的组别，见表 1-1。

2. 设计代号

设计代号表示同类低压电器元件的不同设计序列，用数字表示，位数不限，其中两位及两位以上的首位数字为：9 表示船用；8 表示防爆；7 表示纺织用；6 表示农业用；5 表示

化工用。

表 1-1　　　　　　　　　　低压电器产品型号的类组代号

代号	名称	A	B	C	D	G	H	J	K	L	M	P	Q	R	S	T	U	W	X	Y	Z
H	刀开关和转换开关				刀开关		封闭式负荷开关		开启式负荷开关					熔断器式刀开关	刀形转换开关				其他		组合开关
R	熔断器			插入式			汇流排式			螺旋式	封闭管式				快速	有填料管式			限流	其他	
D	低压断路器										灭磁				快速		框架式		限流	其他	塑料外壳式
K	控制器					鼓形						平面			凸轮						其他
C	接触器					高压		交流				中频			时间	通用				其他	直流
Q	启动器	按钮式		磁力					减压						手动		油浸		星三角	其他	综合
J	控制继电器									电流		热			时间	通用	温度			其他	中间
L	主令电器	按钮						接近开关	主令控制器						主令开关	足踏开关	旋钮	万能转换开关	行程开关	其他	
Z	电阻器		板形元件	冲片元件	铁铬铝带型元件	管形元件									烧结元件	铸铁元件			电阻器	其他	
B	变阻器			旋臂式						励磁		频敏	启动		石墨	启动调速	油浸启动	液体启动	滑线式	其他	
T	调整器				电压																
M	电磁铁											牵引					起重			液压	制动
A	其他	其他	触电保护器	插销	灯			接线盒		电铃											

3. 基本规格代号

基本规格代号用数字表示，表示同一系列产品中不同的规格品种。

4. 辅助规格代号

辅助规格代号用数字表示，表示同一系列、同一规格产品中有某种区别的不同产品。

5. 派生代号

派生代号一般用汉语拼音字母表示，表示系列内个别变化的特征。通用派生代号，见表 1-2。

表 1 - 2   低压电器产品型号的派生代号

派生代号	代 表 意 义	备 注
A B C D …	结构设计稍有改进或变化	
C	插入式	
J	交流、防溅式	
Z	直流、自动复位、防震、重任务、正向	
W	无灭弧装置、无极性	
N	可逆、逆向	
S	有锁住机构、手动复位、防水式、三相、三个电源、双线圈	
P	电磁复位、防滴式、单相、两个电源、电压的	
K	保护式、带缓冲装置	
H	开启式	
M	密封式、灭磁、母线式	
Q	防尘式、手车式	
L	电流的	
F	高返回、带分励脱扣	
T	按（湿热带）临时措施制造	
TH	湿热带	此项派生代号加注在全型号之后
TA	干热带	

其中：类组代号与设计代号的组合表示产品的系列，一般称为电器的系列号。同一系列的电器元件的用途、工作原理和结构基本相同，而规格、容量则根据需要可以有许多种。例如，JR16 是热继电器的系列号，同属这一系列的热继电器的结构、工作原理都相同，但其热元件的额定电流从零点几安到几十安，有十几种规格。其中辅助规格代号为 3D 的有三相热元件，装有差动式断相保护装置，因此能对三相异步电动机有过载和断相保护功能。

四、低压电器的主要技术指标

为保证电器设备安全可靠地工作，国家对低压电器的设计、制造制定了严格的标准，合格的电器产品应符合国家标准规定的技术要求。在使用电器元件时，必须按照产品说明书中规定的技术条件选用。低压电器的主要技术指标有五项。

1. 绝缘强度

绝缘强度是指电器元件的触头处于分断状态时，动触头之间耐受的电压值（无击穿或闪烁现象）。

2. 耐潮湿性能

耐潮湿性能是指保证电器可靠工作的允许环境潮湿条件。

3. 极限允许温升

电器的导电部件通过电流时将引起发热和温升。极限允许温升是指为防止过度氧化和烧熔而规定的最高温升值（温升值＝测得实际温度－环境温度）。

4. 操作频率

操作频率是指电器元件在单位时间（1h）内允许操作的最高次数。

5．寿命

电器的寿命包括电寿命和机械寿命两项指标。电寿命是指电器元件的触头在规定的电路条件下，正常操作额定负荷电流的总次数。机械寿命是指电器元件在规定使用条件下，正常操作的总次数。

五、低压电器的结构要求

低压电器产品的种类多、数量大，用途极为广泛。为了保证不同产地、不同企业生产的低压电器产品的规格、性能和质量一致，通用和互换性好，低压电器的设计和制造必须严格按照国家的有关标准，尤其是基本系列的各类开关电器必须保证执行三化，即标准化、系列化、通用化；四统一，即型号规格、技术条件、外形及安装尺寸、易损零部件统一的原则。在购置和选用低压电器元件时，也要特别注意检查其结构是否符合标准，防止给以后的运行和维修工作留下隐患和麻烦。

第二节　常用低压电器的基本问题

低压电器的基本结构是由触头系统和电磁机构组成。触头是电磁式电器的执行部分，电器就是通过触头的动作来分合被控电路的。触头按其所控制的电路可分为主触头和辅助触点。主触头用于接通或断开主电路，允许通过较大的电流，辅助触点用于接通或断开控制电路，只能通过较小的电流。触头在闭合状态下，动、静触头完全接触，并有工作电流通过时，称为电接触。电接触时会存在接触电阻。动、静触头在分离时，会产生电弧。触头系统存在的接触电阻和电弧的物理现象，对电气系统的安全运行影响较大；另外，电磁机构的电磁吸力和反力特性又是决定电器性能的主要因素之一。低压电器的主要技术性能指标与参数就是在这些基础上制定的。因此，触头结构、电弧、灭弧装置以及电磁吸力和反力特性等构成低压电器的基本问题，也是研究电器元件结构和工作原理的基础。

一、电器的触头和电弧

（一）电器的触头系统

1．触头的接触电阻

当动、静触头闭合后，不可能完全紧密地接触，从微观看，只有一些凸起点之间的有效接触，因此工作电流只流过这些相接触的凸起点，使有效导电面积减少，该区域的电阻远大于金属导体的电阻。这种由于动、静触头闭合时形成的电阻，称为接触电阻。由于接触电阻的存在，不仅会造成一定的电压损耗，还会使铜损耗增加，造成触头温升超过允许值，导致触头表面的"膜电阻"进一步增加及相邻绝缘材料的老化，严重时可使触头熔焊，造成电气系统发生事故。因此，对各种电器的触头都规定了它的最高环境温度和允许温升。

为确保导电、导热性能良好，触头通常由铜、银、镍及其合金材料制成，有时也在铜触头表面电镀锡、银或镍。对于有些特殊用途的电器，如微型继电器和小容量的电器，其触头常采用银质材料，以减小接触电阻；对于大中容量的低压电器，在结构设计上，采用滚动接触结构的触头，可将氧化膜去掉。

除此之外，触头在运行时还存在磨损。触头的磨损包括电磨损和机械磨损。电磨损是由于在通断过程中触头间的放电作用使触头材料发生物理性能和化学性能变化而引起的。电磨损是引起触头材料损耗的主要原因之一。机械磨损是由于机械作用使触头材料发生磨损和消耗。机械磨损的程度取决于材料硬度、触头压力及触头的滑动方式等。为了使接触电阻尽可能减小，一是要选用导电性好、耐磨性好的金属材料制作触头，使触头本身的电阻尽量减小；二是要使触头接触得紧密一些；另外在使用过程中尽量保持触头清洁，在有条件的情况下应定期清扫触头表面。

2. 触头的接触形式

触头的接触形式及结构形式很多。通常按接触形式将触头分为三种：点接触、线接触和面接触，如图 1-1 所示。显然，面接触时的实际接触面要比线接触的大，而线接触的实际接触面又比点接触的大。

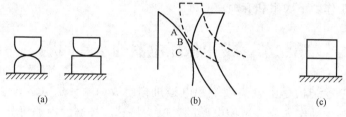

(a)　　　　　　(b)　　　　　　(c)

图 1-1　触头的接触形式
（a）点接触；（b）线接触；（c）面接触

图 1-1（a）所示为点接触，它由两个半球形触头或一个半球形与一个平面形触头构成。这种结构有利于提高单位面积上的压力，减小触头表面电阻，常用于小电流的电器中，如接触器的辅助触点和继电器触点。图 1-1（b）所示为线接触，通常被做成指形触头结构，其接触区是一条直线。触头通、断过程是滚动接触并产生滚动摩擦，利于去掉氧化膜。开始接触时，静、动触头在 A 点接触，靠弹簧压力经 B 点滚动到 C 点，并在 C 点保持接通状态。断开时作相反运动，这样可以在通断过程中自动清除触头表面的氧化膜。同时，长时期工作的位置不是在易烧灼的 A 点而是在 C 点，保证了触头的良好接触。这种滚动线接触适用于通电次数多、电流大的场合，多用于中等容量电器。图 1-1（c）所示为面接触，这种接触的触头一般在接触表面上镶有合金，以减小触头的接触电阻，提高触头的抗熔焊、抗磨损能力，允许通过较大的电流。中小容量的接触器的主触头多采用这种结构。

触头在接触时，为了使触头接触得更加紧密，以减小接触电阻，消除开始接触时产生的振动，一般在触头上都装有接触弹簧。如图 1-2（b）所示，当动触头刚与静触头接触时，由于安装时弹簧预先压缩了一段，因此产生一个初压力 F_1，并且随着触头闭合，逐渐增大触头间的压力。触头闭合后由于弹簧在超行程内继续变形而产生一个终压力 F_2，如图 1-2（c）所示。弹簧被压缩的距离称为触头的超行程，即从静、动触头开始接触到触头压紧，整个触头系统向前压紧的距离。有了超行程，在触头磨损情况下，仍具有一定压力，磨损严重时超行程将失效。

触头按其原始状态可分为动合触头（旧称常开触头）和动断触头（旧称为常闭触头）。原始状态时（即线圈未通电）断开，线圈通电后闭合的触头叫动合触头。原始状态时闭合，线圈通电后断开的触头叫动断触头。线圈断电后所有触头复原。

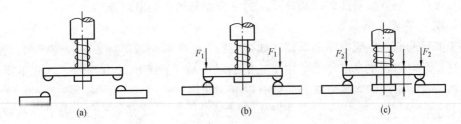

图 1-2　桥式触头闭合过程位置示意图

（a）最终断开位置；（b）刚刚接触位置；（c）最终闭合位置

（二）电弧的产生及灭弧方法

1. 电弧的产生及其物理过程

在自然环境中分断电路时，如果电路的电流（或电压）超过某一数值时（根据触头材料的不同，此值为 0.25～1A，12～20V），触头在分断的时候就会产生电弧。

电弧实际上是触头间的气体在强电场作用下产生的放电现象。所谓气体放电，就是触头间隙中的气体被游离产生大量的电子和离子，在强电场作用下，大量的带电粒子做定向运动，于是绝缘的气体就变成了导体。电流通过这个游离区时所消耗的电能转换为热能和光能，发出光和热的效应，产生高温并发出强光，使触头烧损，并使电路的切断时间延长，甚至不能断开，造成严重事故。所以，必须采取措施熄灭或减小电弧，为此首先要了解电弧产生的原因。

电弧产生的原因主要经历以下四个物理过程。

（1）强电场放射。触头开始分离时，其间隙很小，电路电压几乎全部降落在触头间很小的间隙上，因此该处电场强度很高，每米可达几亿伏，此强电场将触头阴极表面的自由电子拉出到气隙中，使触头间隙中存在较多的电子，这种现象就是所谓的强电场放射。

（2）撞击电离。触头间隙中的自由电子在电场作用下，向正极加速运动，它在前进途中撞击气体原子，该原子被分裂成电子和正离子；分裂出来的电子在向正极运动过程中，又将撞击其他原子，使触头间隙中气体中的电荷越来越多。这种现象称为撞击电离。触头间隙中的电场强度越强，电子在加速过程中所走的路程越长，所获得的能量就越大，故撞击电离的电子就越多。

（3）热电子发射。撞击电离产生的正离子向阴极运动，撞击在阴极上会使阴极温度逐渐升高，使阴极金属中电子动能增加。当阴极温度达到一定程度时，一部分电子有足够动能将从阴极表面逸出，再参与撞击电离。由于高温使电极发射电子的现象称为热电子发射。

（4）高温游离。当电弧间隙中气体的温度升高时，气体分子热运动速度加快。当电弧的温度达到 3000℃ 或更高时，气体分子将发生强烈的不规则热运动并造成相互碰撞，结果使中性分子游离成为电子和正离子。这种因高温使分子撞击所产生的游离称为高温游离。当电弧间隙中有金属蒸气时，高温游离大大增加。

另外，伴随着电离的进行，还存在着消电离作用。消电离是指正负带电粒子接近时结合成为中性粒子的同时，削弱电离的过程。消电离过程可分为复合和扩散两种。电离和消电离作用是同时存在的。当电离速度高于消电离速度时，电弧就增强；当电离速度与消电离速度相等时，电弧就稳定燃烧；当消电离速度高于电离速度时，电弧就会熄灭。因此，要使电弧熄灭，一方面要减弱电离作用，另一方面是增强消电离作用。

2. 电弧的熄灭及灭弧方法

对于需要通断大电流电路的电器，如接触器、低压断路器等，要有较完善的灭弧装置。对于小容量继电器、主令电器等，由于它们的触头是通断小电流电路的，因此不要求有完善的灭弧装置。常用的灭弧方法和装置有以下几种。

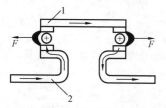

图 1-3 桥式触头灭弧原理

1—动触头；2—静触头

（1）电动力吹弧。图 1-3 所示为一种桥式结构双断口触头，流过触头两端的电流方向相反，将产生互相排斥的电动力。当触头打开时，在断口中产生电弧。电弧电流在两电弧之间产生图中以"⊕"表示的磁场，电弧磁场方向进入纸面，根据左手定则，电弧电流要受到一个指向外侧的电动力 F 的作用，使电弧向外运动并拉长，使其迅速穿越冷却介质，从而加快电弧冷却并熄灭。这种灭弧方法一般多用于小功率的电器中，当配合栅片灭弧时，也可用于大功率的电器中。交流接触器通常采用这种灭弧方法。

（2）栅片灭弧。图 1-4 为栅片灭弧示意图。灭弧栅一般是由多片镀铜薄钢片（称为栅片）和石棉绝缘板组成，它们通常在电器触头上方的灭弧室内，彼此之间互相绝缘。当触头分断电路时，在触头之间产生电弧，电弧电流产生磁场，由于钢片磁阻比空气磁阻小得多，因此，电弧上方的磁通非常稀疏，而下方的磁通却非常密集，这种上疏下密的磁场将电弧拉入灭弧罩中，当电弧进入灭弧栅后，被分割成数段串联的短弧。这样每两片灭弧栅片可以看作一对电极，而每对电极间都有 150～250V 的绝缘强度，使整个灭弧栅的绝缘强度大大加强，而每个栅片间的电压不足以达到电弧燃烧电压，同时栅片吸收电弧热量，使电弧迅速冷却而很快熄灭。

（3）磁吹灭弧。磁吹灭弧方法是利用电弧在磁场中受力，将电弧拉长，并使电弧在冷却的灭弧罩窄缝隙中运动，产生强烈的消电离作用，从而将电弧熄灭。其原理如图 1-5 所示。

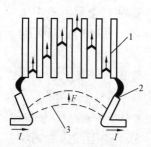

图 1-4 栅片灭弧示意图

1—灭弧栅片；2—触头；3—电弧

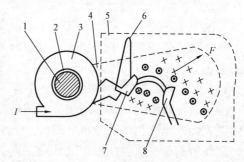

图 1-5 磁吹式灭弧

1—铁芯；2—绝缘管；3—吹弧线圈；4—导磁夹片；
5—灭弧罩；6—引弧角；7—静触头；8—动触头

图 1-5 中，在触头电路中串入吹弧线圈 3，当主电流 I 通过线圈时，产生磁通 φ，根据右手螺旋定则可知，该磁通从导磁体通过导磁夹片，在触头间隙中形成磁场。图中"×"符号表示磁通 φ 方向为进入纸面。当触头打开时在触头间隙中产生电弧，电弧自身也产生

一个磁场。该磁场在电弧上侧，方向为从纸面出来，用"⊙"符号表示，它与线圈产生的磁场方向相反；而在电弧下侧，电弧磁场方向进入纸面，用"⊕"符号表示，它与线圈的磁场方向相同。这样，两侧的合成磁通就不相等，下侧大于上侧，因此，产生强烈的电磁力将电弧向上推，使电弧急速进入灭弧罩，电弧被拉长并受到冷却而很快被熄灭。此外，这种灭弧装置利用电弧电流本身灭弧，电弧电流越大，吹弧能力也越强。它广泛应用于直流灭弧装置中（如直流接触器的灭弧装置中）。

二、电磁机构

电磁机构是电磁式继电器和接触器等低压电器件主要组成部件之一，其工作原理是将电磁能转换为机械能，从而带动触头动作。

（一）电磁机构的结构形式

电磁机构由吸引线圈（励磁线圈）和磁路两部分组成。其中磁路包括铁芯、铁轭、衔铁和空气隙。当吸引线圈通过一定的电压或电流时，产生激励磁场及吸力，并通过气隙转换为机械能，从而带动衔铁运动使触头动作，以完成触头的断开和闭合。

图1-6所示为几种常用的电磁机构结构示意图。由图可见，衔铁可以做直线运动，也可以绕支点转动。按电磁系统形状分类，电磁机构可分为U形［见图1-6（a）］和E形［见图1-6（b）］两种。

铁芯按衔铁的运动方式分为下述三类：

（1）衔铁沿棱角转动的拍合式铁芯，如图1-6（a）所示。其衔铁绕铁轭的棱角转动，磨损较小，铁芯一般用电工软铁制成，适用于直流继电器和接触器。

（2）衔铁沿轴转动的拍合式铁芯，如图1-6（b）所示。其衔铁绕轴转动，铁芯一般用硅钢片叠成，常用于较大容量交流接触器。

（3）衔铁做直线运动的直动式铁芯，如图1-6（c）所示。其衔铁在线圈内做直线运动，较多用于中小容量交流接触器和继电器中。

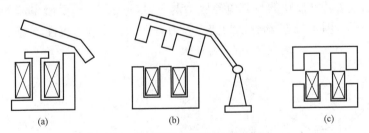

图1-6　常用电磁机构的示意图
（a）衔铁沿棱角转动拍合式铁芯；（b）衔铁沿轴转动拍合式铁芯；
（c）衔铁做直线运动的直动式铁芯

吸引线圈按其通电种类一般分为交流电磁线圈和直流电磁线圈。对于交流电磁线圈，当通交流电时，为了减小因涡流造成的能量损失和温升，通常将铁芯和衔铁用硅钢片叠成。对于直流电磁线圈，铁芯和衔铁可以用整块电工软钢制成。当线圈与电源并联工作时，称为电压线圈，它的特点是线圈匝数多，导线线径较细。当线圈串联于电路工作时，称为电流线圈，它的特点是线圈匝数少，导线线径较粗。

（二）电磁机构的工作原理

电磁机构的工作特性常用反力特性和吸力特性来描述。

1. 反力特性

电磁机构使衔铁释放的力与气隙之间的关系称为反力特性。电磁机构使衔铁释放的力一般有两种：一种是利用弹簧的反力，一种是利用衔铁的自身重力。弹簧的反力与其机械形变的位移量 x 成正比，其反力特性可写成

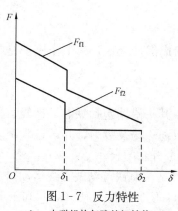

图 1-7　反力特性

δ_1—电磁机构气隙的初始值；

δ_2—动、静触头开始接触时的气隙长度

$$F_{f1} = K_1 x \qquad (1-1)$$

自重的反力与气隙大小无关，如果气隙方向与重力一致，其反力特性可写成

$$F_{f2} = -K_2 \qquad (1-2)$$

考虑到动合触头闭合时超行程机构的弹力作用，上述两种反力特性如图 1-7 所示。由于超行程机构的弹力作用，反力特性在 δ_2 处有一突变。

2. 吸力特性

电磁机构的吸力与气隙之间的关系称为吸力特性。电磁机构的吸力与很多因素有关，当铁芯与衔铁端面互相平行，且气隙 δ 比较小，吸力可近似地按式（1-3）求得，即

$$F = 4 \times 10^5 B^2 S = 4 \times 10^5 \frac{\Phi^2}{S} \qquad (1-3)$$

式中：B 为气隙间磁通密度（T）；S 为吸力处气隙端面积（m²）；F 为电磁吸力（N）。

当端面积 S 为常数时，吸力 F 与磁通密度 B^2 成正比，即 F 正比于磁通 Φ^2，反比于端面积 S，有

$$F \propto \Phi^2 / S$$

电磁机构的吸力特性反映的是其电磁吸力与气隙的关系，而励磁电流的种类不同，其吸力特性也不一样。图 1-8 所示分别为交流吸力特性和直流吸力特性。

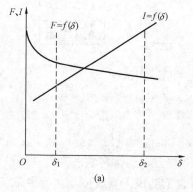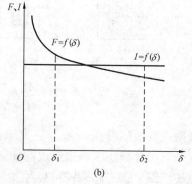

图 1-8　吸力特性

（a）交流吸力特性；（b）直流吸力特性

三、低压电器的主要技术性能指标和参数

低压电器的主要技术性能指标和参数，对正确选用和使用电器元件及正确地进行设计工作是十分重要的。

1. 开关电器的通断工作类型

（1）隔离，是指利用开关电器把电气设备和电源隔离开，通常在对电气设备的带电部分进行维修时，用于确保人身和设备的安全。隔离不仅要求各电流通路之间、电流通路和邻近的接地零部件之间应保持规定的电气间隙，开关电器的动、静触头之间也应保持规定的电气间隙。能满足此功能的电器称为隔离开关。

（2）无载（空载）通断，是指接通或分断电路时不分断电流，分开的两触头间不会出现明显电压的情况。无载通断的开关电器仅在某些专门场所使用，如隔离开关。

（3）有载通断，相对于无载通断而言，有载通断是指开关电器需接通和分断一定的负载电流。

（4）控制电动机通断，是指用开关电器或电路来接通和分断电动机，其通断能力应能满足按不同工作制工作的各种型号的电动机的控制要求。控制电动机通断的开关电器有控制开关、电动机用负荷开关、接触器和电动机用断路器及其组合控制电路等。

（5）短路条件下通断，是指在短路条件下能够通断负载。断路器就是一种不仅可以接通和分断正常负载电流、电动机的工作电流和过载电流，而且还可以分断短路电流的开关电器。

2. 有关的参数

实际工作中，当选用开关电器时，必须考虑额定电压、额定频率和过电流（短路、过载）等数据。开关电器可根据其特性参数（如通断能力和使用寿命）规定不同的额定工作电压值。但开关电器的最高额定工作电压不得超过其额定绝缘电压。各种开关电器的额定绝缘电压和额定工作电压都在相应的产品样本和说明书中列出。

3. 有关额定电流的区别

当按额定电流选用开关电器时，开关电器的额定工作制（如连续工作、断续工作或短时工作等）是主要决定因素。按照开关电器的发热特性，开关电器的下列额定电流概念是不同的。

（1）额定持续电流 I_u，是指电器在长期工作制下，各部件的温升不超过规定极限值时所承载的电流值。对于可调式电器，如热继电器或热脱扣器，其连续工作电流即该电器能调整到的最高电流值。

（2）额定工作电流 I_N，是指在规定条件下，保证电器正常工作的电流值。它与额定电压、电网频率、额定工作制、使用类别、触头寿命及防护等级等诸因素有关。一个开关电器可以有不同的工作电流值。

（3）额定发热电流 I_r，是指在规定条件下试验时，电器在 8h 工作制下，各部件的温升不超过规定极限值时所能承载的最大电流值。

（4）发热电流 I_c，是指在约定时间内，各部件的温升不超过规定极限值时所能承载的最大电流值。

（5）分断电流 I_b，是指分断操作时，在电弧开始瞬间流过电器一个极的电流值。

（6）预期分断电流 I_{pb}，是指相应于分断过程开始瞬间所确定的预期电流。

（7）预期接通电流 I_{pm}，是指在规定条件下，电器接通时所产生的预期电流。

4．开关电器动作时间的参数

（1）断开时间，是指开关电器从断开操作开始，到所有极的触头都分开为止的时间。

（2）燃弧时间，是指电器分断电路过程中，从触头断开（或熔断体熔断）时出现电弧的瞬间开始，至电弧完全熄灭为止的时间。

（3）分断时间，是指从开关电器的断开时起，到燃弧时间结束为止的时间。

（4）接通时间，是指开关电器从闭合操作开始，到电流开始流过主电路为止的时间。

（5）闭合时间，是指从关电器闭合操作开始，到所有极的触头都接触时为止的时间。

（6）通断时间，是指从电流开始在开关电器一个极流过瞬间起，到所有极的电弧最终熄灭瞬间为止的时间间隔。

5．额定工作制

额定工作制是对元器件或设备所承受的一系列运行条件的分类。我国电机行业采用了 GB/T 755—2019《旋转电机　性能与定额》标准规定的十种工作制（S1～S10）分类。下面详细介绍 S1～S10 十种工作制。

（1）S1 为长期（不间断）工作制，是指在恒定负载（如额定功率）下连续运行相当长时间，可以使设备达到热平衡的工作制。这时系统中的电器元件必须能无限期承载恒定的负载电流而无需采取任何措施，并且不会超过电器元件本身所允许的温升。

（2）S2 为短时工作制，与空载时间相比，其属于有载时间较短的工作制。电器元件在额定工作电流 I_N 恒定的一个工作周期内不会达到其允许温升，而在两个工作周期之间的间歇时间又很长，能使电器元件冷却到环境温度值。因此，在 S2 短时工作制下，电器元件承载电流不会超过允许温升；有载时间也就是电器元件的升温时间，可以延长到电器元件在此期间能达到允许温升的程度。负载电流越大，则允许的有载时间（升温时间）越短。当环境温度升高时，允许的有载时间也会相应缩短。

（3）S3 为断续周期工作制，在断续周期工作制时，开关电器有载时间和无载时间周期性地相互交替，有载时间和无载时间都很短，使电器元件既不能在一个有载时间内升温到额定值，也不能在一个无载时间内冷却到常温。

（4）S4 为包括启动的断续周期工作制，由一系列相同的工作周期组成，每个工作周期都包括一段明显的启动过程、一段在恒定负载下运行的工作过程和一段断电停机过程。

（5）S5 为包括电制动的断续周期工作制，由一系列相同的工作周期组成，每个工作周期都包括启动过程、在恒定负载下运行的工作过程、快速电制动过程和断电停机过程。

（6）S6 为连续运行周期工作制，由一系列相同的工作周期组成，每个工作周期包括在恒定负载下运行的工作过程和空载运行过程，不包括断电停机过程。

（7）S7 为包括电制动的连续运行周期工作制，由一系列相同的工作周期组成，每个工作周期包括启动过程、在恒定负载下运行的工作过程和电制动过程，不包括断电停机过程。

（8）S8 为负载和速度相应变化的连续运行周期工作制，由一系列相同的工作周期组成，每个工作周期包括一段在恒定负载下按某一预定速度运行的工作过程和一段或几段在不同的恒定负载下，按各自对应的不同速度运行的工作过程，不包括断电停机过程。

（9）S9 为负载和转速非周期变化工作制，指电机的工作负载非周期性变化，适用于负载变化频繁且不规则的应用场景。

（10）S10 离散恒定负载和转速工作制，指电机在离散的时间间隔内承受恒定的负载，适用于需要精确控制负载时间和负载量的应用，如某些精密仪器中的电机。

6. 使用类别

低压电器的使用类别是指有关操作条件规定要求的组合。通常用额定工作电流的倍数、额定工作电压的倍数及其相应的功率因数或时间常数等来表征电器额定接通和分断能力的类别。不同类型的低压电器的使用类别是不同的，主电路开关电器各有自己的使用类别。

7. 开关电器的操作频率和使用寿命

开关电器的操作频率与其工作制有关，同时还取决于实际使用情况。在选用和安装开关电器时，应充分考虑实际工作时的操作频率和所要求的使用寿命，合理确定开关电器的操作频率和使用寿命指标。

（1）开关电器的允许操作频率，是指规定开关电器在每小时内可能实现的最高操作循环次数。这涉及一台开关电器每小时可能开关的次数，其机械寿命也受操作频率的影响。在实际应用中，了解开关电器在额定工作条件下的允许操作频率是很重要的。与双金属保护电器一起安装使用的断路器和接触器，其允许操作频率按双金属片的能力确定。

（2）开关电器的机械寿命，是指开关电器在需要修理或更换零件前所能承受的无载操作循环次数，按操作次数给出。机械寿命是由运动零部件的闭合动作决定的，动作时所需作用力越大，传动机构的结构力就越大，材料所受应力也越大，其机械寿命也就相应降低。

（3）开关电器的电寿命，是指在规定的正常工作条件下，不需修理或更换零件的负载操作循环次数。它取决于触头在不受严重损坏的前提下可以承受的通断次数。

8. 颜色标志

在电气技术领域中，为了保证正确操作，易于识别，需要对各种绝缘导线的连接标记、导线的颜色、指示灯的颜色及接线端子的标记进行统一规定，以方便设备操作和维护，及时排除故障，确保人身和设备的安全。目前国家标准有关电气技术领域的标记和颜色使用标准主要有：GB 4884—1985《绝缘导线的标记》、GB 4025—2010《人机界面标志标识的基本和安全规则 指示器和操作器件的编码规则》、GB 4026—2010《人机界面标志标识的基本和安全规则 设备端子和导体终端的标识》、GB 7947—2010《人机界面标志标识的基本和安全规则 导体颜色或字母数字标识》等。

（1）指示灯和按钮用色的统一规定。表 1-3 列出了指示灯的颜色及其含义，表 1-4 列出了按钮颜色及其含义。指示灯和按钮颜色的选择原则是按照指示灯被接通（发光、闪光）后所反映的信息来选色，或按钮被操作（按压）后所引起的功能来选色。

（2）用颜色来标记绝缘导体和裸导体的一般规定。表 1-5 列出了按照导线颜色标志电路的规定及其含义。为安全起见，除绿、黄双色外，不能用黄或绿与其他颜色组成双色；在不引起混淆的情况下，可以使用黄和绿之外的其他颜色组成双色。为便于区别，除绿、黄双色外，优先选用淡蓝、黑、棕、白、红五种颜色。颜色标志可用规定的颜色或用绝缘导体的绝缘颜色标记在导体的全部长度上，也可标记在所选择的位置上。

表 1 - 3   **指示灯的颜色及其含义**

颜色	含　义	解　释	典型应用
红色	异常情况或报警	当出现危险或需要及时处理的情况时用于报警	超温，短路故障
黄色	警示或警告	变量接近极限值或状态发生变化	温度值偏离正常值出现过载
绿色	准备好，安全	设备预备启动，处于安全运行状态	正常运行指示
蓝色	特殊指示	上述几种颜色未包括的任一种功能	选择开关处于指定位置
白色	一般信号	上述几种颜色未包括的其他功能	某种动作正常

表 1 - 4   **按钮颜色及其含义**

颜色	含　义	典型应用
红色	发生危险的时候操作用	急停按钮
	停止，断开	设备的停止按钮
黄色	应急情况	非正常运行时的终止按钮
绿色	启动	开启按钮
蓝色	上述几种颜色未包括的任一种功能	—
黑色 灰色 白色	其他任一功能	—

表 1 - 5   **按导线颜色标志电路的规定**

序号	导线颜色	标　志　电　路
1	黑色	装置和设备的内部布线
2	棕色	直流电路的正极
3	红色	交流三相电路的 W 相（或 L3 相），半导体三极管的集电极
4	黄色	交流三相电路的 U 相（或 L1 相），半导体三极管的基极
5	绿色	交流三相电路的 V 相（或 L2 相）
6	蓝色	直流电路的负极，半导体三极管的发射极
7	淡蓝色	交流三相电路的零线或中性线，直流电路的接地中间线
8	黄绿	安全接地线

四、电气控制技术中常用的图形符号、文字符号

为了表达电器设备的电气控制系统结构、原理等设计意图，将电气控制线路中的各元器件的连接用一定的图形符号及文字符号表示出来的图形，称为电气控制线路图。为了便于交流与沟通，我国参照国际电工委员会（IEC）颁布的有关文件，制定了电气设备有关国家标准，颁布了一系列与 IEC 接口的国家系列标准。例如，2018—2022 年颁布实施的 GB/T 4728.1～9《电气简图用图形符号》，GB/T 6988.1—2008《电气技术用文件的编制 第 1 部分：规则》，GB/T 6988.5—2006《电气技术用文件的编制 第 5 部分：索引》。表 1 - 6～表 1 - 8 列出了常用电气图形符号、文字符号以供参考。

表 1-6　　　　　　　　　　　**常用电气图形符号、文字符号表**

名称	图形符号	文字符号	名称		图形符号	文字符号	名称		图形符号	文字符号
一般三极电源开关		QS	接触器	线圈		KM	继电器	线圈		K KV KI KA
				主触头				动合触点		
低压断路器		QF		动合辅助触点				动断触点		
行程开关	常闭触点	SQ		动断辅助触点			时间继电器	得电延时型	线圈	KT
	复合触点		速度继电器	动合触点		KS			动断触点	
按钮	启动	SB		动断触点					动合触点	
	停止		熔断器			FU		失电延时型	线圈	
	复合		熔断器式刀开关			QS			动合触点	
热继电器	热元件	FR	熔断器式隔离开关			QS			动断触点	
	动断触点		转换开关			SA		瞬时触点	动合触点	
熔断器式负荷开关		QM							动断触点	

15

续表

名　称	图形符号	文字符号	名　称	图形符号	文字符号
桥式整流装置		VC	三相笼形 异步电动机		M
蜂鸣器		H	单相变压器		
信号灯		HL	整流变压器		T
电阻器		R	照明变压器		
接插器		X	控制电路电 源用变压器		TC
电磁铁		YA	直流发电机		G
直流串励 电动机		M	接近开关 动合触点		K
直流并励 电动机			接近敏感开 关动合触点		K

表 1-7 电气技术中常用的基本文字符号

基本文字符号		项目种类	设备、装置、元器件举例	基本文字符号		项目种类	设备、装置、元器件举例
单字母	双字母			单字母	双字母		
A	AT	组件部件	抽屉柜	Q	QF QM QS	开关器件	断路器 电动机保护开关 隔离开关
B	BP BQ BT BV	非电量到电量变换器或电量到非电量变换器	压力变换器 位置变换器 温度变换器 速度变换器	R	RP RT RV	电阻器	电位器 热敏电阻器 压敏电阻器
F	FR FU FV	保护器件	热继电器 熔断器 限压保护器件	S	SA SB SP SQ ST	控制、记忆、信号电路的开关器件选择器	控制开关 按钮开关 压力传感器 位置传感器 温度传感器
H	HA HL	信号器件	声响指示器 指示灯	T	TA TC TM TV	变压器	电流互感器 电源变压器 电力变压器 电压互感器
K	KA KP KT KM	继电器/接触器	瞬时接触继电器 交流继电器 有/无延时继电器 接触器	X	XP XS XT	端子、插头、插座	插头 插座 端子板
P	PA PJ PS PV PT	测量设备/实验设备	电流表 电能表 记录仪 电压表 时钟/操作时间表	Y	YA YV YB	电气操作的机械器件	电磁铁 电磁阀 电磁离合器

表 1-8 电气技术中常用的辅助文字符号

序号	文字符号	名称	序号	文字符号	名称	序号	文字符号	名称
1	A	电流	13	BW	向后	25	PW	正，前
2	A	模拟	14	CW	顺时针	26	GN	绿
3	AC	交流	15	CCW	逆时针	27	H	高
4	A、AUT	自动	16	D	延时	28	IN	输入
5	ACC	加速	17	D	差动	29	INC	增
6	ADD	附加	18	D	数字	30	IND	感应
7	ADJ	可调	19	D	降	31	L	左
8	AUX	辅助	20	DC	直流	32	L	限制
9	ASY	异步	21	DEC	减	33	L	低
10	B、BRK	制动	22	E	接地	34	W	主
11	BK	黑	23	F	快速	35	M	中
12	BL	蓝	24	FB	反馈	36	M	中间线

续表

序号	文字符号	名　称	序号	文字符号	名　称	序号	文字符号	名　称
37	M、MAN	手动	47	R	右	57	STP	停止
38	N	中性线	48	R	反	58	SYN	同步
39	OFF	断开	49	RD	红	59	T	温度
40	ON	闭合	50	R、RST	复位	60	T	时间
41	OUT	输出	51	RES	备用	61	TE	防干扰接地
42	P	压力	52	RUN	运转	62	V	真空
43	P	保护	53	S	信号	63	V	速度
44	PE	保护接地	54	ST	启动	64	V	电压
45	PEN	中性线共用	55	S、SET	置位、定位	65	WH	白
46	PU	不接地保护	56	STE	步进	66	YE	黄

第三节　接　触　器

接触器是用来接通、切断电动机或其他负载主电路的一种控制电器。接触器具有强大的执行机构，大容量的主触头及迅速熄灭电弧的能力。当系统发生故障时，它能根据故障检测元器件所给出的动作信号，迅速、可靠地切断电源，并有低压释放功能。它与保护电器组合可构成各种电磁启动器，用于电动机的控制及保护。

接触器的分类有几种不同的方式。按操作方式分为电磁接触器、气动接触器和电磁气动接触器；按灭弧介质分为空气电磁式接触器、油浸式接触器和真空接触器等；按主触头控制的电流种类分为交流接触器、直流接触器、切换电容接触器等。另外，接触器还有建筑用接触器、机械连锁（可逆）接触器和智能化接触器等。建筑用接触器的外形结构与模数化小型断路器类似，可与模数化小型断路器一起安装在标准导轨上。应用最广泛的是空气电磁式交流接触器和空气电磁式直流接触器，习惯上简称为交流接触器和直流接触器。

一、接触器的结构及工作原理

接触器主要由动静铁芯、短路环、线圈、动静触头、灭弧系统、反作用弹簧及外壳等几部分组成，如图1-9所示。接触器的基本工作原理是利用电磁原理通过控制电路的控制和可动衔铁的运动来带动触头控制主电路通断的。交流接触器和直流接触器的结构和工作原理基本相同，略有区别。

1. 电磁机构

电磁机构主要由线圈、动铁芯和静铁芯组成。对于交流接触器，为了减小因涡流和磁滞损耗造成的能量损失和温升，动静铁芯用硅钢片叠成。

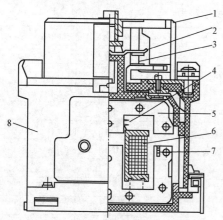

图1-9　交流接触器结构示意图
1—灭弧罩；2—动触头；3—静触头；
4—反作用弹簧；5—动铁芯；6—线圈；
7—短路环；8—外壳

对于直流接触器，由于铁芯中不会产生涡流和磁滞损耗，所以不会发热，铁芯用整块电工软钢做成，为使线圈散热良好，通常将线圈绕制成高而薄的圆筒状，不设线圈骨架，使线圈和铁芯直接接触以利于散热。中小容量的交、直流接触器的电磁机构一般都采用直动式磁系统，大容量的采用绕棱角转动的拍合式电磁铁结构。

2. 主触头和熄弧系统

接触器的触头分为主触头和辅助触点两类。根据的容量大小，主触头有桥式触头和指形触头，大容量的主触头采用转动式单断点指型触头。直流接触器和电流 20A 以上的交流接触器均装有熄弧罩。由于直流电弧比交流电弧难以熄灭，直流接触器常采用磁吹式灭弧装置灭弧，交流接触器常采用多纵缝灭弧装置灭弧。

3. 辅助触点

辅助触点有动合和动断辅助触点，在结构上它们均为桥式双触点。接触器的辅助触点在其控制电路中起联动作用。辅助触点的容量较小，所以不用装灭弧装置，因此它不可以用来分合主电路。

4. 反力装置

反力装置由释放弹簧和触点弹簧组成。

5. 支架和底座

支架和座器用于接触器的固定和安装。

当交流接触器线圈通电后，在铁芯中产生磁通，由此在衔铁气隙处产生吸力，使衔铁产生闭合动作，同时带动主触头闭合，从而接通主电路。另外，衔铁还带动辅助触点动作，使动合触点闭合，动断触点断开。当线圈断电或电压显著下降时，吸力消失或减弱，衔铁在释放弹簧的作用下打开，主触头、辅助触点又恢复到原来状态。

二、接触器的主要特性和参数

1. 额定值和极限值

额定值包括额定工作电压、额定绝缘电压、约定发热电流、约定封闭发热电流（有外壳时）、额定工作电流或额定功率、额定工作制、额定接通能力、额定分断能力，极限值为耐受过载电流能力。其中：

额定工作电压是指主触头所在电路的额定电压，通常用的电压等级有：

直流接触器：110、220、440V 和 660V；

交流接触器：127、220、380、500V 和 660V。

额定工作电流是指主触头所在电路的额定电流，通常用的电流等级有：

直流接触器：5、10、20、40、60、100、150、250、400A 和 600A；

交流接触器：5、10、20、40、60、100、150、250、400A 和 600A。

耐受过载电流能力是指接触器承受电动机的启动电流和操作过负载引起的过载电流所造成的热效应的能力。

2. 控制回路

常用的接触器操作控制回路是电气控制回路。电气控制回路有电流种类、额定频率、额定控制电路电压 U_c 和额定控制电源电压 U_s 等几项参数。当需要在控制电路中接入变压器、整流器和电阻器等时，接触器控制电路的输入电压（即控制电源电压 U_s）和其线圈电路电压（即控制电路电压 U_c）可以不同。但在多数情况下，这两个电压是一致的。当控制电路电压与主电路额定工作电压不同时，应采用如下标准数据：

直流：24、48、110、125、220V 和 250V；

交流：24、36、48、110、127V 和 220V。

具体产品在额定控制电源电压下的控制电路电流由制造厂提供。

3. 吸引线圈的额定电压

吸引线圈通常用的电压等级为：

直流线圈：24、48、110、220V 和 440V；

交流线圈：36、110、127、220V 和 380V。

一般交流负载选用交流接触器，直流负载选用直流接触器，如果交流负载频繁动作时，也可采用直流吸引线圈的接触器。

4. 接通和分断能力

接通和分断能力是指主触头在规定条件下能可靠地接通和分断的电流值。在此电流值下，接通时主触头不应该发生熔焊，分断时主触头不应该发生长时间燃弧。

不同类型的接触器，对主触头的接通能力和分断能力的要求也不同，而接触器的使用类别是根据其对不同控制对象的控制方式所确定的。在电力拖动控制系统中，常见的接触器使用类别及其典型用途见表 1-9。

表 1-9　　　　　　　　　　常见接触器使用类别及其典型用途

电流种类	使用类别	典型用途
AC（交流）	AC1	无感或微感负载、电阻炉
	AC2	绕线式电动机的启动和中断
	AC3	笼型电动机的启动和中断
	AC4	笼型电动机的启动、反接制动、反向和点动
DC（直流）	DC1	无感或微感负载、电阻炉
	DC3	并励电动机的启动、反接制动、反向和点动
	DC5	串励电动机的启动、反接制动、反向和点动

接触器的使用类别代号通常标注在产品的铭牌或工作手册中。对应表 1-9 中的使用类别，接触器主触头达到的接通和分断能力如下：

（1）AC1、DC1 类允许接通和分断额定电流；

（2）AC2、DC3、DC5 类允许接通和分断 4 倍的额定电流；

（3）AC3 类允许接通 6 倍的额定电流，分断额定电流；

（4）AC4 类允许接通和分断 6 倍的额定电流。

5. 额定操作频率

额定操作频率是指接触器每小时的操作次数，交流接触器最高为 600 次/h，而直流接触器最高为 1200 次/h。操作频率直接影响到接触器的电寿命和灭弧罩的工作条件，对于交流接触器还影响到线圈的温升。

6. 机械寿命和电寿命

接触器的机械寿命采用其在需要正常维修或更换机械零件前（包括更换触头），所能承受的无载操作循环次数来表示。国产接触器的寿命指标一般以 90% 以上产品能达到或超过的无载循环次数（百万次）为准。如果产品未规定机械寿命数据，则认为该接触器的机械寿命为在断续周期工作制下，按其相应的最高操作频率操作 8000h 的循环次数。操作频率即每小时内可完成的操作循环数（次/h）。接触器的电寿命采用不同使用条件下无须修理或更换零件的负载操作次数来表示。

三、常用典型交流接触器

1. 空气电磁式交流接触器

在接触器中，空气电磁式交流接触器应用最为广泛，产品系列和品种最多。其结构和工作原理基本相同，但有些产品在功能、性能和技术含量等方面各有独到之处，选用时可根据需要择优选择，典型产品有 CJ20、CJ21、CJ26、CJ29、CJ35、CJ40、NC、B、LC1-D、3TB 和 3TF 系列交流接触器等。其中，CJ20 系列交流接触器是国内统一设计的产品。CJ40 系列交流接触器是在 CJ20 系列的基础之上，由上海电器科学研究所组织行业主导厂在 20 世纪 90 年代更新设计的新一代产品。CJ21 系列交流接触器是引进德国芬纳尔公司技术生产的。3TB、3TF 系列交流接触器是引进德国西门子公司技术生产的（3TF 是在 3TB 的基础上改进设计的产品）。B 系列交流接触器，是引进德国 ABB 公司技术生产的。LC1-D 系列交流接触器（国内型号 CJX4）是引进法国 TE 公司技术生产的。此外，还有 CJ12、CJ15、CJ24 系列等大功率重任务交流接触器，以及国外进口或独资企业生产的产品品牌，如德国金钟穆勒，法国施耐德、海格，美国 GE、西屋、罗克韦尔，英国 GEC、S84，日本三菱、富士、松下，澳大利亚奇胜等。

2. 机械连锁（可逆）交流接触器

机械连锁（可逆）交流接触器实际上由两个相同规格的交流接触器再加上机械连锁机构和电气连锁机构所组成，如图 1-10 所示。它可以保证在任何情况下（如机械振动或错误操作而发出的指令）都不能使两台交流接触器同时吸合，而只能是当一台接触器断开后，

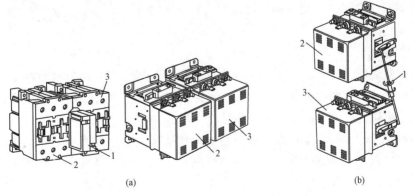

(a)　　　　　　　　　　　　　　　　(b)

图 1-10　机械连锁交流接触器的典型结构示意图

（a）水平连接；（b）垂直连接

1—机械连锁装置；2—K1；3—K2

另一台接触器才能闭合，能有效地防止电动机正、反转时出现相间短路的可能性，比单在电器控制回路中加接电气连锁电路更安全可靠。机械连锁交流接触器主要用于电动机的可逆控制、双路交流电源的自动切换，也可用于需要频繁地进行可逆换接的电气设备。生产厂通常将机械连锁机构和电气连锁机构以附件的形式提供。

常用的机械连锁（可逆）接触器有 LC2-D 型（国内型号 CJX4-N 型）、6C 系列、3TD 系列、B 系列等。3TD 系列可逆交流接触器主要适用于额定电流不大于 63A 的交流电动机的启动、停止及正、反转控制。

3. 切换电容器接触器

切换电容器接触器专用于低压无功补偿设备中，投入或切除并联电容器组，以调整用电系统的功率因数。切换电容器接触器带有抑制浪涌装置，能有效地抑制接通电容器组时出现的合闸涌流对电容器的冲击和开断时的过电压。其结构设计为正装式，灭弧系统采用封闭式自然灭弧。接触器的安装既可采用螺钉安装，又可采用标准卡轨安装。

常用产品有 CJ16、CJ19、CJ41、CJX4、CJX2A、LC1-D 和 6C 系列等。

4. 真空交流接触器

真空交流接触器以真空为灭弧介质，其主触头密封在真空开关管内。真空开关管（又称真空灭弧室）以真空作为绝缘和灭弧介质，位于真空中的触头一旦分离，触头间将产生由金属蒸气和其他带电粒子组成的真空电弧。真空电弧依靠触头上蒸发出来的金属蒸气来维持，因为真空介质具有很高的绝缘强度且介质恢复速度很快，真空电弧的等离子体很快向四周扩散，在第一次过零时真空电弧就能熄灭（燃弧时间一般小于 10ms）。由于熄弧过程是在密封的真空容器中完成的，电弧和炽热的气体不会向外界喷溅，因此，开断性能稳定可靠，不会污染环境，特别适用于条件恶劣的危险环境中。常用的真空接触器有 CKJ、EVS 系列等。CKJ 系列产品系国内自己开发的新产品，均为三极式。其中，CKJ5 系列为转动式直流电磁系统，采用双线圈结构以降低保持功率，电磁系统控制电源允许在整流桥交流侧操作，采用陶瓷外壳真空管和不锈钢波纹管。CKJ6 系列则采用直动式交、直流电磁系统，利用交流特性产生起始吸力，而利用直流特性实现保持。EVS 系列重任务真空接触器是引进德国 EAW 公司技术并全部国产化而生产的。EVS 系列重任务真空接触器采用以单极为基础单元的多级多驱动结构，可根据需要组装成 1，2，…，n 极接触器，以便与相关设备很好地配合。

5. 直流接触器

直流接触器应用于直流电力线路中，供远距离接通与分断电路及直流电动机的频繁启动、停止、反转或反接制动控制，以及 CD 系列电磁操动机构合闸线圈或频繁接通和断开起重电磁铁、电磁阀、离合器的电磁线圈等。

直流接触器结构上有立体布置和平面布置两种结构，电磁系统多采用绕棱角转动的拍合式结构，主触头采用双断点桥式结构或单断点转动式结构，有的产品是在交流接触器的基础上派生的。因此，直流接触器的工作原理基本上与交流接触器相同，在前面已有较详细的介绍。

常用的直流接触器有 CZ18、CZ21、CZ22 和 CZ0 系列等。CZ18 系列直流接触器适用于直流额定电压不大于 440V、额定电流 40~1600A 的电力线路中供远距离接通与分断电路之用，也可用于直流电动机的频繁启动、停止、反转或反接制动控制。CZ21、CZ22 系列直流接触器主要用于远距离接通与断开额定电压不大于 440V、额定发热电流不大于 63A 的直流线路中，并适宜于直流电动机的频繁启动、停止、换向及反接制动。CZ0 系列直流接触器主要用于远距离接通和断开额定电压不大于 220V、额定发热电流不大于 100A 的直流高电感负载。

6. 智能化接触器

智能化接触器的主要特征是装有智能化电磁系统，并具有与数据总线及与其他设备之间相互通信的功能，其本身还具有对运行工况自动识别、控制和执行的能力。

智能化接触器一般由基本系列的电磁接触器及附件构成。附件包括智能控制模块、辅助触头组、机械连锁机构、报警模块、测量显示模块、通信接口模块等，所有智能化功能都集成在一块以微处理器或单片机为核心的控制板上。从外形结构上看，与传统产品不同的是智能化接触器在出线端位置增加了一块带中央处理器及测量线圈的机电一体化的线路板。

四、接触器的选用原则

接触器的选用主要包括选择类型、主电路参数、控制电路参数和辅助电路参数，以及按电寿命、使用类别和工作制选用，另外需要考虑负载条件的影响。下面详细介绍选用原则。

1. 接触器类型选择

根据接触器所控制的负载性质来确定接触器的极数和电流种类。电流种类由系统主电流种类确定。三相交流系统中一般选用三极接触器，当需要同时控制中性线时，则选用四极交流接触器；单相交流和直流系统中则常有两极或三极并联的情况。一般场合下，选用空气电磁式接触器；易燃易爆场合应选用防爆型及真空接触器等。

2. 主电路参数的确定

主电路参数主要包括额定工作电压、额定工作电流（或额定控制功率）、额定通断能力和耐受过载电流能力。接触器可以在不同的额定工作电压和额定工作电流下工作。但在任何情况下，接触器的额定工作电压应大于或等于负载回路额定工作电压；接触器的额定工作电流应大于或等于被控回路的额定电流；接触器的额定通断能力应高于通断时电路中实际可能出现的电流值，耐受过载电流能力也应高于电路中可能出现的工作过载电流值。

3. 控制电路参数和辅助电路参数的确定

接触器的线圈电压应与其所控制电路的电压一致。交流接触器的控制电路电流种类分交流和直流两种，一般情况下多用交流，当操作频繁时则常选用直流。接触器的辅助触点种类和数量，一般应满足控制线路的要求，根据其控制线路来确定所需的辅助触点种类（动合或动断）、数量和组合形式，同时应注意辅助触点的通断能力和其他额定参数。当接触器的辅助触点数量和其他额定参数不能满足系统要求时，可增加中间继电器以扩展触点。

五、接触器常见故障分析

1. 触头过热

造成触头发热的原因主要有触头接触压力不足、触头表面接触不良、触头表面被电弧灼伤烧毛等。上述因素都会造成触头闭合时，接触电阻增大，使触头过热。

2. 触头磨损

造成触头磨损的原因如下：

（1）电气磨损。触头间产生的电弧或电火花造成的高温，使触头金属气化和蒸发，从而造成电气磨损。

（2）机械磨损。机械磨损主要是由触头闭合时的撞击以及触头表面的相对滑动摩擦等造成。

3. 线圈断电后触头不能复位

线圈断电后触头不能复位的主要原因有触头熔焊在一起，铁芯剩磁太大，反作用弹簧弹力不足，机械活动部分被卡住，铁芯端面有油污等。

4. 衔铁振动和噪声

接触器衔铁产生振动和噪声的主要原因有：短路环损坏或脱落；衔铁歪斜或铁芯端面有锈蚀，使动静铁芯接触不良；反作用弹簧弹力太大；机械活动部分被卡住而使衔铁不能完全吸合等。

5. 线圈过热或烧毁

线圈中流过的电流过大时，就会使线圈过热甚至烧毁。发生线圈电流过大的原因主要有：线圈匝间短路；衔铁与铁芯闭合后有间隙；操作频繁，操作频率超过了允许值；外加电压高于线圈额定电压等。

6. 不能吸合或虽吸合但不能自保持

该故障一般是由于触头接触电阻太大所致。

第四节　继　电　器

继电器是一种根据某种输入信号的变化，接通或断开控制电路，实现自动控制和保护电力拖动装置的低压电器。其输入量可以是电流、电压等电量，也可以是温度、时间、速度、压力等非电量，而输出则是触点的动作，或者是电参数的变化。

继电器是一种利用各种物理量的变化，将电量或非电量信号转化为电磁力（有触点式）或使输出状态发生阶跃变化（无触点式），从而通过其触点或突变量促使在同一电路或另一电路中的其他器件或装置动作的一种控制元件。根据转化的物理量的不同，可以构成各种各样的不同功能的继电器，以用于各种控制电路中进行信号传递、放大、转换、连锁等，从而控制主电路和辅助电路中的器件或设备按预定的动作程序进行工作，实现自动控制和保护的目的。

继电器的工作特点是具有跳跃式的输入输出特性，如图 1-11 所示。当输入信号 x 从零开始变化，在达到一定值之前，继电器不动作，输出信号 y 不变，维持 $y = y_{min}$。当输入信号 x 达到 x_c 时，继电器立即动作，输出信号 y 由 y_{min} 突变到 y_{max}，再进一步加大输入量，输出也不再变化，而保持 $y = y_{max}$。当 x 从某个大于 x_c 的值 x_{max} 开始减

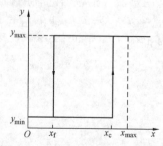

图 1-11　继电器的输入输出特性

小，大于一定值 x_f 时，输出仍保持不变（$y = y_{max}$）。当降低到 x_f 时，输出信号 y 骤然降至 y_{min}。继续减小 x 的值，y 也不会再变化，仍为 y_{min}。图中 x_c 称为继电器的动作值，x_f 称为继电器的返回值。由于继电器的触点通常用于控制回路，因此对其触点容量及转换能力的要求不高，所以继电器一般没有灭弧系统，触点结构也较简单。

一、继电器的分类

常用的继电器按动作原理可分为电磁式继电器、感应式继电器、电动式继电器、温度（热）继电器、光电式继电器、压电式继电器等。按反应激励量的不同可分为交流继电器、直流继电器、电压继电器、中间继电器、电流继电器、时间继电器、速度继电器、温度继电器、压力继电器、脉冲继电器等；按结构特点可分为接触器式继电器、微型（超小型、小型）继电器、舌簧继电器、电子式继电器、智能化继电器、固体继电器、可编程序控制继电器等；按动作功率分，有通用继电器、灵敏继电器和高灵敏继电器等；按输出触点容量分，有大功率继电器、中功率继电器、小功率继电器和微功率继电器等。

二、常用典型继电器简介

（一）电磁式继电器

电磁式继电器是应用最早同时也是应用最多的一种继电器。它由电磁机构（包括动铁芯、静铁芯、线圈）和触点系统等部分组成，如图 1-12 所示。铁芯和铁轭的作用是加强工作气隙内的磁场；衔铁的主要作用是实现电磁能与机械能的转换；极靴的作用是增大工作气隙的磁导；反力弹簧和簧片的作用是提供反力。当线圈通电后，线圈的励磁电流就产生磁场，从而产生电磁吸力吸引衔铁。一旦电磁力大于反力，衔铁就开始运动，并带动与之相连接的动触点向下移动，使动触点与其上面的动断静触点分开，而与其下面的动合静触点吸合。最后，衔铁被吸合在与极靴相接触的最终位置上。若在衔铁处于最终位置时切断线圈的电源，磁场便逐渐消失，衔铁会在反力弹簧的作用下，脱离极靴，并再次带动动触点脱离动合静触点，返回到初始位置处。

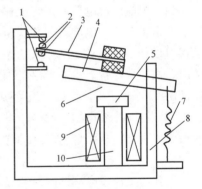

图 1-12 电磁式继电器结构图

1—静触点；2—动触点；3—簧片；4—衔铁；
5—极靴；6—工作气隙；7—反力弹簧；
8—铁轭；9—线圈；10—铁芯

电磁式继电器的种类很多，包括电压继电器、中间继电器、电流继电器、电磁式时间继电器、接触器式继电器等。接触器式继电器是一种作为控制开关电器使用的继电器。实际上，各种与接触器的动作原理相同的继电器，如中间继电器、电压继电器等都属于接触器式继电器。接触器式继电器在电路中的作用主要是扩展控制触点数量或增加触点容量。因此，电磁式继电器的结构和工作原理与接触器相似，也是由电磁机构（包括动静铁芯、衔铁、线圈）和触点系统等部分组成。所不同的是，电磁式继电器的触点电流容量较小，触点数量较多，没有专门的灭弧装置，所以体积小、动作灵敏，只能用于控制电路。

1. 电磁式电压继电器

电磁式电压继电器触点的动作与线圈的动作电压大小有关，使用时线圈和负载并联。为了不影响负载电路，电压继电器的线圈匝数多、导线细、阻抗大。根据动作电压值的不同，电压继电器分为过电压继电器、欠电压继电器和零电压继电器。

（1）过电压继电器。过电压继电器线圈在额定电压值时，衔铁不产生吸合动作，只有当线圈的吸合电压高于额定电压值的 105％～115％ 以上时才产生吸合动作。

过电压继电器通常用于过电压保护电路中，当电路中出现过高的电压时，过电压继电器就马上动作，从而控制接触器及时分断电气设备的电源，起到保护作用。

（2）欠电压继电器。当电路中的电气设备在额定电压下正常工作时，欠电压继电器的衔铁处于吸合状态；如果电路中出现电压降低时，并且低到欠电压继电器线圈的释放电压，其衔铁打开，触点复位，从而控制接触器及时分断电气设备的电源。

通常，欠电压继电器的吸合电压值的整定范围是额定电压值的 30％～50％，释放电压值的整定范围是额定电压值的 10％～35％。

2. 电磁式电流继电器

电磁式电流继电器的触点是否动作与线圈的动作电流的大小有关，使用时线圈与被测量电路串联。为了不影响负载电路，电流继电器的线圈匝数少、导线粗、阻抗小。按吸合电流大小的不同，电流继电器可分为欠电流继电器和过电流继电器。

（1）欠电流继电器。正常工作时，欠电流继电器的衔铁处于吸合状态。当电路的负载电流低于正常工作电流时，并低至欠电流继电器的释放电流时，欠电流继电器的衔铁释放，从而可以利用其触点的动作来切断电气设备的电源。当直流电路中出现低电流或零电流故障时，往往会导致严重的后果，因此直流欠电流继电器比较常用。其吸合电流为线圈额定电流的 30％～65％，释放电流为额定电流的 10％～20％。

（2）过电流继电器。过电流继电器在电路正常工作时衔铁不吸合，当电流超过一定值时衔铁才吸合，从而带动触点动作。过电流继电器通常用于电力拖动控制系统中，起保护作用。

通常，交流过电流继电器的吸合电流整定范围为额定电流的 1.1～4 倍，直流过电流继电器的吸合电流整定范围为额定电流的 0.7～3.5 倍。

（二）时间继电器

时间继电器是一种利用电磁原理或机械动作原理实现触点延时接通或断开的电器。其种类很多，按延时原理可分为电磁式、空气阻尼式、电动机式、双金属片式、电子式、可编程式继电器和数字式时间继电器等。时间继电器主要作为辅助电器元件用于各种电气保护及自动装置中，使被控元件达到所需要的延时，应用十分广泛。

时间继电器的延时方式有两种：一种是得电延时，即线圈得电后，触点经延时后才动作；另一种是失电延时，即线圈得电时，触点瞬时动作，而线圈失电时，触点延时复位。时间继电器的图形符号、文字符号见表 1-6。

1. 直流电磁式时间继电器

直流电磁式时间继电器的结构如图 1-13 所示，其铁芯上有一个阻尼铜套，是利用电磁感应原理产生延时的。由电磁感应定律可知，在继电器线圈通电、断电过程中，铜套内将感生涡流，阻碍穿过铜套内的磁通变化，因而对原磁通起到阻尼作用。当继电器线圈通电时，由于衔铁处于释放位置，气隙大，磁阻大，磁通小，铜套阻尼作用相对也小，因此衔铁吸合时几乎没有延时作用。当继电器线圈断电时，磁通变化量大，铜套阻尼作用也大，使衔铁释放有明显的延时作用。因此，这种继电器仅用作断电延时，延时时间较短，如 JT 系列时间继电器延时最长不超过 5s，而且准确度较低，一般只用于要求不高的场合，如电动机的延时启动等。

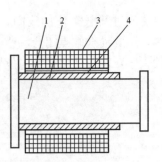

图 1-13　带有阻尼
铜套的铁芯结构

1—铁芯；2—阻尼铜套；
3—线圈套；4—绝缘层

2. 空气阻尼式时间继电器

空气阻尼式时间继电器，是利用空气阻尼原理获得延时的。它由电磁系统、延时机构和触点三部分组成。其工作方式有通电延时型和断电延时型两种，电磁系统分直流和交流两种。

空气阻尼式时间继电器结构如图 1-14 所示。工作原理如下：当线圈 1 通电时，支撑杆 3 连同胶木块 5 一起被铁芯 2 吸引而下移，而空气室里的空气受进气孔 9 处的调节螺钉 7 的阻碍，在活塞 8 下降过程中，空气室内造成稀薄空气而使活塞下降缓慢，到达最终位置时，压合微动开关 4，使触点闭合。时间继电器从线圈得电到触点动作的一段时间，即为时间继电器的延时时间，可以通过调节螺钉改变进气孔气隙以改变延时时间的大小。当线圈失电，活塞在恢复弹簧 11 的作用下迅速复位，同时空气室内的空气可由出气孔 10 及时排出。

空气阻尼式时间继电器的延时范围可以扩大到数分钟，但整定精确度往往较差，只适用于一般场合。国产空气阻尼式时间继电器有 JS7、JS7-A 系列。

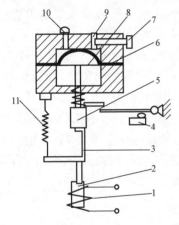

图 1-14　空气阻尼式
时间继电器结构示意图

1—线圈；2—铁芯；3—支撑杆；4—微
动开关；5—胶木块；6—橡皮膜；
7—调节螺钉；8—活塞；9—进气
孔；10—出气孔；11—恢复弹簧

3. 同步电动机式时间继电器

同步电动机式时间继电器是由微动同步电动机拖动减速齿轮，获得延时的。其主要优点是延时范围宽，可以由几秒到数十小时，重复精确度也较高，调节方便，而且有得电延时和失电延时两种类型；缺点是结构复杂，价格较贵。

常用的产品有 JS10、JS11 系列，以及从西门子公司引进的 7FR 型同步电动机式时间继电器。

4. 电子式时间继电器

电子式时间继电器具有延时范围广、精确度高、体积小、耐冲击和耐振动、调节方便及使用寿命长等优点，因此其发展很快，在时间继电器中已成为主流产品。

（1）图 1-15 所示为 JSJ 系列晶体管式时间继电器的原理电路图。图中，C1、C2 为滤波电容器。当电源变压器接上电源，正、负半波由两个二次绕组分别向电容器 C3 充电，A 点电位按指数规律上升。当 A 点电位高于 B 点电位时，V5 截止、V6 导通，V6 的集电极电流流过继电器 K 的线圈，由其触点输出信号，同时 K 的动断触点脱开，切断了充电电路，K 的动合触点闭合，使电容器放电，为下次再充电做准备。要改变该继电器延时时间的大小，可以通过调节电位器 RP1 来实现，此电路延时范围为 0.2～300s。

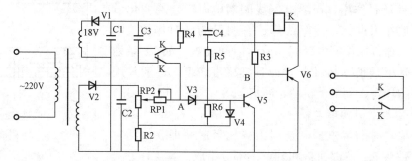

图 1-15　JSJ 系列晶体管式时间继电器原理电路图

（2）常用的晶体管时间继电器还有 JSZ8、JSZ9 系列等。近年来，随着微电子技术的发展，出现了许多采用集成电路、功率电路和单片机等电子元件构成的新型时间继电器，如 DHC6 型多制式单片机控制时间继电器，JSS17、JSS20、JSZ13 系列等大规模集成电路数字时间继电器，MT5CR 系列等电子式数显时间继电器，JSG1 系列等固态时间继电器等。

图 1-16 所示为 JSZ8、JSZ9 系列电子式时间继电器外形图。这是一种新颖的时间继电器，吸收了国内外先进技术，采用大规模集成电路，实现了高精确度、长延时，且具有体积小、延时精确度高、可靠性好、寿命长等特点，产品符合 GB 14048.10—2008《低压开关设备和控制设备 第 5-2 部分：控制电路电器和开关元件 接近开关》和 DIN 标准，可与国外同类产品互换使用，适合在交流 50/60Hz，电压至 240V 或直流电压至 110V 的控制电路中作时间控制元件，按预定的时间接通或分断电路。该系列产品规格品种齐全，有通电延时型、带瞬动触点型、断电延时型、星三角启动延时型等。

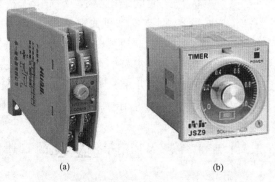

(a)　　　　(b)

图 1-16　JSZ 系列电子式时间继电器外形图
(a) JSZ8 型；(b) JSZ9 型

（3）ST3P 系列超级时间继电器是引进日本富士电机株式会社全套专有技术生产的新颖电子式时间继电器，适用于各种要求高精确度、高可靠性自动控制的场合作延时控制之用，产品符合 GB 14048.10—2008 标准。

图 1-17 所示为 ST3P 系列数字式时间继电器的外形图，其特点如下：

1）采用大规模集成电路，保证了高精确度及长延时的特性。

2）规格品种齐全，有通电延时型、瞬动型、间隔延时型、断电延时型、断开延时型、星三角启动延时型、往复循环延时型等。ST3P 系列时间继电器具有四种不同的延时挡，可以使用时间继电器前部的转换开关，很方便地转换。当需要变换延时挡时，首先取下设定旋钮，接着卸下刻度板（2 块），然后参照铭牌上的延时范围示意图拨动转换开关，再按原样装上刻度板与设定旋钮，转换开关位置应与刻度板上开关位置标记相一致。

3）使用单刻度面板 EK 大型设定旋钮，刻度清晰、设置方便。

4）安装方式为插拔式，备有多种安装插座，可根据需要任意选用。

5）ST3P 系列时间继电器只要装上 TX2 附件，就能实现面板式安装。先将附件的不锈钢固定簧片分别嵌入框架中，然后将时间继电器从后部插入并用固定簧片扣住，这样就能将时间继电器很方便地嵌入面板上预开的安装孔内，不需要螺钉固定；从上向下用力按压固定簧片，就能将时间继电器从安装孔内顶出取下。

（4）MT5CR 系列是一种新型的数字式时间继电器，采用键盘输入，设定可靠，由 LCD 显示延时过程，适用于交流 50/60Hz，交流电压至 240V 或直流电压至 48V 的控制电路中作时间控制元件，按预定的时间接通或分断电路。图 1-18 所示为 MT5CR 系列数字式时间继电器的外形图。其特点如下：

1）外形尺寸符合 DIN 标准，48mm×48mm。

2）带背光源的 LCD 显示，白天黑夜均能清晰显示延时过程。

3）触摸键输入，设定可靠。

4）有两种工作模式，可任意选择。

5）有递增递减两种显示方式，可任意选择。

6）具有停止保持功能，可保持约为 3s 延时波形。

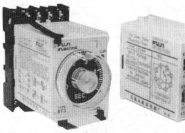  

图 1-17 ST3P 系列超级时间继电器外形图　　　图 1-18 MT5CR 系列数字式
　　　　　　　　　　　　　　　　　　　　　　　　时间继电器外形图

5．时间继电器使用时的注意事项

（1）控制电源的使用。

1）使用前应检查电源电压和频率与时间继电器的额定电压和频率是否相符。

2）应按接线图正确接线，直流产品应注意电源极性。

3）直流产品的电源纹波系数应不大于 5%。

4）交流时间继电器（如 ST3PF、JSZ8、JSZ9 系列）一般相当于容性负载，在用固态继电器等控制时，应注意固态继电器的耐压，其耐压必须大于 2 倍的电源电压。

5）用于控制时间继电器的器件，其漏电流应尽可能小，为防止漏电流引起时间继电器误动作。可在时间继电器电源端子间并联泄漏电阻等使时间继电器在断开时，电源端子上的残留电压小于额定电压的 20%。断电延时型时间继电器的内部回路一般是高阻抗回路，由于感应电压和漏电流等的影响有时会不能释放，在这种场合，应在时间继电器的电源端子间连接 RC 滤波器或泄漏电阻，使时间继电器断开时，电源端子上的电压小于额定电压的 10%。

　　6）允许时间继电器的电源电压在 85%～110% 额定电源电压范围内波动。

　　7）在高温下连续通电使用时间继电器时，应注意此时的允许电源电压波动范围变为 90%～110%，并且在高温下长时间处于到时状态会因内部发热而加快电子元件老化，因此可与控制继电器等配合使用，避免长时间处于到时状态。

　　（2）控制信号输入的使用。

　　1）使用无触点元件控制时间继电器时，尽可能采用光电耦合器等隔离。

　　2）采用触点输入控制信号的场合，尽量选用适合小电流开闭、回跳较小的触点（开闭电压、电流分别约为 5V、0.1mA）。

　　3）使用晶体管等输入控制信号时，应尽量选用 $U_{cm}=20V$、$U_{CES}=1V$ 以下，$I_c=5nA$、$I_{CBO}=0.5\mu A$ 以下的元器件，导通时的剩余电压小于 1V，断开时的电阻大于 200kΩ。控制信号输入导线的配线应尽可能短，应使用屏蔽线或专用金属配线管，并应远离动力线和高压线。

　　（3）休止时间。

　　时间继电器重复延时时，两次间的休止时间应大于规定的复位时间或 1s，如果小于复位时间，则可能产生延时时间偏移、瞬间动作或不动作等现象。

　　（4）断电延时、断开延时型时间继电器的控制注意事项。

　　1）断电延时型时间继电器的最短通电时间应大于 500ms。

　　2）断开延时型时间继电器的最短控制信号输入时间应大于 50ms。

　　（5）其他。

　　1）时间继电器延时过程中，不要转动设定旋钮或倍率开关，否则该次延时时间将偏离原设定时间。

　　2）设定旋钮不应超出刻度范围。

　　3）采用旋钮设定延时量的时间继电器，其延时误差用百分数表示，改变设定时间其误差绝对值不会改变。因此，应尽量靠近最大刻度范围使用，避免用长延时产品进行短延时控制。

　　4）"0" 刻度不是表示 0s，而是表示可以设定的最小延时时间（最大刻度时间的 3%～5%）。

　　5）时间继电器的触点工作电流应不超过其额定工作电流。

　　6）不要拆卸时间继电器的外壳，以免引起触电、损坏及产生误动作等。

　　（三）舌簧继电器

　　舌簧继电器包括干簧继电器、水银湿式舌簧继电器和铁氧体剩磁式舌簧继电器，其中较常用的是干簧继电器。干簧继电器常与磁钢或电磁线圈配合使用，用于电气、电子和自动控制设备中作快速切换电路的转换执行元件，如液位控制等。

干簧继电器的触点处于密封的玻璃管内，舌簧片由铁镍合金（坡莫合金）制成，舌片的接触部分通常镀以贵金属，如金、铑、铠等，接触良好，具有良好的导电性能；触点密封在充有氮气等惰性气体的玻璃管中而与外界隔绝，可有效地防止了尘埃的污染，减小了触点的电腐蚀，提高了工作可靠性。干簧继电器的吸合功率小，灵敏度高，一般吸合与释放时间均在 0.5～2ms 以内，甚至小于 1ms，与电子线路的动作速度相近。

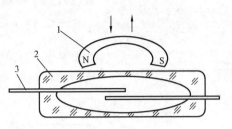

图 1-19 干簧继电器
原理示意图
1—磁钢；2—玻璃管；3—舌簧片

干簧继电器工作原理示意图如图 1-19 所示。当磁钢靠近玻璃管后，玻璃管中两舌簧片的自由端分别被磁化为 N 极与 S 极而相互吸引，从而接通了被控制的电路。当磁钢离开后，舌簧片在本身的弹力作用下分开并复位，控制电路被切断。常用的干簧继电器有 JAG-2-1 型（舌簧管为 $\phi 4 \times 36$mm）、小型 JAG-4 型（$\phi 3 \times 20$mm）、大型 JAG-5 型（$\phi 8 \times 42$mm 或 $\phi 8 \times 50$mm）等，其中又分动合（H）、动断（D）和转换（Z）三种不同的型式。

（四）速度继电器

速度继电器主要用于笼式异步电动机的反接制动控制，主要由转子、定子和触点三部分组成。转子是一个圆柱形的永久磁铁，定子的结构与笼型异步电动机的转子相似，由硅钢片叠制而成，并装有笼形绕组。

图 1-20 所示为速度继电器的原理示意图。其转子的轴与被控电动机的轴连接，而定子空套在转子上。当电动机转动时，速度继电器的转子随之转动，定子内的短路导体便切割磁场而感应电动势并产生电流，此电流与旋转的转子磁场相互作用产生转矩，使定子转动，当转到一定角度时，装在定子轴上的摆锤推动簧片（动触点）动作，使动断触点分开，动合触点闭合。当电动机转速低于某一值时，定子产生的转矩减小，触点在簧片作用下复位。

图 1-20 速度继电器
原理示意图
1—转轴；2—转子；3—定子；
4—绕组；5—摆锤；6—簧片；
7—动断静触点；8—动触点；
9—动合静触点

常用的速度继电器有 JY1 型和 JFZ0 型。一般速度继电器的动作转速为 120r/min，触点的复位转速在 100r/min 以下，转速在 3000～3600r/min 以下，能够可靠地工作。

速度继电器的图形符号及文字符号如图 1-21 所示。

（五）液位继电器

液位继电器通常用来检测水位的变化，如一些锅炉和水柜需要根据液位的变化来控制水泵电机的启动和停止，可以用液位继电器来完成。

图 1-22 所示为液位继电器的原理示意图。浮筒位于被控锅炉内，浮筒的一端有一根磁化的钢棒，在锅炉的外壁装有一对触点，动触点的一端也装有一根磁钢，且端头的磁性与

31

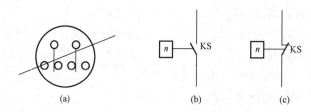

图 1 - 21　速度继电器的图形符号及文字符号

（a）转子；（b）动合触点；（c）动断触点

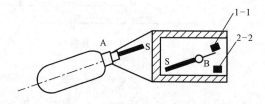

图 1 - 22　液位继电器原理示意图

浮筒磁钢端头的磁性相同。当锅炉内的水位降低到极限位置时，浮筒下落，同时带动其上的磁钢绕 A 点向上翘起，由于同性相斥的作用，使动触点的磁钢被斥而绕 B 点下落，触点 1 - 1 接通，触点 2 - 2 断开。反之，当水位上升到上限位置时，浮筒上浮，带动其上的磁钢下落，同样由于相同磁性相斥的作用，使动触点的磁钢上翘，触点 2 - 2 接通，触点 1 - 1 断开。

（六）压力继电器

压力继电器适用于各种气体和液体压力控制系统，通过检测气体压力或液体压力的变化，发出相应信号，从而控制执行机构的启动和停止。压力继电器是由微动开关、给定装置、压力传送装置及外壳等几部分组成。

图 1 - 23 所示为一种压力继电器的结构简图。其中，给定装置包括给定螺帽、平衡弹簧 3 等，压力传送装置包括入油口管道接头 5、橡皮膜 4 及滑杆 2 等。当压力继电器用于机床润滑油泵的控制时，润滑油经入油口管道接头 5 进入油管，将压力传送给橡皮膜 4，当油管内的压力达到某给定值时，橡皮膜 4 会受力向上凸起，推动滑杆 2 向上移动，压合微动开关 1，发出控制信号。平衡弹簧 3 上面的给定螺帽，可以调节弹簧的松紧程度，改变动作压力的大小，以适应控制系统的需要。

（七）热继电器

在电力拖动控制系统中，当三相交流电动机出现长时间过载运行或长时间单相运行等不正常情况时，可能导致电动机绕组严重过热甚至烧毁。由电动机的过载特性得知，在不超过允许温升的条件下，电动机可以承受短时间的过载。为了充分发挥电动机的过载能力，保证电动机的正常启动和运转，同时在电动机出现长时间过载时又能自动切断电路，因而需要一种能随过载程度及过载时间而变动动作时间的电器，来作为过载保护器件，热继电器的动作特性可以满足上述要求。因此，热继电器广泛应用于电动机绕组、大功率晶体管等的过热保护电路中。

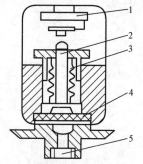

图 1 - 23　压力继电器结构简图

1—微动开关；2—滑杆；3—平衡弹簧；4—橡皮膜；5—入油口管道接头

1. 工作原理

热继电器的原理示意如图 1 - 24 所示，其热元件——双金属片 3 是由膨胀系数不同的两种金属片压轧而成的。上层称主动层，是由膨胀系数高的金属制成；下层称被动层，是由膨胀系数低的金属制成。使用时将热元件串联在被保护电路中，当负载电流超过允许值时，双金属片被加热，温度升高，金属片 3 开始逐渐膨胀变形，向下弯曲，压下压动螺钉 1，使得锁扣机构 8 脱开，热继电器动断触点 5、6 脱开，从而切断控制电路，使主电路断电，起到保护作用。热继电器动作后，一般不能自动复位，需等金属片冷却，并按下复位按钮 7 后才能复位。改变压动螺钉 1 的位置，可调节热继电器动作电流。

常用的热继电器有 JR0、JR1、JR2、JR15 系列，JR0、JR15 系列在结构上作了改进，采用复合加热方式，还使用了温度补偿元件，提高了动作的准确率。

图 1-24　热继电器原理示意图

1—压动螺钉；2—扣板；3—双金属片；
4—加热线圈；5—静触点；6—动触点；
7—复位按钮；8—锁扣机构

2. 带断相保护的热继电器

当三相异步电动机发生一相断电时，另两相电流增大，会将电动机烧毁。如果用上述热继电器保护的电动机绕组是星形接法，在发生断相时，另两相电流增大，由于相电流与线电流相同，流过电动机绕组的电流和流过热继电器的电流增加比例相同，因此用普通的两相或三相热继电器就可以起到保护作用。如果电动机绕组采用△接法，发生断相时，由于相电流与线电流不相同，流过电动机绕组的电流和流过热继电器的电流增加比例也不一样，热继电器是按电动机的额定电流即线电流整定的。在电动机绕组内部，电流较大的那一相绕组的故障电流超过额定相电流，有可能将电动机烧毁，而热继电器此时还不能动作。这时就需要用带断相保护的热继电器来进行断相保护了。

图 1-25 所示为差动式断相保护热继电器的机构动作原理图。其差动式机构由上导板 2、下导板 3 和杠杆 5 组成。图 1-25（a）为通电前机构各部件的位置图。图 1-25（b）为正常通电时各部件的位置图，三相的双金属片同时受热，向左弯曲，但弯曲的程度不够，所以上下导板一起向左移动一段距离，不足以使继电器动作。图 1-25（c）是三相均过载时各部件的位置图，三相的双金属片同时都向左弯曲，弯曲程度要大于正常通电时，推动下导板 3 向左移动，通过杠杆 5 碰触动断触点 1，使其立即脱开。图 1-25（d）是一相（以 C 相为例）断线时的位置图。此时，C 相双金属片由于断电而逐渐冷却、复位，其端部向右移动，推动上导板 2 向右移动，而另外两相双金属片温度上升，其端部继续向左弯曲，推动下导板 3 向左移动。由于上、下导板互相反方向移动，使得杠杆 5 向左转动，碰触动断触点 1，使其立即脱开，从而

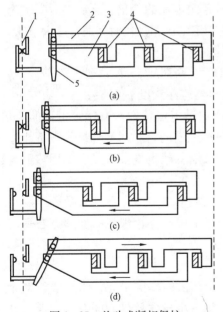

图 1-25　差动式断相保护
热继电器的机构动作原理图
（a）通电前；（b）三相正常通电；
（c）三相均过载；（d）C 相断线
1—动断触点；2—上导板；3—下导板；
4—双金属片；5—杠杆

起到了断相保护的作用。

3. 电子式热过载继电器

NRE8-40 型电子式热过载继电器是一种应用微控制器的新型节能、高科技电器。它利用微控制器检测主电路的电流波形和电流大小，判断电动机是否过载和断相。过载时，微控制器通过计算过载电流倍数决定延时时间的长短，延时时间到时，通过脱扣机构使动断触点断开，动合触点闭合。断相时，微控制器缩短延时时间。它相对于 40A 双金属片热继电器可节能 90%，相对于 20A 双金属片热继电器可节能 95%，适用于交流 50/60Hz、额定工作电压 690V 及以下、电流 20～40A 的电路中，作三相交流电动机过载和断相保护。其外形图如图 1-26 所示。

图 1-26 NRE8-40 型电子式
热过载继电器外形图

4. 热继电器的合理选用

热继电器的选用是否合理，直接影响着过载保护的可靠性。若选择与使用热继电器不合理将会造成电动机的烧毁事故。在选用热继电器时，必须了解被保护电动机的工作环境、启动情况、负载性质、工作制及电动机允许的过载能力，原则是热继电器的安秒特性位于电动机过载特性之下，并尽可能接近。

（1）保护长期工作或间断长期工作的电动机时，选用热继电器应注意以下几点：

1）保证电动机能启动：当电动机的启动电流为其额定电流的 6 倍，且启动时间不超过 6s 时，可选取的热继电器额定电流低于 6 倍电动机的额定电流，动作时间通常应大于 6s。

2）选热继电器工作电流的整定值为其额定电流的 0.95～1.05。

3）选用带断相保护的热继电器，即型号后面有 D、T 系列或 3UA 系列。

（2）保护反复短时工作制的电动机时，选用热继电器应注意以下几点：

此时应注意确定热继电器的操作频率。当电动机启动电流倍数为其额定电流的 6 倍、启动时间为 1s、满载工作、通电持续率为 60% 时，热继电器的每小时允许操作数不能超过 40 次。如果操作频率过高，可选用带快速饱和电流互感器的热继电器，或者不用热继电器保护而选用电流继电器。

（3）保护特殊工作制电动机时，选用热继电器应注意：

正反转及频繁通断工作的电动机不宜采用热继电器来保护，较理想的保护方法是用埋入绕组的温度继电器或热敏电阻来保护。

（八）固态继电器

固态继电器（Solid State Relays，SSR），是一种全部由固态电子元件组成的新型无触点开关器件，它利用电子元件（如开关三极管、晶闸管等半导体器件）的开关特性，可达到无触点无火花接通和断开电路的目的，因此又被称为"无触点开关"。固态继电器问世于 20 世纪 70 年代，由于它具有无触点工作特性，以及结构紧凑、开关速度快、能与微电子逻辑电路兼容等特点，已逐渐被人们所认识，作为执行器件广泛应用于各种自动控制仪器设备、计算机数据采集和处理系统、交通信号管理系统等。

固体继电器是一种四端组件，其中两端为输入端、两端为输出端，按主电路类型分为直流固体继电器和交流固体继电器两类，直流固态继电器内部的开关元件是功率晶体管，交流固态继电器的开关元件是晶闸管，产品封装结构有塑封型和金属壳全密封型。

1. 固态继电器的原理及结构

SSR 原理框图如图 1-27 所示。图 1-27（a）是交流型 SSR 的原理框图。SSR 有两个输入端（A 和 B）及两个输出端（C 和 D），是一种四端器件。工作时只要在 A、B 端加上一定的控制信号，就可以控制 C、D 两端之间的"通"和"断"。其中耦合电路用的元件是"光电耦合器"，其功能是为 A、B 端输入的控制信号提供一个输入/输出端之间的通道，并在电气上断开 SSR 输入端和输出端之间的（电）联系，以防止输出端对输入端的影响。使用时，可直接将 SSR 的输入端与计算机输出接口相接。触发电路的功能是产生符合控制要求的触发信号，以驱动开关电路。由于开关电路在不加特殊控制电路时，会产生射频干扰，并以高次谐波或尖峰电压等污染电网，为此特设"过零控制电路"。所谓"过零"是指，当加入控制信号，交流电压过零时，SSR 即为接通状态；而当断开控制信号后，SSR 要等到交流电的正负半周交界点（零电位）处，才为断开状态。这种设计能防止高次谐波的干扰和对电网的污染。吸收电路是为防止从电源中传来的尖峰、浪涌（电压）对开关器件造成冲击和干扰引起误动作而设计的，一般是用 RC 串联吸收电路或非线性电阻器（压敏电阻器）。

图 1-27（b）是直流型 SSR 的原理框图。与交流型 SSR 相比，直流型 SSR 没有过零控制电路，也不必设置吸收电路，开关器件一般用大功率开关三极管，其他工作原理相同。

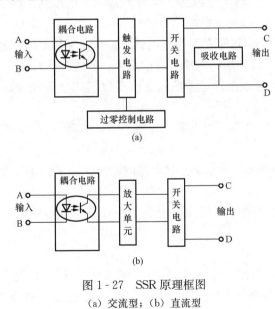

图 1-27　SSR 原理框图

（a）交流型；（b）直流型

图 1-28 所示为几种国内外常见 SSR 的外形。

2. 固态继电器的主要技术参数

（1）输入电压范围：是指环境温度为 25℃时，固态继电器能够工作的输入电压范围。

（2）输入电流：是指在输入电压范围内，某一特定电压对应的输入电流值。

（3）接通电压：是指在输入端加该电压或大于该电压值时，输出端确保导通。

图 1-28　常用的 SSR 外形图

（4）关断电压：是指在输入端加该电压或小于该电压值时，输出端确保关断。

（5）反极性电压：是指能够加在继电器输入端上，而不引起永久性破坏的最大允许反向电压。

（6）额定输出电流：是指环境温度为 25℃时，最大稳态工作电流。

（7）额定输出电压：是指能够承受的最大负载工作电压。

（8）输出电压降：是指当继电器处于导通时，在额定输出电流下测得的输出端电压。

（9）输出漏电流：是指当继电器处于关断状态、施加额定输出电压时，流经负载的电流值。

（10）接通时间：是指当继电器接通时，从输入电压达到接通电压开始至输出达到其电压最终值的 90％为止的时间间隔。

（11）关断时间：是指当继电器关断时，从切除输入电压到关断电压开始至输出达到其电压最终变化的 10％为止的时间间隔。

（12）过零电压：对交流过零型固态继电器，是指在施加导通控制信号后，在每一后续半周即要导通之前，跨于输出端两端所呈现的最大（峰值）断态电压。

（13）最大浪涌电压：是指继电器能承受而不致造成永久性损坏的非重复浪涌（或过载）电压。

（14）电器系统峰值：是指在继电器工作状态下，继电器输出端能承受的最大叠加瞬时峰值击穿电压。

（15）电压指数上升率 du/dt：是指继电器的输出元件能够承受而不使其导通的电压上升率。

（16）工作温度：是指继电器按规范安装或不安装散热板时，其正常工作的环境温度范围。

3．固态继电器的选用

（1）输入特性。为了保证固态继电器的正常工作，必须考虑输入条件。如果受控负载是非稳态或非阻性的，必须考虑所选产品是否能承受工作状态或条件变化时（冷热转换、静动转换、感应电动势、瞬态峰值电压、变化周期等）所产生的最大合成电压。例如，负载为感性时，所选额定输出电压必须大于两倍电源电压值，而且所选产品的阻断（击穿）电压应高于负载电源电压峰值的两倍。例如，在电源电压为交流 220V、一般的小功率非阻性负载的情况下，建议选用额定电压为 400～600V 的 SSR，但对于频繁启动的单相或三相电动机负载，建议选用额定电压为 660～800V 的 SSR。

当反极性（反向输入）电压适用继电器时，继电器输入端可以承受最大输入电压值或其他规定值的反极性电压,超过该值,可能造成 SSR 的永久性破坏。当反极性电压不适用继电器或继电器规定不能反向施加输入电压时,使用时一定注意,不能使输入电压反向。

(2)输出特性。SSR 给出的最大额定输出电流一般指在给定条件下(环境温度、额定电压、功率因数、有无散热器等)所能承受的最大额定输出电流,对于大于 10A 的继电器还指带有规定散热器时的最大额定输出电流;当工作温度上升或不带散热器时,最大输出电流则相应下降。因此,各 SSR 均给出不带规定散热器时的输出电流与环境温度的关系曲线,此曲线又称为热额降曲线,如周围温度上升,应按曲线作降额使用。图 1-29 所示为某一典型固态继电器的热额降曲线。固态继电器对温度的敏感性很强,工作温度超过标称值后,必须降额或外加散热器,例如,额定电流为 10A 的

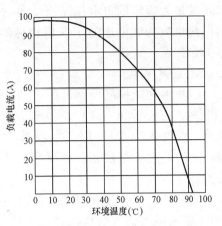

图 1-29 固态继电器的热额降曲线

JGX-10F 型继电器,不加散热器时的允许工作电流只有 10A。

当负载电阻或阻抗很大时,SSR 接通时的输出电流下降,该电流与关断状态下的漏电流之间的比值下降。对于交流 SSR,这时的漏电流可能会使接触器嗡嗡作响,或使电动机继续运转。当输出电流小于最小额定电流时,SSR 的直流失调电压和波形失真都会超过规定值;输出电流过小,也会使输出晶闸管不能在规定的零电压范围内导通。为了改善这种状况,可以在负载两端并联一定的电阻、RC 吸收回路或灯泡。

SSR 的许多负载如灯负载、电动机负载、感性和容性负载,在接通时的过渡过程中会形成浪涌电流。在散热不及时的情况下,浪涌电流是固态继电器损坏的最常见的原因。一般交流 SSR 的浪涌电流为额定电流的 5~10 倍(1 个周期),直流 SSR 的浪涌电流为额定电流的 1.5~5 倍(1s)。选用时,如果负载为稳态阻性,SSR 可全额或降额 10% 使用。对于电加热器、接触器等,初始接通瞬间出现的浪涌电流可达 3 倍的稳态电流,因此,SSR 应按降额 20%~30% 使用。对于白炽灯类负载,SSR 应按降额 50% 使用,并且还应加上适当的保护电路。对于变压器负载,所选用 SSR 的额定电流必须高于负载工作电流的两倍。对于感应电动机负载,所选用 SSR 的额定电流应为电动机运转电流的 2~4 倍,SSR 的浪涌电流值应为额定电流的 10 倍,必要时,可在负载电路中串联电阻,将浪涌电流和可能发生的短路电流限制在 SSR 所允许的过负载范围内,也可利用快速熔断的熔断器来保护 SSR。

对于 SSR,特别是交流 SSR,电压指数上升率是一个重要参数。这是因为当 SSR 关断时,若输出端电压上升率超过 SSR 规定的 du/dt,可能导致 SSR 误接通,严重时会造成 SSR 的损坏。一般的 SSR 规定 du/dt 为 $100V/\mu s$,也有的达 $200V/\mu s$。交流 SSR 多在电流过零时判断,对感性和容性负载,在电流达到零并关断时,线电压并不为零,且功率因数 $\cos\varphi$ 越小,这个电压越大,在关断时,这一较大的电压将以较大的上升率加在 SSR 的输出端。另外,SSR 关断时,感性负载上会产生反电动势,该反电动势同电压一起形成的过电压将加在 SSR 的输出端。这样在使用 SSR 反转电容分相电动机和反接未停转的三相电动机时,都可能在 SSR 的输出端产生 2 倍于线电压的过电压效应。过电压和 du/dt 是使 SSR 失

效的重要因素，因此要认真对待。一般，在可能产生 2 倍线电压效应的场合应选择最大额定输出电压高于 2 倍线电压的 SSR；在 du/dt 和过电压严重的线路中，一般也应使 SSR 的最大额定输出电压高于 2 倍线电压。对于一般的感性负载，SSR 的最大额定输出电压也应为线电压的 1.5 倍。另外，可以在 SSR 输出端并联 RC 吸收回路或其他瞬态抑制回路。

4. 应用电路

（1）多功能控制电路。图 1-30 所示为多组输出电路。图 1-30（a）中，当输入为"0"时，三极管 VT 截止，SSR1、SSR2、SSR3 的输入端无输入电压，各自的输出端断开；当输入为"1"时，三极管 VT 导通，SSR1、SSR2、SSR3 的输入端有输入电压，各自的输出端接通，因而达到了由一个输入端口控制多个输出端"通""断"的目的。

图 1-30（b）所示为单刀双掷控制电路，当输入为"0"时，三极管 VT 截止，SSR1 输入端无输入电压，输出端断开，此时 A 点电压加到 SSR2 的输入端上，$U_A - U_{VS}$ 应使 SSR2 输出端可靠接通，此时 SSR2 的输出端接通；当输入为"1"时，三极管 VT 导通，SSR1 输入端有输入电压，输出端接通，此时 A 点虽有电压，但 $U_A - U_{VS}$ 的电压值已不能使 SSR2 的输出端接通而处于断开状态，因而达到了"单刀双掷控制电路"的功能。注意，选择稳压二极管 VS 的稳压值 U_{VS} 时，应保证在导通的 SSR1 "＋"端的电压不会使 SSR2 导通，同时又要兼顾到 SSR1 截止时，其"＋"端的电压能使 SSR2 导通。

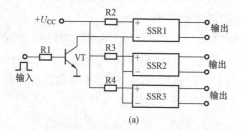 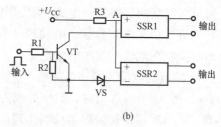

图 1-30　多组 SSR 输出电路

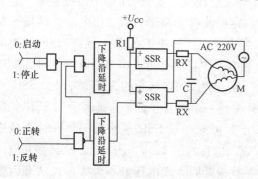

图 1-31　单相交流电动机正反转的接口及驱动电路

（2）用计算机控制电动机正反转的接口及驱动电路。图 1-31 为计算机控制单相交流电动机正反转的接口及驱动电路。在换向控制时，正反转之间的停滞时间应大于交流电源的 1.5 个周期（用一个"下降沿延时"电路来完成），以免换向太快而造成线间短路。电路中继电器要选用阻断电压高于 600V、额定电压为 380V 以上的交流固态继电器。

SSR 成功地实现了弱信号（U_{sr}）对强电（输出端负载电压）的控制。由于光电耦合器的应用，使控制信号 U_{sr} 所需的功率极低（约十几毫瓦就可正常工作），而且 U_{sr} 所需的工作电平与 TTL、HTL、CMOS 等常用集成电路兼容，可以实现直接连接。这使 SSR 在数控和自控设备等中得到广泛应用，在有些应用场合，尤其在恶劣的工况环境下可取代传统的"线圈-簧片触点式"电磁式继电器（简称"MER"）。

第五节 主 令 电 器

主令电器的作用是闭合或断开控制电路，从而控制电动机的启动、停车、制动以及调速等。它可以直接用于控制电路，也可以通过电磁式电器间接作用于控制电路。在控制电路中，由于它是一种专门发布命令的电器，故称为主令电器。主令电器分断电流的能力较弱，因此不允许分合主电路。主令电器种类繁多，应用广泛，常用的有控制按钮、行程开关、转换开关、接近开关和主令控制器等。

一、控制按钮

控制按钮是一种结构简单，应用十分广泛的主令电器。在低压控制电路中，远距离操纵接触器、继电器等电磁式电器时，通常需要使用控制按钮来发出控制信号。

控制按钮的结构种类很多，可分为普通按钮式、蘑菇头式、自锁式、自复位式、旋柄式、带指示灯式、带灯符号式及钥匙式等，同时又有单钮、双钮、三钮及不同组合形式。按钮一般是采用积木式结构，由按钮帽、复位弹簧、桥式触点和外壳等组成，通常制成复合式，有一对动断触点和动合触点，有的产品可通过多个元件的串联增加触点对数，最多可增至 8 对。还有一种自持式按钮，按下后即可自动保持闭合位置，断电后才能打开。控制按钮的基本结构、外形如图 1-32 所示。

图 1-32 控制按钮基本结构及外形图

（a）结构示意图；（b）外形图

1—按钮帽；2—复位弹簧；3—动触点；4—动断触点；5—动合触点

为了标明各个按钮的作用，避免误操作，通常将按钮帽做成红、绿、黑、黄、蓝、白等不同的颜色，以示区别。例如，红色表示停止按钮，绿色表示启动按钮等。另外还有形象化符号可供选用。控制按钮的主要参数有形式及安装孔尺寸、触点数量及触点的电流容量，在产品说明书中都有详细说明。控制按钮的图形符号及文字符号见表 1-6。控制按钮常用产品有 LAY3、LAY6、LA20、LA25、LA101、LA38、NP1 系列等。国外进口及引进产品品种也很多，很多国外低压电器厂商都有产品进入我国市场，并有一些新的品种，结构新颖。

二、行程开关

行程开关又称限位开关，是利用生产机械某些运动部件对它的碰撞来发出开关量控制
信号的主令电器，一般用来控制生产机械的运动方向、速度、行程
远近或定位，可实现行程控制以及限位保护的控制。

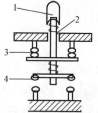

图 1-33　直动式行程
开关原理示意图
1—顶杆；2—弹簧；
3—动断触点；4—动合触点

行程开关的基本结构可以分为摆杆（操动机构）、触点系统和
外壳三个主要部分。其结构形式多种多样，其中摆杆形式主要有直
动式、摆动式和万向式三种；触点类型有一动合一动断、一动合二
动断、二动合一动断、二动合二动断等形式；动作方式可分为瞬
动、蠕动、交叉从动式三种。行程开关的主要参数有形式、动作行
程、工作电压及触点的电流容量。直动式行程开关原理示意图如
图 1-33 所示，其动作原理与按钮相同。图 1-34 所示为 LX 系列
的行程开关外形图。行程开关的图形符号、文字符号见表 1-6。

(a)　　　　　　　(b)　　　　　　　(c)

图 1-34　LX 系列行程开关的外形图
(a) 直动式；(b) 摆动式；(c) 万向式

三、转换开关

转换开关主要用于低压断路操动机构的合闸与分闸控制、各种控制线路的转换、电压
表和电流表的换相测量控制、配电装置线路的转换和遥控等，是一种多挡式，控制多回路
的主令电器。

目前常用的转换开关类型主要有两大类：万能转换开关和组合开关。两者的结构和工
作原理基本相似，在某些应用场合两者可相互替代。

转换开关按结构类型可分为普通型、开
启组合型和防护组合型等，按用途又分为主
令控制用和控制电动机用两种，按操作方式
可分为定位型、自复型和定位自复型三大
类，按操动器外形分有 T 形、手枪形、鱼尾
形、旋钮形和钥匙形五种。图 1-35 所示为
LW5 系列万能转换开关结构及外形图。

转换开关一般采用组合式结构设计，
由操动机构、定位系统、限位系统、触点
装置、面板及手柄等组成。触点装置通常
采用桥式双断点结构，并由各自的凸轮控

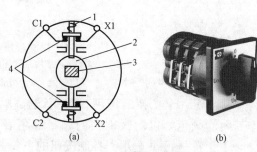

(a)　　　　　　　(b)

图 1-35　LW5 系列万能转换开关
结构及外形图

(a) 某一层的结构图；(b) 外形图

1—触点弹簧；2—凸轮；3—转轴；4—触点

制其通断。定位系统采用滚轮卡棘轮辐射形结构，不同的棘轮和凸轮可组成不同的定位模式，从而得到不同的输出开关状态，即手柄在不同的转换角度时，触点的状态是不同的。不同型号的万能转换开关，其手柄有不同的操作位置，具体可从万能开关的"定位特征表"中查取。

万能转换开关的触点在电路图中的图形符号如图 1-36（a）所示。由于触点的分合状态与操作手柄的位置有关，因此，在电路图中除要画出触点图形符号，还应有操作手柄位置与触点分合状态的表示方法。其表示方法有两种，一种是在电路图中画虚线和画"•"的方法，如图 1-36（a）所示，即用虚线表示操作手柄的位置，用有无"•"表示触点的闭合断开状态，如在触点图形符号的下面虚线位置上画"•"，就表示该触点是处于打开状态。另一种方法是在触点图形符号上标出触点编号，再用接通表来表示操作手柄处于不同位置时触点的分合状态，如图 1-36（b）所示。接通表中用有无"×"来表示手柄处于不同位置时触点的闭合和断开状态。

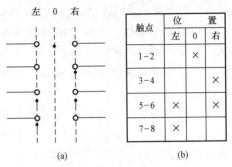

图 1-36　万能转换开关的图形符号
(a) 画"•"标记表示；(b) 接通表表示

常用的转换开关有 LW5、LW6、LW8、LW9、LW12、LW16、LW39、LW5D、VK、3LB 和 HZ 等系列，其中，3LB 系列是引进西门子公司技术生产的，另外还有许多品牌的进口产品也在国内得到广泛应用。

LW39 系列万能转换开关分 A、B 两大系列。其中，LW39A 系列万能转换开关造型美观、接线方便、内部所有动作部位均设置滚动轴承结构，动作时手感非常柔和、开关寿命长。其中带钥匙开关采用全金属结构，内部采用放大锁定结构，避开传统的直接采用锁片锁定的做法，使开关锁定后非常牢固。LW39B 系列万能转换开关是小型化设计的产品，具有结构可靠、美观新颖、外形尺寸小的优点。它的接线采用内置接法，使之更加安全可靠。它的另一大特点是定位角度可以是 30°、60° 和 90°，面板一周最多可做 12 挡。LW39 系列万能转换开关适用于交流 50Hz、电压不大于 380V 和直流电压 220V 及以下的电路中，用于配电设备的远距离控制，电气测量仪表的转换和伺服电动机、微电机的控制，也可用于小容量笼型异步电动机的控制。

LW5D 系列万能转换开关适用于交流 50Hz、额定电压不大于 500V，直流电压不大于 440V 的电路中转换电气控制线路（电磁线圈、电气测量仪表和伺服电动机等），也可直接控制 5.5kW 三相笼式异步电动机可逆转换、变速等。

LW12、LW9 系列小型万能转换开关（简称转换开关），约定发热电流为 16A，可用于交流 50Hz、电压不大于 500V 及直流电压不大于 440V 的电路中，作电气控制线路的转换之用和作电压 380V、5.5kW 及以下的三相电动机的直接控制之用。其技术参数符合国家有关标准和国际 IEC 有关标准，采用一系列新工艺、新材料，性能可靠，功能齐全，体积小，结构合理，能替代目前全部同类型产品，品种有普通型基本式、开启型组合式、防护型组合式。

四、接近开关

接近开关又称无触点行程开关，其功能是当某种物体与之接近到一定距离时，就发出动作信号，不需像机械式行程开关那样需要施加机械力。接近开关是通过其感辨机构与被测量物体之间的介质能量的变化来取得信号的。在完成行程控制和限位保护方面，它完全可以代替机械式有触点行程开关。除此之外，它还可用作高频计数、测速、液面控制、零件尺寸检测、加工程序的自动衔接等的非接触式开关。由于它具有非接触式触发、动作速度快、可在不同的检测距离内动作、发出的信号稳定无脉动、工作稳定可靠、寿命长、重复定位精确度高以及能适应恶劣的工作环境等特点，所以在机床、纺织、印刷、塑料等工业生产中应用广泛。

接近开关的形式有多种，按其感辨机构的工作原理来分主要有高频振荡式、霍尔式、超声波式、电容式、差动线圈式、永磁式等，其中高频振荡式最为常用。图 1-37 所示为几种接近开关的外形图。常用的国产接近开关有 3SG、LJ、CJ、SJ、AB、LXJO 系列等，另外，国外进口产品在国内也有应用广泛。

图 1-37 接近开关外形图

1. 工作原理

现以电感式接近开关为例，介绍接近开关的工作原理。

电感式接近开关属于一种有开关量输出的位置传感器，主要由高频振荡器、整形检波、信号处理和开关量输出几部分组成，其工作流程如图 1-38 所示。基本工作原理是：振荡器的线圈固定在开关的作用表面，产生一个交变磁场。当金属物体接近此作用表面时，该金属物体内部产生的涡流将吸取振荡器的能量，致使振荡器停振。振荡器的振荡和停振这两个信号，经整形放大后转换成二进制控制开关信号，并输出开关量控制信号。这种接近开关所能检测的物体必须是金属导电体。

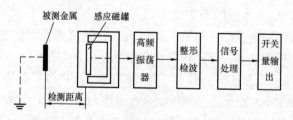

图 1-38 电感式接近开关工作流程框图

2. 接近开关的主要技术指标

（1）动作距离：是指检测体按一定方式移动，致使开关刚好动作时，感辨机构与检测体之间的距离。额定动作距离指接近开关动作距离的标称值。

（2）设定距离：是指接近开关实际整定距离，一般为额定动作距离的 0.8 倍。

（3）回差值：是指动作距离与复位距离之间的绝对值。

（4）输出状态：分常开型接近开关和常闭型接近开关。常开型接近开关，在无检测物体时，由于接近开关内部的输出晶体管的截止而处于断开状态；当检测到物体时，接近开关内部的输出晶体管导通，相当于开关闭合，负载得电工作。常闭型接近开关与其相反。

（5）检测方式：分埋入式和非埋入式。埋入式接近开关在安装上为齐平安装型，可与安装的金属物件形成同一表面；非埋入式的接近开关则需把感辨机构露出，以达到长检测距离的目的。

（6）响应频率：是指按规定的 1s 时间间隔内，接近开关动作循环的次数。

（7）导通压降：是指开关在导通时，残留在开关输出晶体管上的电压降。

（8）输出形式：分 npn 二线，npn 三线，npn 四线，pnp 二线，pnp 三线，pnp 四线，DC 二线，AC 二线，AC 五线（自带继电器）等几种常用的输出形式。

五、主令控制器

1. 主令控制器的结构和工作原理

主令控制器是用来频繁地按顺序切换多个控制电路的主令电器。它与磁力控制盘配合，可实现对起重机，轧钢机及其他生产机械的远距离控制。主令控制器的结构示意图如图 1-39 所示。由图可见，主令控制器是由转轴 1、凸轮块 3 与 4、静触点 7 及动触点 8，还有定位机构及手柄等组成。凸轮块 3、4 固定在方轴上，动触点 8 固定于能绕轴 1 转动的支杆 5 上，当转动主令控制器的手柄时，会带动凸轮块 3、4 随之转动，当凸轮块的凸起部分转到与小轮 2 接触时，会推压小轮，使其推动支杆 5 向外张开，使动触点 8 离开静触点 7，将被控回路断开。当凸轮

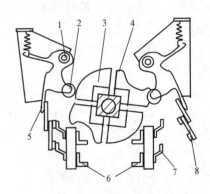

图 1-39　主令控制器结构示意图
1—转轴；2—小轮；3、4—凸轮块；5—支杆；
6—接线柱；7—静触点；8—动触点

的凹陷部分与小轮 2 接触时，支杆 5 在反力弹簧作用下复位，使动、静触点闭合，从而接通被控回路。这样安装一串不同形状的凸轮，可使触点按一定顺序闭合与断开，从而实现一定的顺序控制要求。主令控制器的触点容量较小，由银质材料制成，并采用桥式结构，所以操作轻便，允许频繁操作频率较高。

常用的主令控制器产品有 LK1、LK4、LK5、LK6、LK14、JJK-SC、JTK-WS 系列等，操动方式有手柄式和手轮式两种。图 1-40 所示为几种主令控制器外形图。其中，LK14 系列主令控制器在交流 50Hz、额定工作电压不大于 380V 的电力传动装置中，作频繁转换控制之用；LK1 系列适用于交流 50Hz、电压不大于 380V 及直流电压不大于 220V 的电路中，作频繁转换控制线路之用，主要用作起重机磁力控制屏等各类型电子驱动装置的遥远控制；JTK-SC 系列交流凸轮控制器主要用于交流 50Hz、电压不大于 380V 的电动机启动、调速及换向的控制电路中，也适用于类似要求的其他电力驱动系统；JTK-WS 系列电子主令控制器，采用电子接近开关作为动作探头，灵敏度高，无磨损，控制的回路数

为 3～24 路，适用于交流 50Hz、电压不大于 380V 及直流电压不大于 440V 的电路中，主要用作各类型电力驱动装置的遥远控制，也可以控制需要较多控制电路的连锁与转换装置，适用于频繁操作任务，按照传动比参数准确控制回路电路。主令控制器的主要参数有形式、手柄类型、操作图形式、工作电压及触点的电流容量，在产品说明书中都有详细说明。

图 1-40　几种主令控制器外形图

(a) LK1 型；(b) JTK-SC-7 型；(c) JTK-WS-12 型

LK4 系列主令控制器的结构与性能如下：

1）LK4 系列主令控制器由铸铁基座、外壳、变速机构、触点及凸轮所组成。凸轮由两个相同的凸轮块拼成，每个块有 10 个孔及一条槽，两孔间隔为 18°。凸轮块用螺栓固定在两个凸轮块上，并可左右两边调动 10°30′，因此接受凸轮控制的触点断开与闭合的位置也可随之调整。

2）触点系统凭借弹簧及锁扣形成快速分断，在电气性能上具有很大的优越性。

3）LK4-024、LK4-044、LK4-054 型主令控制器只具有一组凸轮鼓架设于滚珠轴承上，带有键的轴端伸出地，以备与操动机构连接。这种主令控制器无减速装置。

4）LK4-028、LK4-048、LK4-058 型主令控制器的结构与 LK4-024、LK4-044。LK4-054 型基本相同，但此种主令控制器带有减速装置。

5）LK4-148、LK4-168、LK4-188 型主令控制器具有两组凸轮装置，架设于滚珠轴承上，经过减速装置与操动机构连接。减速装置可以使两组凸轮形成并联回转（两凸轮同时旋转）或串联回转（两组凸轮交替旋转）。

6）LK658-4 型主令控制器为防水式，具有一组凸轮装配，利用安装在主令控制器壳上的蜗轮减速器与传动轴相连接。该主令控制器的触头系列稍有不同于其他的主令控制器，其 5 个电路中的 2 个电路可装设灭弧装置，因此上面的静触点套以灭弧罩，由灭弧线圈建立磁场产生磁吹作用而达到灭弧效果。

2. 主令控制器的使用条件

(1) 安装前应检查各零部件有无损伤及缺少。

(2) 安装时应注意切勿使输出轴及减速装置受到损伤，安装后应无卡轧现象。

(3) 按线路要求调整凸轮块后，应使其紧固件无松动现象。

(4) 在安装调试完成后，应在减速装置滚动处加注滑油脂。

(5) 定期在减速装置以及机械滚动摩擦处加注滑油脂。

(6) 经常检查凸轮块等固定螺栓是否有松动现象。固定螺栓的松动会影响触点闭合及断开的准确性。

（7）减速装置若发生不正常的噪声，应立即检修。

（8）随时注意触点接触情况良好与否，触点烧毛应拆下用细锉修平后再安装使用，如有烧毁现象应及时更新触点。

第六节　熔　断　器

低压配电系统中熔断器是起安全保护作用的一种电器。当电流超过规定值一定时间后，它以本身产生的热量使熔体熔化而分断电路，避免电器设备损坏，防止事故蔓延。熔断器广泛应用于低压配电系统、控制系统和用电设备中，用作短路和过电流保护，通常与被保护电路串联，能在电路发生短路或严重过电流时快速自动熔断，从而切断电路电源，起到保护作用。熔断器与其他开关电器组合可构成各种熔断器组合电器，如熔断器式隔离器、熔断器式刀开关、隔离器熔断器组合负荷开关等。熔断器的图形符号、文字符号见表 1-6。

一、熔断器的结构及工作原理

1. 熔断器的结构

熔断器一般由绝缘底座（或支持件）、熔断管、熔体、填料及导电部件等部分组成，如图 1-41 所示。熔体是熔断器的主要工作部分，相当于串联在电路中的一段特殊的导线。它由金属材料制成，通常做成丝状、带状、片状或笼状，除丝状外，其他形状的通常制成变截面结构，如图 1-42 所示，目的是改善熔体材料性能及控制不同故障情况下的熔化时间。在熔体熔断切断电路的过程中会产生电弧，为了安全有效地熄灭电弧，一般均将熔体安装在熔断管内。熔断管一般由硬质纤维或瓷质绝缘材料制成封闭或半封闭式的管状。

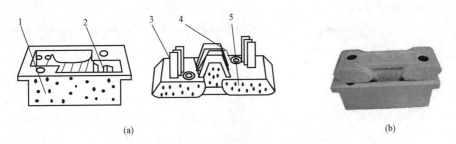

（a）　　　　　　　　　　　　　　　　（b）

图 1-41　插入式熔断器结构和外形图

（a）插入式熔断器结构图；（b）RC1A 系列插入式熔断器外形图

1—绝缘底座（瓷底座）；2—静触点；3—动触点；4—熔体；5—瓷盖

2. 熔断器的工作原理

熔断器的熔体与被保护电路串联，当电路正常工作时，熔体在额定电流下不应熔断，所以其最小熔化电流 I_r 必须大于额定电流 I_{rN}。最小熔化电流 I_r 是指当熔体通过这个电流值的电流时，熔体能够达到其稳定温度，并且熔断。最小熔化电流 I_r 与熔体的额定电流 I_{rN} 之比称为熔化系数 β，即 $\beta = I_r / I_{rN}$，一般 β 在 1.6 左右。β 值是表征熔断器保护灵敏度的特性指标之一。当电路发生短路或严重过载时，熔体中流过很大的故障电流，引起熔体的发热与熔化。过电流相对额定电流的倍数越大，产生的热量就越多，温度上升也越迅速，

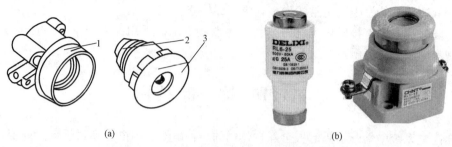

图 1-42　螺旋式熔断器结构部件和外形图
(a) 螺旋式熔断器结构部件；(b) RL6 系列螺旋式熔断器外形图
1—瓷底座；2—熔体；3—瓷帽

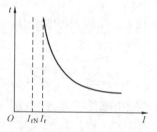

图 1-43　熔断器的安秒特性

熔体熔断所需要的时间就越短；反之，过电流相对额定电流的倍数越小，熔体熔断所需要的时间就越长。当预期短路电流很大时，熔断器将在短路电流达到其峰值之前动作，即通常说的"限流"作用。在熔断器动作过程中可以达到的最高瞬态电流值称为熔断器的截断电流。

熔断器的保护特性常用"时间-电流特性"曲线（或称为安秒特性曲线）表示，如图 1-43 所示。它表征流过熔体的电流与熔体熔断时间的关系，这一关系与熔体的材料和结构有关，是熔断器的主要技术参数之一。图中，t 为熔断时间。由图 1-43 可见，熔断器是以热效应原理工作的，在电流引起的发热过程中，总是存在 I^2t 特性关系，即电流通过熔体时产生的热量与电流的平方和电流持续时间成正比，电流越大，则熔体熔断时间越短。

3. 熔断器的技术参数

（1）额定电压：是指熔断器长期工作时和分断后能承受的电压值。此值一般大于或等于电气设备的额定电压。

（2）额定电流：是指熔断器长期工作时，设备部件温度不超过规定值时所承受的电流。熔断器的额定电流分为熔断管的额定电流和熔体的额定电流，通常熔断管的额定电流等级比较少，而熔体的额定电流等级比较多，但熔体的额定电流最大不超过熔断管的额定电流。

（3）极限分断能力：是指熔断器在规定的额定电压和时间常数条件下，能分断的最大电流值。极限分断能力反映了熔断器分断短路电流的能力。

二、常用典型熔断器简介

熔断器的种类很多，常用的有 RL 系列螺旋式熔断器、RC 系列插入式熔断器、R 系列玻璃管式熔断器、RT 系列有填料密封管式熔断器、RM 系列无填料密封管式熔断器、NGT 系列有填料快速熔断器、RST 系列和 RS 系列半导体器件保护用快速熔断器、HG 系列熔断器式隔离器和特殊熔断器等。

1. 插入式熔断器

插入式熔断器又称瓷插式熔断器，常用的为 RC1A 系列插入式熔断器，结构和外形分别如图 1-41 (a)、(b) 所示。RC1A 系列熔断器由瓷盖 5、瓷底座 1、动触点 2、熔体 4 和静触点 3 组成。瓷盖和瓷底座由电工瓷制成，瓷底座两端固装着静触点，动触点固装在瓷盖上。瓷盖中段有一突起部分，熔体沿此突起部分跨接在两个动触点上。瓷底座中间有一空腔，它与瓷盖的突起部分共同形成灭弧室。熔断器所用熔体材料主要是软铅丝和铜丝。使用时应按产品目录选用合适的规格。这种熔断器一般用于民用交流 50Hz、额定电压不大于 380V、额定电流不大于 200A 的低压照明线路末端或分支电路中，作为短路保护及高倍过电流保护。

2. 螺旋式熔断器

螺旋式熔断器多用于工矿企业低压配电设备、机械设备的电气控制系统中作短路保护。常用产品有 RL1、RL6 系列螺旋式熔断器，其结构和外形分别如图 1 - 42 (a)、(b) 所示。螺旋式熔断器由瓷底座 1、熔体 2、瓷帽 3 等组成。熔体是一个瓷管，内装有石英砂和熔丝，熔丝的两端焊在熔体两端的导电金属端盖上，其上端盖中有一个染有红漆的熔断指示器 4，当熔体熔断时，熔断指示器弹出脱落，透过瓷帽上的玻璃孔可以看见红色消失。熔断器熔断后，只要更换熔体即可。

3. 封闭管式熔断器

封闭管式熔断器分为无填料、有填料和快速熔断器三种。无填料封闭管式熔断器主要有 RM3 型和 RM10 型，其结构部件和外形分别如图 1 - 44 (a)、(b) 所示。无填料封闭管式熔断器由管帽 1、铜圈 2、熔断管 3 和熔体 4 等几部分组成。图示的 RM10 型熔断器适用于额定电压不大于 380V 或直流的低压电网和配电装置中，作为电缆、导线及电气设备的短路保护及电缆、导线的过负荷保护之用。

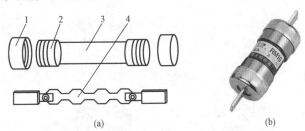

图 1 - 44　无填料密封管式熔断器结构部件和外形图
(a) 无填料密封管式熔断器结构部件图；(b) RM10 型无填料封闭管式熔断器外形图
1—管帽；2—铜圈；3—熔断管；4—熔体

有填料封闭管式熔断器主要有 RT0 系列，这是一种有限流作用的熔断器，由填有石英砂的瓷质熔体管、触点和镀银铜栅状熔体组成。填料管式熔断器均装在特别的底座上，如带隔离刀闸的底座或以熔断器为隔离刀闸的底座上，通过手动机构操作。填料管式熔断器额定电流为 50~1000A，主要用于短路电流大的电路或有易燃气体的场所。

RS0 系列快速熔断式熔断器是一种快速动作型的熔断器，由熔断管、触点底座、动作指示器和熔体组成。熔体为银质窄截面或网状形式，为一次性使用，不能自行更换。其具有快速动作性，一般作为半导体整流元件及其成套设备的过载及短路保护器件。NGT 系列为有填料快速熔断器。RT16、RT17 系列高分断能力熔断器属于全范围熔断器，能分断从最小熔化电流至其额定分断能力（120kA）之间的各种电流，额定电流最大为 1250A，具有较好的限流作用。

4. 半导体器件保护用熔断器

半导体器件只能在极短的时间（数毫秒至数十毫秒）内承受过电流。当半导体器件工作在过电流或短路的情况下，其 PN 结的温度会快速、急剧地上升，半导体器件将因此而被迅速烧毁。因此，承担其过电流或短路保护的器件必须能快速动作。普通的熔断器的熔断时间是以秒计的，所以通常不能用来保护半导体器件，必须使用快速熔断器。

目前，用于半导体器件保护的快速熔断器有 RS、NGT、CS 系列等。图 1-45 所示 RS0 系列快速熔断器一般用于大容量硅整流管的过电流和短路保护；RS3 系列快速熔断器一般用于晶闸管的过电流和短路保护；RSB 系列熔断器是有填料管式熔断器。RS 系列熔断器体积小，维护方便，分断能力大于 4kA，可用于小功率变频器、充电电源等小功率变流器，也可作为国外进口变流器中快速熔断器的备件；方管螺栓连接式快速熔断器 NGT 系列和 CS 系列通常用在电气线路中作为半导体器件及其成套装置的短路保护。NGT 系列和 CS 系列熔断器外形如图 1-46 所示。

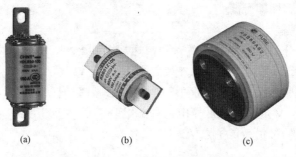

图 1-45　RS 系列熔断器外形图

(a) RS0 系列；(b) RS3 系列；(c) RSB 系列

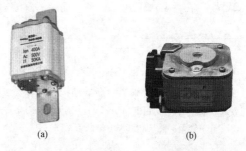

图 1-46　NGT 系列和 CS 系列熔断器外形图

(a) NGT 系列；(b) CS 系列

5. 自复式熔断器

自复式熔断器是一种采用气体、超导材料或液态金属钠等作熔体的一种新型熔断器。常温下，钠的电阻小，具有高导电率，允许通过正常的工作电流。当电路发生短路时，在故障电流作用下，产生的高温使其熔体中局部的液态金属钠迅速气化而蒸发，气态钠电阻很高，从而限制了短路电流；当故障消除后，温度下降，气态钠又变成固态钠，自动恢复至原来的导电状态，熔体所在电路又恢复导通。此类自复式熔断器的优点是能重复使用，故障后不必更换熔体；缺点是只能限制故障电流，而不能切断故障电流，因此又称为限流型自复式熔断器。

制作自复式熔断器熔体的材料很多，由美国研发的一种叫 PloySwitch 自复式过电流熔断器，是由聚合树脂（Polymer）及导体（Conductor）组成。在正常情况下，聚合树脂紧密地将导体束缚在结晶状的结构内，构成一个低阻抗的链键；当电路发生短路或过电流时，导体上所产生的热量会使聚合树脂由结晶变成胶状，被束缚在聚合树脂上的导体便分离，导致阻抗迅速增大，从而限制了故障电流；当电路恢复正常时，聚合树脂又重新恢复到低阻抗状态。

三、熔断器的选用

由于各种电气设备都具有一定的过载能力，允许在一定条件下较长时间运行；而当负载超过允许值时，就要求熔断器熔体在规定时间内熔断。还有一些设备启动电流很大，但启动时间很短，所以要求这些设备的熔断器特性要适应设备运行的需要，要求熔断器在电动机启动时不熔断，在短路电流作用下和超过允许过负荷电流时，能可靠熔断，起到保护作用。熔体额定电流选择偏大，负载在短路或长期过负荷时不能及时熔断，无法及时切断故障电路；选择过小，可能在正常负载电流作用下就会熔断，影响正常运行。为保证设备正常运行，必须根据负载性质合理地选择熔体额定电流。

1. 选用的一般原则

（1）熔断器类型的选择。选择熔断器的类型时，主要依据负载的保护特性和预期短路电流的大小。当熔断器主要用作过电流保护时，希望熔体的熔化系数小，这时可选用铅锡合金制成的熔体的熔断器，如 RC1A 系列熔断器。当熔断器主要用作短路保护时，可选用钵制成的熔体的熔断器，如 RM10 系列无填料密封管式熔断器。当短路电流比较大时，可选用具有高分断能力的、有限流作用的熔断器，如 RL 系列螺旋式熔断器，有限流作用的 RT（NT）系列高分断能力熔断器等。当有上下级熔断器选择性配合要求时，应考虑过电流选择比。过电流选择比是指上下级熔断器之间满足选择性要求的额定电流最小比值，它和熔体的极限分断电流、I^2t 值和时间—电流特性有密切关系，一般需根据制造厂提供的数据或性能曲线进行较详细的计算和整定来确定。

（2）熔体额定电流的确定。

1）对于负载电流比较平稳的照明或电阻炉这一类阻性负载进行短路保护的熔断器时，应使熔体的额定电流 I_{fN} 稍大于或等于线路的正常工作电流 I，即

$$I_{fN} \geqslant I \tag{1-4}$$

2）用于保护电动机的熔断器，应考虑躲过电动机启动电流的影响，一般选熔体额定电流应为电动机额定电流 I_{mN} 的 1.5～3.5 倍，即

$$I_{fN} \geqslant (1.5 \sim 3.5)I_{mN} \tag{1-5}$$

式中，对于启动不频繁或启动时间不长的电动机，系数选用下限；对于频繁启动的电动机，系数选用上限。

3）用于多台电动机供电的主干线作短路保护的熔断器，在出现尖峰电流时不应该熔断。通常将其中一台容量最大的电动机启动，同时其余电动机均正常运行时出现的电流作为其尖峰电流，熔体额定电流为

$$I_{fN} \geqslant (1.5 \sim 2.5)I_{mNmax} + \sum I_{mN} \tag{1-6}$$

电气控制与 PLC 应用（第四版）

式中：I_{mNmax} 为多台电动机中容量最大的一台电动机的额定电流；$\sum I_{mN}$ 为其余电动机额定电流之和。

2. 快速熔断器的选择

快速熔断器的选择与其接入电路的方式有关。以三相硅整流电路为例，快速熔断器接入电路的方式常见的有交流侧接入、直流侧接入和整流桥臂中接入（即与硅元件相串联）三种，如图 1 - 47 所示。

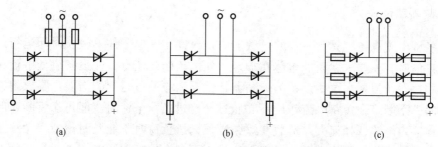

图 1 - 47 快速熔断器接入整流电路的方式

（a）交流侧接入；（b）直流侧接入；（c）整流桥臂中接入

（1）熔体的额定电流选择。选择熔体的额定电流时应当注意，快速熔断器熔体的额定电流是以有效值表示的，而硅整流元件的额定电流却是用平均值表示的。当快速熔断器在交流侧接入时，熔体的额定电流为

$$I_{fN} \geqslant K_1 I_{zmax} \qquad (1-7)$$

式中：I_{zmax} 为可能出现的最大整流电流；K_1 为与整流电路的形式及导电情况有关的系数，用于保护硅整流元件时，K_1 值见表 1 - 10，用于保护晶闸管时，K_1 值见表 1 - 11。

当快速熔断器在整流桥臂中接入时，熔体的额定电流为

$$I_{fN} \geqslant 1.5 I_{gN} \qquad (1-8)$$

式中：I_{gN} 为硅整流元件或晶闸管的额定电流（平均值）。

表 1 - 10   不同整流电路时 K_1 的值

整流电路的形式	单相半波	单相全波	单相桥式	三相全波	三相桥式	双星形六相
K_1	1.57	0.785	1.11	0.575	0.516	0.29

表 1 - 11   不同整流电路及不同导通角时 K_1 的值

K_1 ＼导通角＼电路形式	180°	150°	120°	90°	60°	30°
单相半波	1.57	1.66	1.83	2.2	2.78	3.99
单相桥式	1.11	1.17	1.33	1.57	1.97	2.82
三相桥式	0.816	0.828	0.865	1.03	1.29	1.88

（2）快速熔断器额定电压的选择。快速熔断器分断电流的瞬间，最高电弧电压可达电源电压的 1.5～2 倍。因此，硅整流元件（或晶闸管整流元件）的反向峰值电压必须大于此

50

电压值才能安全工作,即

$$U_F \geqslant K_2\sqrt{2}U_{rN} \tag{1-9}$$

式中:U_F 为硅整流元件或晶闸管的反向峰值电压;U_{rN} 为快速熔断器额定电压;K_2 为安全系数,其值一般为 1.5～2。

四、熔断器运行与维修

1. 使用熔断器时的注意事项

(1)熔断器的保护特性应与被保护对象的过载特性相适应,考虑到可能出现的短路电流,选用相应分断能力的熔断器。

(2)熔断器的额定电压要适应线路电压等级,熔断器的额定电流要大于或等于熔体额定电流。

(3)线路中各级熔断器熔体额定电流要相应配合,前一级熔体额定电流必须大于下一级熔体额定电流。

(4)熔断器的熔体要按被保护对象的分断要求,选用相应的熔体,不允许随意加大熔体的额定电流或用其他导体代替熔体。

2. 熔断器巡视检查内容

(1)检查熔断器和熔体的额定值与被保护设备是否相配合。

(2)检查熔断器外观有无损伤、变形,瓷绝缘部分有无闪络放电痕迹。

(3)检查熔断器各接触点是否完好、接触是否紧密,是否有过热现象。

(4)熔断器的熔断信号指示器是否正常。

3. 熔断器的使用维修

(1)熔体熔断时,要认真分析熔断的原因。熔体熔断的原因如下:短路故障或过载运行而正常熔断;熔体使用时间过久,运行中温度高而使熔体氧化,致使其特性变化而误熔断;熔体安装时有机械损伤,使截面积变小,导致在正常运行中发生误熔断。

(2)拆换熔体时,要做到以下几点:①首先找出熔体熔断原因,未确定熔断原因时,不得拆换熔体试运行;②更换新熔体时,要检查熔体的额定值是否与被保护设备相匹配;③要检查熔断管内部烧伤情况,如果有严重烧伤,应同时更换熔断管。瓷熔管损坏时,不允许用其他材质管代替。填料式熔断器更换熔体时,要注意填充填料。

(3)维护检查熔断器时,要按安全规程要求,切断电源,不允许带电摘取熔断器熔断管。

第七节 低压断路器

低压断路器又称自动空气开关,是低压配电网中的主要开关电器之一。它不仅可以接通和分断正常负载电流、电动机工作电流和过载电流,还可以分断短路电流。通常在不频繁操作的低压配电线路或电气开关柜(箱)中作为电源开关使用,并可以对线路、电气设备及电动机等实施保护。当发生严重过电流、过载、短路、断相、漏电等故障时,能自动切断线路,起到保护作用,而且在分断故障电流后,一般不需要更换部件,因此获得了广泛的应用。较高性能万能式低压断路器带有三段式保护特性，并具有选择性保护功能。高性能万能式低压断路器带有各种保护功能脱扣器，包括智能化脱扣器，可实现计算机网络通信。低压断路器具有的多种功能，是以脱扣器或附件的形式实现的，根据用途不同，断路器可配备不同的脱扣器或继电器。

低压断路器的分类方式很多，按使用类别分为选择型和非选择型。主干线路则要求采用选择型低压断路器，以满足电路内各种保护电器的选择性断开，将事故区域限制到最小范围。支路保护多选用非选择型低压断路器。低压断路器按灭弧介质分为空气式和真空式。根据采用的灭弧技术，低压断路器又有两种类型：零点灭弧式低压断路器和限流式低压断路器。在零点灭弧式低压断路器里，被触头拉开的电弧在交流电流自然过零时熄灭，限流式低压断路器的"限流"是指将峰值预期短路电流限制到一个较小的允通电流。低压断路器按结构形式分，有万能框架式、塑料外壳式（装置式）和小型模块式，按操作方式可分为人力操作，动力操作以及储能操作；按极数可分为单极、二极、三极和四极式；按安装方式又可分为固定式、插入式和抽屉式等。人们比较习惯，也比较多用的是按结构形式分的万能框架式、塑料外壳式和模块式三种。低压断路器根据在电路中的用途，可分为配电用低压断路器、电动机保护用断路器和其他负载（如照明）用断路器等。

一、低压断路器结构和工作原理

低压断路器的原理图如图 1-48 所示。手动合闸后，主触头 1 闭合，自由脱扣机构 2 将主触头锁在合闸位置上。如果电路中发生故障，自由脱扣机构就在相关脱扣器的移动下动作，使脱钩脱开，主触头随之断开。过电流脱扣器（也称为电磁脱扣器）3 的线圈和热脱扣器 4 的热元件与主电路串联。当电路发生短路或严重过载时，过电流脱扣器的衔铁首先吸合，使自由脱扣机构 2 动作，从而带动主触头 1 断开主电路，其动作特性具有瞬动特性。当电路过载时，热脱扣器（过载脱扣器）4 的热元件发热使双金属片向上弯曲，推动自由脱扣机构 2 动作，动作特性具有反时限特性。当低压断路器由于过载而断开后，一般应等待 2～3min，双金属片冷却复位后，才能重新合闸，以使热脱扣器恢复原位，这也是低压断路器不能连续频繁地进行通断操作的原因之

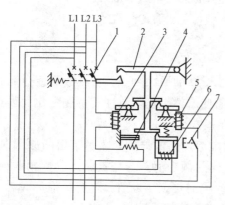

图 1-48　低压断路器原理图
1—主触头；2—自由脱扣机构；3—过电流脱扣器；
4—热脱扣器；5—分励脱扣器；6—欠电压脱扣器；
7—启动按钮

一。过电流脱扣器和热脱扣器互相配合，热脱扣器担负主电路的过载保护功能，过电流脱扣器担负短路和严重过载故障保护功能。欠电压脱扣器 6 的线圈和电源并联。当电路欠电压时，欠电压脱扣器的衔铁释放，也使自由脱扣机构动作。分励脱扣器 5 是用于远距离控制，实现远方控制断路器切断电源。在正常工作时，其启动按钮是断开的，线圈不得电；当需要远距离控制时，按下启动按钮 7，使线圈通电，衔铁带动自由脱扣机构动作，使主触头断开。

二、常用典型低压断路器简介

1. 万能框架式断路器

万能框架式断路器的结构形式有一般式、多功能式、高性能式和智能式等几种，安装方式有固定式、抽屉式两种，操作方式分手动操作和电动操作两种，具有多段式保护特性，主要用于低压配电网中，分配电能和作为供电线路及电源设备的过载、欠电压、短路保护。常用主要系列型号有 DW10 一般型，DW17、DW15、DW15HH 多功能、高性能型，DW45 智能型，另外还有 ME、AE 高性能型和 M 智能型等系列。图 1-49 所示是 DW10 型一般框架式、DW17 高性能型和 DW45-2000 智能型断路器的外形图。

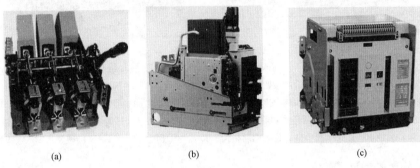

(a)　　　　　　　(b)　　　　　　　(c)

图 1-49　万能框架式断路器外形图

(a) DW10 型一般框架式；(b) DW17 型高性能型；(c) DW45-2000 型智能型

智能化断路器采用了以微处理器或单片机为核心的智能控制器（智能脱扣器），不仅具备普通断路器的各种保护功能，同时还具备实时显示电路中的各种电气参数（电流、电压、功率、功率因数等），对电路进行在线监视、自行调节、测量、试验、自诊断、可通信等功能，能够对各种保护功能的动作参数进行显示、设定和修改，保护电路动作时的故障参数能够存储在非易失存储器中以便查询。现以智能型 SDW1 型断路器为例，说明其结构，如图 1-50 所示。该类断路器采用立体布置形式，具有结构紧凑、体积小的特点，有固定式及抽屉式两种安装方式。固定式断路器主要由触头系统、智能型脱扣器、手动操动机构、电动操动机构、固定板组成；抽屉式断路器主要由触头系统、智能型脱扣器、手动操动机构、电动操动机构、抽屉座组成。其智能型脱扣器具有过载长延时反时限、短延时反时限、短路瞬动和接地故障等各种保护功能、负载监控功能、电流表功能、整定功能、自诊断功能和试验功能；另外还具有脱扣器的显示功能，即脱扣器在运行时能显示其运行电流（即电流表功能），故障发生时能显示其保护特性规定的区段并在分断电路后锁存故障，能显示其故障电流，在整定时能显示整定区段的电流，时间及区段类别等。如果是延时动作，在动作过程中指示灯闪烁，断路器分断以后指示灯由闪烁转为恒定发光；试验时能显示试验电流、延时时间、试验指示及试验动作区段。国内生产的 DW45、DW40、DW914（AH）、DW18（AE-S）、DW48、DW19（3WE）、DW17（ME）型智能型框架断路器等，都配有 ST 系列智能控制器及配套附件，采用积木式配套方案，可直接安装于断路器本体中，无须重复二次接线，并可按多种方案任意组合。

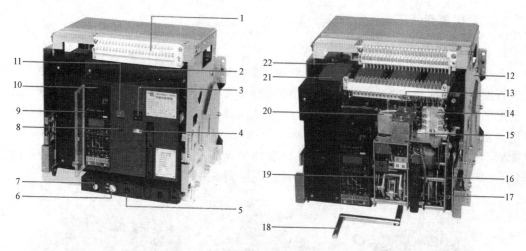

图 1-50　SDW1 系列智能型万能式断路器结构

1—二次回路接线端子；2—面板；3—合闸按钮；4—储能/释能指示；5—摇手柄插入位置；6—"连接""试验"和
"分离"位置指示；7—摇手柄存放处；8—主触头位置指示；9—智能型脱扣器；10—故障跳闸指示/复位按钮；
11—分闸按钮；12—抽屉座；13—分励脱扣器；14—辅助触点；15—闭合（释能）电磁铁；16—手动储能手柄；
17—电动储能机构；18—摇手柄；19—操动机构；20—欠电压脱扣器；21—N 极位置；22—灭弧室

2. 塑料外壳式断路器

塑料外壳式断路器又称为装置式自动电气开关，主要由塑料绝缘外壳、操动机构、触头系统和脱扣器四部分组成，采用快速闭合、断开和自由脱扣机构。脱扣器由电磁式脱扣器和热脱扣器等组成。额定电流 250A 及以上的断路器，其电磁脱扣器是可调式；600A 及以上的断路器除热磁脱扣外，还有电子脱扣型。断路器可分装分励脱扣器、欠电压脱扣器、辅助触点、报警触点和电动操动机构。断路器除一般固定安装形式外，还可附带接线座，供各种不同使用场所作插入式安装用。大容量断路器的操动机构采用储能式，小容量（50A 以下）断路器常采用非储能式闭合，操动方式多为手柄扳动式。塑料外壳式断路器多为非选择型，根据断路器在电路中的不同用途，分为配电用断路器、电动机保护用断路器和其他负载用断路器等，常用于低压配电开关柜（箱）中，作配电线路、电动机、照明电路及电热器等的电源控制开关及保护。正常情况下，断路器可分别用于线路的不频繁转换及电动机的不频繁启动。

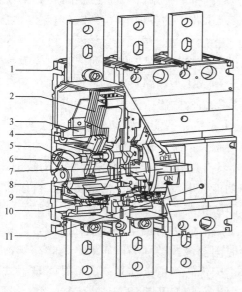

图 1-51　塑料外壳式断路器内部结构示意图

1—外壳；2—灭弧室；3—银触头；4—触头系统；
5—转轴；6—限流机构；7—操动机构；8—手柄；
9—自动脱扣装置；10—脱扣机构；11—脱扣按钮

图 1-51 所示为塑料外壳式断路器内部结

构示意图。外壳 1 是采用 DMC 玻璃丝增强的不饱和聚酯材料，具有优良的电性能和很高的强度。灭弧室 2 具有优良的灭弧性能及避免电弧外逸的零飞弧功能。银触头 3 是采用多元素的合金触头，具有耐磨、抗电弧、接触电阻小的优点。不论人为"合"或"分"速度如何，操动机构 7 均可瞬时合上或断开，并且在发生电路故障时能迅速分断电流。触头系统 4 是由利用平行导体和节点电磁力斥开的结构和有利于电弧转移的弧角部分构成的。限流机构 6 结构简单，动作可靠，利用电磁力斥开过死点，斥开距离等于断开距离，对智能化脱扣器具有后备保护的作用。脱扣机构 10 设计成立体二级脱扣，因而脱扣力小，大大提高断路器的综合性能。自动脱扣装置 9 是热动电磁型，当因事故自动脱扣后，其手柄 8 处在ON（合）与 OFF（分）的中间位置；当断路器脱扣后，要使断路器复位，将手柄推向ON（合），手柄处于 OFF（分）的位置。为确认断路器操动机构和脱扣机构动作是否可靠，可以通过脱扣按钮 11，从盖子上用机械的方式进行脱扣。

　　塑料外壳式断路器品牌种类繁多，我国自行开发的塑壳式断路器有 DZ20 系列、DZ25系列、DZ15 系列，引进技术生产的有日本寺崎公司的 TO、TG、TH-5 系列、西门子公司的 3VE 系列、日本三菱公司的 M 系列、ABB 公司的 M611（DZ106）、SO60 系列，施耐德公司的 C45N（DZ47）系列等，以及生产厂以各自产品命名的高新技术塑料外壳断路器。其中，DZ20 系列塑料外壳式断路器适用于交流 50Hz，额定绝缘电压 660V，额定工作电压380V（400V）及以下、额定电流不大于 1250A，一般作为配电用，额定电流 200A 和 400A的断路器亦可作为保护电动机用。正常情况下，断路器可作为线路不频繁转换及电动机不频繁启动之用。DZ20 系列塑料外壳式断路器有四种性能形式，四极断路器主要用于交流50Hz、额定电压 400V 及以下，额定电流 100～630A 三相五线制的系统中，保证用户和电源完全断开，确保安全，从而解决其他任何低压断路器不可克服的中性极电流不为零的弊端。图 1-52 所示为几种塑料外壳式低压断路器的外形图。

(a)　　　　　　　(b)　　　　　　　(c)

图 1-52　塑料外壳式断路器外形图
(a) DZ15 系列；(b) DZ20 系列；(c) NA1 系列

　　3. 小型断路器
　　小型断路器通常装于线路末端，作用是对有关电路和用电设备进行配电、控制和保护等。它主要由操动机构、热脱扣器、电磁脱扣器、触头系统、灭弧室等部件组成，所有部件都置于一个绝缘外壳中。
　　部分小型断路器备有报警开关、辅助触点组、分励脱扣器、欠电压脱扣器和漏电脱扣器等附件，供需要时选用。断路器的过载保护采用双金属片式热脱扣器完成，额定电流在

5A 以下的采用复式加热方式，额定电流在 5A 以上的采用直接加热方式。常用小型断路器主要型号有 C45、DZ47、S、DZ187、XA、MC 系列等。图 1-53 所示是 DZ47 系列断路器的外形图。DZ47 系列小型断路器适用于交流 50、60Hz，额定工作电压为 240、415V 及以下，额定电流不大于 60A 的电路中，主要用于现代建筑物的电气线路及设备的过载和短路保护，也适用于线路的不频繁操作。

    (a)   (b)   (c)   (d)

图 1-53　DZ47 系列小型断路器的外形图
（a）单极；（b）双极；（c）三极；（d）多极

4. 智能化低压断路器

微处理器和计算机技术引入低压电器，一方面使低压电器具有智能化功能，另一方面使低压开关电器具备了网络通信的功能。微处理器引入低压断路器，使断路器的保护功能大大增强，它的三段保护特性中的短延时可设置成 I^2t 特性，以便与后一级保护更好匹配，并可实现接地故障保护。带微处理器的智能化脱扣器的保护特性可方便地调节，还可设置预警特性。智能化断路器可反映负载电流的有效值，消除输入信号中的高次谐波，避免高次谐波造成的误动作。采用微处理器还能提高断路器的自身诊断和监视功能，可监视检测电压、电流和保护特性，并可用液晶显示；当断路器内部温升超过允许值，或触头磨损量超过限定值时能发出警报。

智能化断路器能保护各种启动条件的电动机，并具有很高的动作准确性，整定调节范围宽，可以保护电动机的过载、断相、三相不平衡、接地等故障。智能化断路器通过与控制计算机组成网络还可自动记录断路器运行情况和实现遥测、遥控和遥信。智能化断路器是传统低压断路器改造、提高、发展的方向。近年来，我国的断路器生产厂也已开发生产了各种类型的智能化控制的低压断路器，相信今后智能化断路器在我国一定会有更大的发展。

三、低压断路器的选用

1. 低压断路器的特性及技术参数

我国低压电器标准规定低压断路器应有下列特性参数。

（1）形式：断路器形式包括相数、极数、额定频率、灭弧介质、闭合方式和分断方式。

（2）主电路额定值：主电路额定值包括额定工作电压，额定电流，额定短时接通能力，额定短时耐受电流。万能式断路器的额定电流还分主电路的额定电流和框架等级的额定电流。

（3）额定工作制：断路器的额定工作制可分为 8h 工作制和长期工作制两种。

（4）辅助电路参数：断路器辅助电路参数主要为辅助触点特性参数。万能式断路器一一般具有动合触点、动断触点各 3 对，供信号装置及控制回路用；塑壳式断路器一般不具备辅助触点。

（5）其他：断路器特性参数除上述各项外，还包括脱扣器形式及特性、使用类别等。

2. 低压断路器的选用

额定电流在 600A 以下，且短路电流不大时，可选用塑料外壳式断路器；额定电流较大，短路电流也较大时，应选用万能式断路器。一般选用原则如下：

（1）断路器额定电流不小于负载工作电流；

（2）断路器额定电压不小于电源和负载的额定电压；

（3）断路器脱扣器额定电流不小于负载工作电流；

（4）断路器极限通断能力不小于电路最大短路电流；

（5）线路末端单相对地短路电流与断路器瞬时（或短路时）脱扣器整定电流之比不小于 1.25；

（6）断路器欠电压脱扣器额定电压等于线路额定电压。

第八节　电磁执行机构

机械设备执行机构的作用是驱动受控对象。机械设备执行机构以电磁式电器为主，常见的有电磁铁、电磁阀、电磁离合器、电磁抱闸、液压阀等。起重机械、磁选机械、升降机械、机床等设备的工艺过程就是靠这些执行机构来工作的。电磁铁、电磁阀已发展成为一种新的电器产品系列，并已经成为成套设备中的重要元件。

一、电磁铁

电磁铁由励磁线圈、铁芯和衔铁三个基本部分构成。衔铁也称为动铁芯，是牵动主轴或触点支架动作的部分，其工作原理在本章第二节已经介绍。根据励磁电流的性质，电磁铁分为直流电磁铁和交流电磁铁。直流电磁铁的铁芯根据不同的剩磁要求选用整块的铸钢或工程纯铁制成，交流电磁铁的铁芯则用相互绝缘的硅钢片叠成。电磁铁的结构形式多种多样，直流电磁铁常用拍合式与螺管式两种结构。交流电磁铁的结构形式主要有 U 形和 E 形两种，其工作原理与交流接触器的电磁机构一样。直流电磁铁和交流电磁铁具有各自不同的机电特性，因此适用于不同场合。选用电磁铁时，应考虑用电类型（交流或直流）、额定行程、额定吸力及额定电压等技术参数。衔铁在启动时与铁芯的距离，为额定行程。衔铁处于额定行程时的吸力，即额定吸力，必须大于机械装置所需的启动吸力。额定电压（励磁线圈两端的电压）应尽量与机械设备的电控系统所用电压相符。此外，在实际应用中要根据机械设计上的特点，考虑直流电磁铁和交流电磁铁的特点，能否满足工艺要求、安全要求等，选择交流或直流电磁铁。

二、电磁阀

电磁阀是一种隔离阀，可代替传统闸阀、球塞阀、蝶阀等，配合电源控制阀门的开启与关闭。它操作方便，不费力，可安装于消防、给水、长距离控制阀门开启等处，控制器直接固定，可在配管现场安装，简易方便，可交互使用手动控制与电磁控制。

1. 电磁阀的结构及工作原理

图 1-54 所示是一般控制用二位二通电磁阀的结构示意图。由图可见，它由静铁芯 1、线圈 2、动铁芯 3、反力弹簧 4、阀体 5、管路 6 等组成。线圈失电时，动铁芯受弹簧的作用脱离开静铁芯，阀门处于关闭状态，如图 1-54（a）所示；线圈得电时，产生电磁力，克服反力弹簧的阻力，动铁芯被吸合，开启阀门，如图 1-54（b）所示。这样就控制了流体的流动，以此来控制活塞的运动状态。图 1-55 所示为 ODE 型通用电磁阀（二位二通、常闭型）外形图。

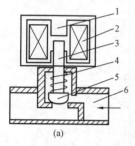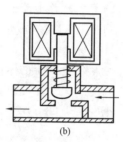

图 1-54 二位二通电磁阀的结构示意图

（a）阀门关闭状态；（b）阀门开启状态

1—静铁芯；2—线圈；3—动铁芯；4—反力弹簧；5—阀体；6—管路

图 1-55 ODE 型通用电磁阀外形图

电磁阀可在液压控制系统中控制液流方向。阀门开关由电磁铁来操纵，因此，控制电磁铁就可控制电磁阀。电磁阀的性能可用它的位置数和通路数来表示，并有单电磁铁（称为单电式）和双电磁铁（称为双电式）两种。图 1-56 所示为电磁阀的图形符号。单电式电磁阀图形符号中，与电磁铁邻接的方格中表示孔的通向正是电磁铁得电时的工作状态，与弹簧邻接的方格中表示的状态是电磁铁失电时的工作状态。双电式电磁阀图形符号中，与电磁铁邻接的方格中表示孔的通向正是该侧电磁铁得电时的工作状态。电磁阀是用来控制流体的元件，它所连接的用于流动流体的管路在电磁阀图形符号用 1、2 等数字表示，亦可用 A、B、R、S 等字母表示。

在图 1-56（a）中，电磁铁得电的工作状态是 1 孔与 2 孔相通；电磁铁失电时的工作状态，表示两孔不通。

在图 1-56（d）中，电磁铁得电的工作状态是 A 与 R 相通，B 与 P 相通；电磁铁失电时的工作状态，由于弹簧起作用，使动铁芯脱离开静铁芯，A 与 P 通，B 与 S 通。

在图 1-56（e）中，与 YA1 邻接的方格中的工作状态是 P 与 A 通，B 与 O 通，即表示电磁铁 YA1 得电时的工作状态。随后如果 YA1 失电，而 YA2 又未得电，此时，电磁阀的工作状态仍保留 YA1 得电时的工作状态，没有变化。直至电磁铁 YA2 得电时，电磁阀才换向，其工作状态为 YA2 邻接方格所表示的内容，即 P 与 B 通，A 与 O 通。同样，如接着 YA2 失电，仍保留 YA2 得电时的工作状态。如要换向，则需 YA1 得电，才能改变流向。设计控制电路时，不允许电磁铁 YA1 和 YA2 同时得电。

在图 1-56（f）中，当电磁铁 YA1 和 YA2 都失电时，其工作状态是以中间方格的内容表示，四孔互不相通，同上述的一样；当 YA1 得电时，阀的工作状态由邻接 YA1 的方格中所表示内容确定，即 P 与 A 通，B 与 O 通；当 YA2 得电时，阀的工作状态视邻接 YA2 的方格所表示的内容确定，即 P 与 B 通，A 与 O 通。对三位四（五）通电磁阀，在设计控制电路时，同样是不允许电磁铁 YA1 和 YA2 同时得电。

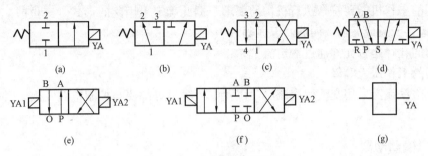

图 1-56　电磁阀的图形符号

（a）单电式二位二通电磁阀；（b）单电式二位三通电磁阀；（c）单电式二位四通电磁阀；
（d）单电式二位五通电磁阀；（e）双电式二位四通电磁阀；（f）双电式三位四通电磁阀；
（g）电磁阀一般图形符号

2. 电磁阀的种类

电磁阀的种类繁多，分类方法也很多。

（1）按用途和作用分类，有以下几种：

1）截断阀类：主要用于截断或接通介质流，如闸阀、截止阀、隔膜阀、球阀、旋塞阀、蝶阀、柱塞阀、球塞阀、针型仪表阀等；

2）调节阀类：主要用于调节介质的流量、压力等，如调节阀、节流阀、减压阀等；

3）止回阀类：用于阻止介质倒流，如各种结构的止回阀；

4）分流阀类：用于分离、分配或混合介质，如各种结构的分配阀和疏水阀等；

5）安全阀类：用于介质超压时的安全保护，如各种类型的安全阀。

（2）按压力分类，有以下五种：

1）真空阀：工作压力低于标准大气压的阀门；

2）低压阀：公称压力 P_N 小于 1.6MPa 的阀门；

3）中压阀：公称压力 P_N 为 2.5～6.4MPa 的阀门；

4）高压阀：公称压力 P_N 为 10.0～80.0MPa 的阀门；

5）超高压阀：公称压力 P_N 大于 100.0MPa 的阀门。

（3）按结构种类分，主要有以下几种：

1）非金属材料阀门：如陶瓷阀门、玻璃钢阀门、塑料阀门；

2）金属材料阀门：如铜合金阀门、铝合金阀门、铅合金阀门、钛合金阀门、蒙乃尔合金阀门、铸铁阀门、碳钢阀门、铸钢阀门、低合金钢阀门、高合金钢阀门；

3）金属阀体衬里阀门：如衬铅阀门、衬塑料阀门、衬搪瓷阀门。

另外，各种电磁阀又可分为二通、三通、四通、五通等规格，还可分为主阀和控制阀等。电磁阀的用途广泛，作用也很重要。例如，在发电厂中电磁阀能够控制锅炉和汽轮机的运转；在石油、化工生产中，电磁阀同样也起着控制全部生产设备和工艺流程的正常运转。对电磁阀的选用不当，都会使整个生产效率降低、停产或造成种种其他事故发生。因此，对电磁阀的选用、安装、使用等都必须做到认真仔细。

3. 电磁阀的选用

选用电磁阀时应注意如下几点：

1）阀的工作机能要符合执行机构的要求，据此确定采用阀的形式（三位或二位，单电式或双电式，二通或三通，四通，五通等）；

2）阀的孔径是否允许通过额定流量；

3）阀的工作压力等级；

4）电磁铁线圈采用交流或直流电，以及电压等级等都要与控制电路一致，并应考虑通电持续率。

三、电磁制动器

电磁制动器应用电磁铁原理使衔铁产生位移，在各种运动机构中吸收旋转运动惯性能量，从而达到制动的目的，广泛应用于起重机、卷扬机、碾压机等类型的升降机械设备。

图 1-57 DSZ1 系列电磁失电制动器外形图

电磁制动器主要由制动器、电磁铁或电力液压推动器、摩擦片、制动轮（盘）或闸瓦等组成。图 1-57 所示为 DSZ1 系列电磁失电制动器外形图。该系列主要与 Y 系列电动机配套派生成 YEJ 系列电磁制动三相异步电动机，适用于实现快速停止、准确定位、往复运动、频繁启动、防止滑行等的各种机械传动中。

电磁失电制动器主要由磁轭、衔铁、摩擦盘、手动释放机构等零部件组成。当磁轭中电磁线圈通电时，由于电磁吸力作用，磁轭吸引衔铁并压缩弹簧，摩擦盘与衔铁、设备端盖脱开，制动扭矩消失；当电磁线圈断电，制动器失去磁吸力，弹簧推动衔铁压紧摩擦盘，产生摩擦力矩，从而实现制动。

第九节　控制与保护开关电器

在 20 世纪八九十年代，出现了一种多功能集成化的新型电器，称为控制与保护开关电器（Control and Protective Switching device，CPS），其代表产品是法国 TE 公司的 LD 系列 CPS 产品。我国在 20 世纪 90 年代以前，CPS 产品尚属空缺，为了追踪国外先进技术水平，"八五"期间国家正式制定了研发计划，由上海电器科学研究所负责组织开发，由浙江中凯电器有限公司负责试制、生产和销售。第一代 CPS 产品于 1996 年 5 月通过国家级鉴定验收，国内注册型号为"KB0"，型号含义"K""B"分别为"控制""保护"汉语拼音的第一个字母；"0"为填补国内空白的"第一代"CPS 热磁式产品。根据市场需求和新技术的发展，国内又陆续开发了 KB0-B、R、E、T 系列智能化、数字化的产品。经过几十年的发展，CPS 产品逐步完善，形成了多个系列、多个品种规格的各种产品。

KB0 系列产品从其结构和功能上来说，已不再是接触器、断路器或热继电器等单个产品，而是一套控制保护系统。它的出现从根本上解决了传统的采用分立元器件由于选择不合理而引起的控制和保护配合不合理的种种问题，特别是克服了由于采用不同考核标准的电器产品之间组合在一起时，保护特性与控制特性配合不协调的现象，极大地提高了控制与保护系统的运行可靠性和连续运行性能。

一、控制与保护开关电器的基本概念

1. 控制与保护开关电器的定义

GB 14048.9—2008《低压开关设备和控制设备 第 6-2 部分：多功能电器（设备）控制与保护开关电器（设备）（CPS）》中对控制与保护开关电器的定义如下：

可以手动或以其他方式操作，带或不带就地人力操作装置的开关电器（设备）。

CPS 能够接通、承载和分断正常运行情况下包括规定的运行过载条件下的电流，且能够接通，在规定时间内承载并分断规定的非正常条件下的电流，如短路电流。

CPS 具有过载和短路保护功能，这些功能经协调配合使得 CPS 能够在分断直至其额定运行短路分断能力 ICS 的所有电流后连续运行。CPS 可以是由单一的电器组成，也可以不是，但总被认为的一个整体（或单元）。协调配合可以是内在固有的，也可以是遵照制造厂的规定经正确选取脱扣器而获得的。

标准规定的 CPS 的电气符号如图 1-58 所示。

图 1-58　CPS 的电气符号

2. 控制与保护开关电器的功能及特点

（1）具有控制与保护自配合特性。

CPS 集控制与保护功能于一体，相当于"隔离开关＋断路器或熔断器＋接触器＋过载继电器"，与分立元件的对照如图 1-59 所示。它很好地解决了分立元件不能或很难解决的元件之间的保护与控制特性匹配问题，具有反时限、定时限和瞬动三段保护特性，使保护和控制特性更完善合理。

（2）具有无可比拟的运行可靠性和系统的连续运行性能。

在分断短路电流后无须维护即可投入使用，即具有分段短路故障后的连续运行性能；例如，KB0 在进行了分断短路电流 I_{cs} 试验后，仍具有 1500 次以上的 AC-44 电寿命，这是断路器等分离元件构成电控系统难以达到的。

（3）节能、节材，综合成本性价比高。

CPS 节省柜体安装尺寸、节约安装费用、减少运行维护费用，节能节材。

（4）具有分断能力高、飞弧距离短的特性。

例如，KB0 的额定运行短路分断能力 I_{cs} 达到了高分断型为 80kA、标准型为 50kA、经济型为 35kA，达到了熔断器的限流水平，大大限制了短

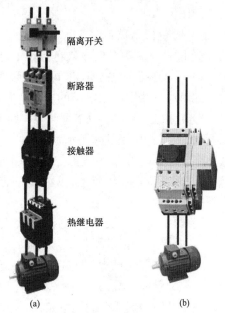

隔离开关

断路器

接触器

热继电器

(a)　　　　　　(b)

图 1-59　分立元件与 CPS 构成电路对照
(a) 分立元件构成的控制系统；
(b) CPS（KB0）构成的控制系统

电气控制与 PLC 应用（第四版）

路电流对系统的动、热冲击，且飞弧距离仅为 20～30mm。

（5）具有保护整定电流均可调整的特性。

例如，KB0 的热脱扣电流和磁脱扣电流均可以在面板上进行调整，克服了塑壳断路器的短路保护整定电流出厂后就无法调整的缺陷，使得 KB0 即使安装在线路末端，短路电流较小时，也同样具有很好的短路保护功能。

（6）具有使用寿命长、操作方便的特性。

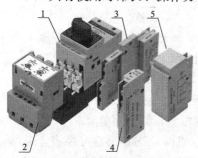

图 1-60　KB0 系列 CPS 的结构
1—主体；2—过载脱扣器；3—辅助触点
模块；4—分励脱扣器；5—远距离再扣器

例如，KB0 的机械寿命可达 500～1000 万次，电寿命 AC-43 为 100～120 万次。既可近地手动操作，又可实现远距离自动控制功能。

二、CPS 的结构

下面以浙江中凯电器有限公司研制开发的 KB0 系列 CPS 产品为例，介绍其结构组成。

图 1-60 所示的 CPS（KB0）是由主体、过载脱扣器、辅助触点模块、分励脱扣器和远距离再扣器几部分组成。

1. 主体

主体结构主要由壳体、主体面板、电磁传动机构、操动机构、主电路接触组（包括触头系统、短路脱扣器）等部件构成，如图 1-61 所示。其具有短路保护、自动控制、就地控制及指示功能。

（1）主体面板。图 1-62 所示为基本型 KB0 主体面板的外形图。

1）通断指示器：当 KB0 主电路接通时，该标记呈红色；当 KB0 正常断开时，红色标记不可见。

2）自动控制位置：KB0 内部的线圈控制触头在闭合位置，此时通过线圈控制电路的通断可实现远程自动控制。

3）脱扣位置：在接通的电路中，如果出现过载、过电流、断相、短路等故障以及远程分励脱扣时，产品内对应的功能模块动作。此时，主触头和线圈控制触头均处于断开状态。

4）断开位置：线圈控制触头处于断开位置，KB0 主触头保持在位置。

图 1-61　KB0 系列主体外形图

5）再扣位置：操作手柄旋转至该位置处才可以使已经脱口的 KB0 复位再扣。

6）短路故障指示器：正常工作时，红色标记不可见；短路脱扣时，该标记呈红色。

（2）电磁传动机构。图 1-63 所示为 KB0 系列电磁传动机构外形图，它主要由线圈、铁芯、控制触头、机构传动机构及基座组成，可以接受通断操作指令，控制主电路接触组中的主触头的接通或分断主电路。

（3）操动机构。如图 1-64 所示为 KB0 系列操动机构外形图，它能接收每极主电路接触组的短路信号和来自热磁脱扣器的故障信号，通过控制触点切断线圈回路，由电磁操动

机构分断主电路。故障排除后，由操作手柄复位。KB0操动机构的工作状态在主体面板上
的符号及指示器位置含义如上所述。

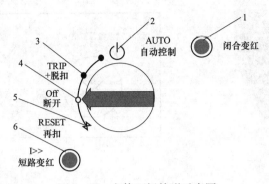

图1-62 主体面板外形示意图

1—通断指示器；2—自动控制位置；3—脱扣位置；4—断开位置；5—再扣位置；6—短路故障指示器

（4）主电路接触组。图1-65所示为KB0系列主电路接触组外形图。其内部装有限流
式快速短路脱扣器与高分断能力的灭弧系统，能实现高限流特性（限流系数小于0.2）的短
路保护。快速短路脱扣器的脱扣电流整定值不可调整，仅与框架等级有关，整定值为
$16I_n$（I_n为框架等级电流）。在负载发生短路时，短路脱扣器快速（2~3ms）动作，通过
拨杆断开主触头，同时带动操动机构切断控制线圈电路，使主电路各极全部断开。

图1-63 KB0系列电磁传动　　　图1-64 KB0系列操动机构　　　图1-65 KB0系列主电路
　　　机构外形图　　　　　　　　　外形图　　　　　　　　　接触组外形图

2. 热磁脱扣器

图1-66所示为KB0系列热磁脱扣器的外形图和面板图。它具有过载和过电流保护功
能，具有延时、温度补偿、断相和较低过载下良好的保护功能。整定电流值包括热过载反
时限脱扣电流、过电流定时限电流均可调。

KB0系列热磁脱扣器按用途可分为：电动机保护型和配电保护型、不频繁启动和频繁
启动电动机型等。

3. 智能控制器

图1-67所示为智能控制器的外形图。基于其高性能微处理器、嵌入式软件和总线通信
技术，可实现电动机负载、配电电路的电流保护、电压保护、设备保护和温度保护。它具
有通信、维护管理、自诊断功能，且脱扣级别和多种保护参数均可整定。

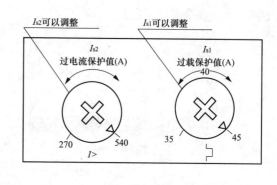

(a) (b)

图 1-66 KB0 系列热磁脱扣器
（a）热磁脱扣器外形图；（b）热磁脱扣器面板

4．功能模块

KB0 功能模块主要有辅助触点模块、分励脱扣器和远距离再脱扣器三种。

（1）辅助触点模块。图 1-68 所示为辅助触点模块外形图。其包括与主电路触头联动的机械无源触点（简称辅助触点）和用于手柄位置指示和故障指示的机械无源信号报警触点（简称信报触点）。辅助触点在电气上是分开的。信报触点可指示操作手柄的 AUTO（接通）位置、主电路过载（过电流或断相）故障和短路故障。

图 1-67 智能控制器外形图 图 1-68 辅助触点模块

（2）分励脱扣器。图 1-69 所示为分励脱扣器外形图，可以实现 KB0 远程脱扣和分断电路的功能。

（3）远距离再脱扣器。图 1-70 所示为远距离再脱扣器外形图，可以实现 KB0 操动机构远程再扣和复位功能。

5．隔离型

KB0 隔离型产品主要应用于配电电路和电动机电路中电源的隔离。它既可以满足主电路隔离的要求，也可满足控制回路隔离的要求，并可通过操作手柄清楚地显示其状态。

图 1-69　分励脱扣器

图 1-70　远距离再脱扣器

三、CPS 的工作原理

1. CPS 的控制原理

CPS 的通断由主接触组中的主触头来实现，主触头组由电磁机构控制。电磁机构系统动作由 A1、A2（外接控制电源）及操动机构所控制的触点（电磁机构里线圈的触点）来控制。电磁线圈部分的工作原理如图 1-71 所示。

2. CPS 保护功能的工作原理

CPS 的短路保护由每极主接触器中的限流式快速短路脱扣器完成。主接触器中的限流式快速脱扣器，检测到短路电流，快速（2～3ms）冲击断开主接触器中的触头，同时将信号传递给操动机构，由操动机构动作后切断电磁机构线圈回路，从而实现 CPS 的短路保护。

CPS 的 MCU 智能控制检测系统，检测到主回路过载、缺相、欠电压、过电压、欠电流、堵

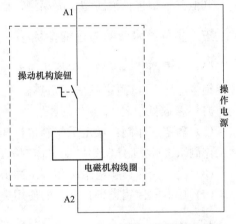

图 1-71　CPS 电磁线圈工作原理示意图

转、三相不平衡、漏电等故障时，发出故障信号给电子脱扣器，电子脱扣器动作后带动操动机构，操动机构动作后切断电磁机构中线圈回路，线圈是失电压释放铁芯断开主回路接触组，从而使 CPS 实现过载及其他保护。

四、CPS 分类

通常 CPS 按照其产品的构成及控制对象可分为以下几种。

1. 基本型

基本型主要包括主体、控制器、辅助触点、扩展功能模块与附件等，可以实现对负载的控制与保护。

2. 可逆型

可逆型以 CPS 基本型作为主开关，与机械联锁和电气联锁等附件或可逆控制模块组合，

构成对电动机可逆电路具有控制和保护作用的 CPS。

3. 双电源自动转换开关电器型

双电源自动转换开关电器型以 CPS 基本型作为主开关，与电压继电器、机械联锁、电气联锁等附件或双电源控制器组合，构成双电源自动转换开关电器（ATSE）。

4. 减压启动器型

减压启动器型以 CPS 基本型作为主开关，与适当接触器、时间继电器、机械联锁、电气联锁或相应的减压启动模块构成 Y - △减压启动器型、自耦减压启动器型、电阻减压启动器型，实现电动机的降压启动控制。

5. 双速（或三速）控制器型

双速（或三速）控制器型以 CPS 基本型作为主开关，与适当接触器、电气联锁等附件或双速（或三速）控制模块组合，构成双速（或三速）控制器，适用于双速（或三速）电动机的控制与保护。

6. 带保护控制箱型

带保护控制箱型以 CPS 基本型作为主开关，安装在标准的保护箱内组成动力终端箱，适用于户外以及远程单独分组的控制与保护。

7. 其他派生型

其他派生型包括消防型、隔离型、插入式板后接线型等。

五、主要技术参数与性能指标

（1）主电路基本参数：包括相应框架的主体额定电流 I_N，约定自由空气发热电流 I_{th}，额定绝缘电压 U_i，额定频率 f，热磁（数字化）脱扣器额定工作电流 I_e、额定工作电压 U_e。具体参数见附表 14。

（2）额定工作制：额定工作制包括 8h 工作制、不间断工作制、断续周期工作制（或断续工作制）、短时工作制、周期工作制等。

（3）电气间隙、爬电距离和额定冲击耐受电压 U_{imp}：具体参数见附表 15。

（4）标准的使用类别：标准的使用类别代号及典型用途见表 1 - 12。

表 1 - 12　　　　　　使用类别代号及典型用途

电路	使用类别	典型用途
主电路	AC - 40	配电电路，包括混合的电阻性和由组合电抗器组成的电感性负载
	AC - 41	无感或微感负载、电阻炉
	AC - 42	滑环型电动机：启动、分断
	AC - 43	笼型感应电动机：启动、运转中分断
	AC - 44	笼型感应电动机：启动、反接制动或反向运转、点动
	AC - 45a	放电灯的通断
	AC - 45b	白炽灯的通断
	AC - 20A	在空载条件下闭合和断开电路
	AC - 21A	通断电阻性负载，包括适当的过载
	DC - 20A	在空载条件下闭合和断开电路
	DC - 21A	通断电阻性负载，包括适当的过载

续表

电路	使用类别	典型用途
辅助电路	AC-15	控制交流电磁铁负载
	DC-13	控制直流电磁铁负载

（5）电寿命：CPS的电寿命按其相应使用类别下不需维修或更换零件的有载操作循环次数来表示。

KB0对其电寿命的测试规定如下：电流从接通电流值降到分断电流值的通电时间为0.05～0.1s，且AC-43的通电时间应按规定的负载因数和一周期内的等效发热电流不大于约定发热电流的原则选取，详见附表16。

（6）工频耐压试验电压值和绝缘电阻最小值，详见附表17。

（7）接通、承载和分断短路电流的能力：CPS应能承受短路电流所引起的热效应、电动力响应和电场强度效应。KB0接通、承载和分断短路电流的能力及试验电流值。详见附表18。

（8）机械寿命：一种形式的CPS的机械寿命定义为有90%的这种形式的电器在需要进行维修或更换机械零件前，所能达到或超过的无载操作循环次数。详见附表19。

六、常见的CPS产品介绍

电子技术越来越多地被应用到CPS产品中，也正是基于这些技术的应用，许多单纯利用电磁技术实现的功能被电子技术替代，大大缩小了CPS产品的体积，如电磁系统的控制、短路保护技术等。国内CPS产品根据市场需求，提供了一些更丰富、实用的功能，例如剩余电流保护功能、电压保护功能、消防场合的特殊功能、欠电压/失电压重启动功能及多种控制形式等。下面以国产KB0系列CPS为例，介绍几种常见CPS产品。

（1）基本型开关与保护电器KB0：图1-72（a）所示为基本型KB0外形图。

（2）隔离型开关与保护电器KB0-G：图1-72（b）所示为隔离型KB0-G外形图。

（3）消防型开关与保护电器KB0-F：图1-72（c）所示为消防型KB0-F外形图。

（4）双电源自动转换开关电器KB0S：图1-73所示为双电源自动转换开关电器KB0S外形图。

（5）可逆型控制与保护开关电器KB0N：图1-74所示为可逆型控制与保护开关电器KB0N外形图。

（6）双速、三速电动机控制器KB0D：图1-75所示为双速电动机控制器KB0D外形图。

（7）星三角启动器KB0J2：图1-76所示为星三角启动器KB0J2外形图。

七、CPS的适用范围和典型用途

1. 适用范围

CPS集控制与保护功能于一体，相当于"断路器（熔断器）+接触器+热继电器+辅助电器"，很好地解决了各元器件之间特性匹配的问题，使得保护与控制特性配合更完善合理，可以作为分布式电机的控制与保护、集中布置的配电控制与保护的主开关。其通常可

(a)　　　　　　　(b)　　　　　　　(c)

图 1-72　几种 KB0 外形图
（a）基本型 KB0；（b）隔离型 KB0-G；（c）消防型 KB0-F

图 1-73　双电源自动转换开关 KB0 外形图　　图 1-74　可逆型控制与保护开关 KB0N 外形图

图 1-75　双速电动机控制器 KB0D 外形图　　图 1-76　星三角启动器 KB0J2 外形图

用于现代化建筑、冶金、煤矿、钢铁、石化、港口、铁路等领域的电动机控制与保护，特别适合于电动机控制中心（MCC）、要求高分断能力的 MCC、工厂或车间的单机控制与保护以及智能化电控系统、应用现场总线的配电电控系统等。

2. 典型用途

CPS 作为低压电控系统的基础电器元件，应用量大、范围广，尤其是基于高性能微处理器的可通信、智能化产品的出现，为电控系统提供了高可靠性的高端产品，特别适用于自动化集中控制系统和基于现场总线的分布式生产线的控制与保护。选用时，可根据负载参数，选取基本的 CPS 模块，然后将进线端接电源、控制模块接控制电源、出线端接负载即可。通过面板内置或可选的显示操作模块，在现场可编程和参数设定；也可通过通信接口，构成计算机网络系统，远程编程与监控，实现短路保护及符合协调配合的保护、热过载及其他多种故障保护、电动机状态指示、就地与远程操作等；还可按需要选择扩展模块，实现预警、接地（剩余电流）、温度、模拟量控制等功能。

例如，生产线传送带的控制，可选择带 AS-i 通信接口的控制器，构成基于现场总线技术的智能化可通信控制系统，可大大提升生产设备的运行和保护性能。在水处理厂的群控或电动机控制中心（MCC），可选择带 Modbus 通信接口的控制器，构成基于现场总线技术的智能化可通信控制系统，实时监控水泵的运行，避免空转或欠载运行。

习　题

1-1　交流接触器和直流接触器能否互换使用？为什么？

1-2　在低压电器中常用的熄弧方法有哪些？

1-3　何谓电磁式电器的吸力特性与反力特性？

1-4　简述电弧产生的原因及其造成的危害。

1-5　什么是继电器的返回值？要提高电压（电流）继电器的返回值可采取哪些措施？

1-6　热继电器在电路中的作用是什么？带断相保护的三相式热继电器用在什么场合？

1-7　熔断器在电路中的作用是什么？由低熔点和高熔点金属材料制成的熔体，在保护作用上各有什么特点？各用于什么场合？

1-8　在电动机的主电路中装有熔断器，为什么还要装热继电器？能否用热继电器替代熔断器起保护作用？

1-9　低压断路器在电路中的作用是什么？

1-10　行程开关、万能转换开关和主令控制器在电路中各起什么作用？

1-11　两台电动机不同时启动，其额定电流分别为 4.8A 和 6.47A，试设计其短路保护方案，并选择短路保护用熔断器的额定电流及熔体的额定电流。

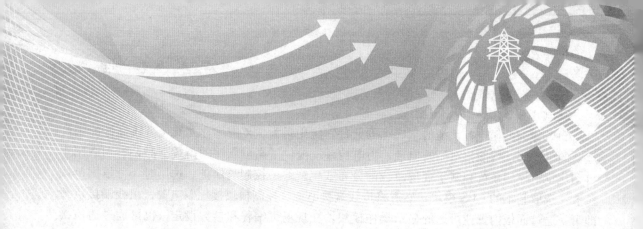

第二章　电气控制电路的基本规律

在工业、农业和交通运输业等部门中，使用着各种各样的生产机械，它们大都以电动机作为动力进行拖动。电动机是通过某种自动控制方式来进行控制的，最常见的是接触-继电器逻辑控制方式，又称电气控制。

将按钮、继电器、接触器等低压控制电器，用导线按一定的次序和组合方式连接起来，所组成的电路称为接触-继电器逻辑控制电路，又称电气控制电路。其作用是：①实现对电力拖动系统的启动、调速、反转和制动等运行性能的控制；②实现对拖动控制系统的保护，满足生产工艺的要求；③实现生产过程自动化。电气控制电路特点是电路简单，电路图较直观形象，装置结构简单、价格便宜、抗干扰能力强、运行可靠，因此广泛应用于各类生产设备及控制系统中。它可以方便地实现简单的和复杂的集中控制、远距离控制和生产过程自动控制。它的缺点主要是由于采用固定接线形式，通用性和灵活性较差，不易改变；另外，由于采用有触头的开关电器，触头易发生故障，维修量较大。尽管如此，目前，电气控制仍然是各类机械设备最基本的电气控制方式之一。

第一节　电气控制电路的绘制原则

电气控制系统是由许多电器元件按照一定要求连接而成的。为了表达生产机械电气控制系统的结构、原理等设计思路，同时也为了便于电气控制系统的安装、调整、使用和维修，需要将电气控制系统中各电器元件及其连接，用一定图形表示出来，这种图就是电气控制系统电路图。

电气控制系统电路图有三种：电气原理图、电器元件布置图、电气安装接线图。各种图有其不同的用途和规定的画法。

一、电气原理图

电气原理图是为了便于阅读和分析控制电路，根据简单清晰的原则，采用电器元件展开的形式绘制而成。它包括所有电器元件的导电部件和接线端点，但并不按照电器元件的实际布置位置来绘制，也不反映电器元件的大小。由于原理图结构简单，层次分明，适合研究、分析电路的工作原理等优点，所以在设计部门和生产现场都得到了广泛的应用。现以图 2-1 所示的某机床电气原理图为例来说明电气原理图的规定画法和应注意的事项。

（一）电气原理图的绘制原则

（1）电气原理图分主电路和辅助电路两部分。主电路就是从电源到电动机，流过大电流的电路；辅助电路包括控制电路、照明电路、信号电路及保护电路，主要由继电器和接触器的线圈、继电器触点、接触器的辅助触点、按钮、照明灯、信号灯、控制变压器等元器件组成。

（2）电气原理图中，各电器元件不画实际的外形图，而采用国家统一规定的电器元件的标准图形符号，标注也要用国家统一规定的文字符号。

（3）在电气原理图中，各个电器元件和部件在控制电路中的位置，可根据便于读图的原则安排，不必按实际位置画，同一电器元件的各个部件可以不画在一处。

（4）电气原理图中所有电器触点，都按没有通电和没有外力作用时的状态画出。对于继电器、接触器的触点，按吸引线圈不通电时的状态画出；控制器的手柄，按处于零位时的状态画出；按钮、行程开关触点，按不受外力作用时的状态画出。

（5）电气原理图中，各电器元件一般按动作顺序从上到下，从左到右依次排列，可水平布置或垂直布置。

（6）电气原理图中，如果有直接电联系的交叉导线连接点，要用黑色圆点表示。

（二）图面区域的划分

图 2-1 中，图纸上方的数字编号 1、2、3 等是图区号，是为了便于检索电气电路，方便阅读、分析，避免遗漏而设置的。图区号也可以设置在图的下方。

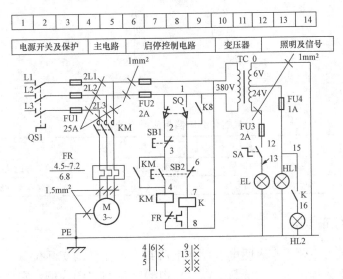

图 2-1　某机床电气原理图

（三）符号位置的索引

符号位置的索引用图号、页号和图区号的组合索引法，索引代号的组成如下：

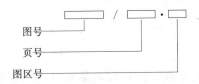

当某一电器元件相关的各符号元素出现在不同图号的图纸上，同时每个图号仅有一张图纸时，索引代号中的页号就可省去，简化成：

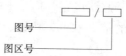

当某一电器元件相关的各符号元素出现在同一图号的图纸上，而该图号有几张图纸时，可省略图号，将索引代号简化成：

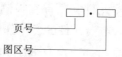

当某一电器元件相关的各符号元素出现在同一张图纸上的不同图区时，可省略图号和页号，将索引代号简化成：

例如图 2-1 中，K8 的"8"即为最简单的索引代号，它指出继电器 K 的线圈位置在图区 8。电气原理图中，接触器和继电器线圈与触点的从属关系应由附图表示，即在原理图中相应线圈的下方，给出触点的文字符号，并在其下面注明相应触点的索引代号，对未使用的触点用"×"表示，有时也可采用上述省去触点的表示法。

例如图 2-1 中，KM 线圈和 K 线圈下方的是接触器 KM 和继电器 K 相应触点的索引：

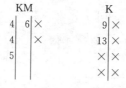

其各栏的含义见表 2-1。

表 2-1　　　　　　　　　　　　接触器和继电器相应触点的索引

器　　件	左　　栏	中　　栏	右　　栏
接触器 KM	主触头所在图区号	辅助动合触点所在图区号	辅助动断触点所在图区号
继电器 K	动合触点所在图区号	—	动断触点所在图区号

二、电器元件布置图

电器元件布置图主要用来表明电气设备上所有电器元件的实际位置，为生产机械设备的制造、安装、维修提供必要的资料。以机床电器元件布置图为例，它主要由机床电器设备布置图、控制柜及控制板电器设备布置图、操纵台及悬挂操纵箱电器设备布置图等组成。电器元件布置图可按电气控制系统的复杂程度集中绘制或单独绘制。在绘制此类图形时，机床轮廓线用细实线或点划线表示，所有能见到的及需要表示清楚的电气设备，均用粗实线绘制出简单的外形轮廓。

三、电气安装接线图

电气安装接线图，是为安装电气设备和电器元件进行配线或检修电器故障而服务的。

安装接线图中可以显示出各电气设备中各元件的空间位置和接线情况，供在安装或检修时对照原理图使用。它是根据电器位置布置的合理性和经济性的原则安排的，图 2-2 就是根据图 2-1 电气原理图绘制的安装接线图。它表示机床电气设备各个单元之间的接线关系，并标注出外部接线所需的数据。根据此安装接线图，就可以进行机床电气设备的总装接线。图 2-2 中，虚线方框中部件的接线，可根据电气原理图进行。对于某些较为复杂的电气设备，电气安装板上元件较多时，还可画出安装板的接线图。对于简单设备，仅画出接线图就可以了。实际工作中，接线图常与电气原理图结合起来使用。

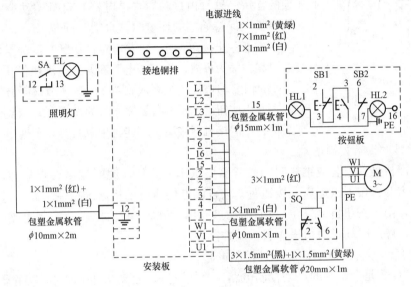

图 2-2　某机床电气安装接线图

　　图 2-2 表明了该电气设备中电源进线、按钮板、照明灯、行程开关、电动机与机床安装板接线端之间的连接关系，也标注了所采用的包塑金属软管的直径和长度、连接导线的根数、截面积及颜色。例如，按钮板和电器安装板的连接，按钮板上有 SB1、SB2、HL1 及 HL2 四个元件，根据图 2-1 电气原理图，SB1 与 SB2 有一端相连为 3，HL1 与 HL2 有一端相连为地。其余的 2、3、4、6、7、15、16 通过 $7 \times 1mm^2$ 的红色线接到安装板上相应的接线端，与安装板上的元件相连。黄绿双色线是接到接地铜排上的。所采用的包塑金属软管的直径为 $\phi 15mm$，长度为 1m。

第二节　电气控制电路中的基本环节

一、启动、点动和停止控制环节

1. 单向全压启动控制电路

图 2-3 所示为一个常用的最简单、最基本的单向全压启动控制电路。其主电路由刀开关 QS、熔断器 FU1、接触器 KM 的主触头、热继电器 FR 的热元件与电动机 M 构成，控制回路由启动按钮 SB2、停止按钮 SB1、接触器 KM 的线圈及其辅助动合触点、热继电器

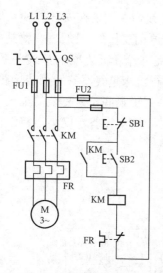

图 2-3　单向全压启动控制电路

FR 的动断触点等几部分构成。正常启动时，合上 QS，引入三相电源，按下 SB2，交流接触器 KM 的吸引线圈通电，接触器主触头闭合，电动机接通电源直接启动运转。同时与 SB2 并联的辅助动合触点 KM 也闭合，使接触器吸引线圈经两条路通电。这样，当手松开，SB2 自动复位时，接触器 KM 的线圈仍可通过辅助触点 KM 使接触器线圈继续通电，从而保持电动机的连续运行。这个辅助触点起着自保持或自锁的作用。这种由接触器（继电器）自身的动合触点来使其线圈长期保持通电的环节叫"自锁"环节。

按下停止按钮 SB1，控制电路被切断，接触器线圈 KM 断电，其主触头释放，将三相电源断开，电动机停止运转。同时 KM 的辅助动合触点也释放，"自锁"环节被断开，因而当手松开停止按钮后，SB1 在复位弹簧的作用下，恢复到原来的动断状态，但接触器线圈也不能再依靠自锁环节通电了。

2. 电动机的点动控制电路

某些生产机械在安装或维修时，通常需要试车或调整，此时就需要点动控制。点动控制的操作要求为：按下点动启动按钮时，动合触点接通电动机启动控制电路，电动机转动；松开按钮后，由于按钮自动复位，动合触点断开，切断了电动机启动控制电路，电动机停转。点动启、停的时间长短由操作者手动控制。

图 2-4 所示示为实现点动的几种控制电路。

图 2-4（a）是最基本的点动控制电路。当按下点动启动按钮 SB 时，接触器 KM 线圈得电，主触头吸合，电动机电源接通，运转；当松开按钮 SB 时，接触器 KM 线圈失电，主触头断开，电动机被切断电源而停止运转。

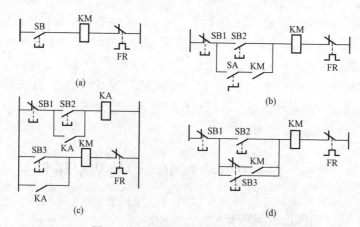

图 2-4　实现点动的几种控制电路
（a）最基本的点动控制电路；（b）带旋转开关 SA 的点动控制电路；（c）利用中间继电器实现点动的控制电路；（d）用复合按钮 SB3 实现点动的控制电路

图 2-4（b）是带旋转开关 SA 的点动控制电路。当需要点动操作时，将旋转开关 SA 转到断开位置，使自锁回路断开，这时按下按钮 SB2 时，接触器 KM 线圈得电，主触头闭

合，电动机接通电源启动；当手松开按钮时，接触器 KM 线圈失电，主触头断开，电动机电源被切断而停止，从而实现了点动控制。当需要连续工作时，将旋转开关 SA 转到闭合位置，即可实现连续控制。这种方案比较实用，适用于不经常点动控制操作的场合。

图 2-4 (c) 是利用中间继电器实现点动的控制电路。利用连续启动按钮 SB2 控制中间继电器 KA，KA 的动合触点并联在 SB3 两端，控制接触器 KM，再控制电动机实现连续运转；当需要停转时，按下 SB1 按钮即可。当需要点动运转时，按下 SB3 按钮即可。这种方案的特点是在电路中单独设置一个点动回路，适用于电动机功率较大并需经常点动控制操作的场合。

图 2-4 (d) 是采用一个复合按钮 SB3 实现点动的控制电路。点动控制时，按下点动按钮 SB3，动断触点先断开自锁电路，动合触点后闭合，接通启动控制电路，接触器 KM 线圈通电，主触点闭合，电动机启动旋转。当松开 SB3 时，接触器 KM 线圈失电，主触点断开，电动机停止转动。若需要电动机连续运转，则按下启动按钮 SB2，停机时按下停止按钮 SB1 即可。这种方案的特点是单独设置一个点动按钮，适用于需经常点动控制操作的场合。

二、可逆控制和互锁环节

在生产加工过程中，各种生产机械常常要求具有上下、左右、前后、往返等相反方向的运动，如电梯的上下运行、起重机吊钩的上升与下降、机床工作台的前进与后退及主轴的正转与反转等运动的控制，这就要求电动机能够实现正反向运行。由交流电动机工作原理可知，若将接至电动机的三相电源进线中的任意两相对调，即可使电动机反向旋转。因此需要对单向运行的控制电路做相应的补充，即在主电路中设置两组接触器主触头，来实现电源相序的转换，在控制电路中对相应的两个接触器线圈进行控制。这种可同时控制电动机正转或反转的控制电路称为可逆控制电路。

图 2-5 所示为三相交流异步电动机的可逆控制电路。图 2-5 (a) 所示为主电路，其中 KM2 和 KM1 所控制的电源相序相反，因此可使电动机反向运行。图 2-5 (b) 所示的控制电路中，要使电动机正转，可按下正转启动按钮 SB2，KM1 线圈得电，主触头 KM1 吸合，电动机正转，同时其辅助动合触点构成的自锁环节可保证电动机连续运行；按下停止按钮 SB1，可使 KM1 线圈失电，主触头脱开，电动机停止运行。要使电动机反转，可按下反转启动按钮 SB3，KM2 线圈得电，主触头 KM2 吸合，电动机反转，同时其辅助动合触点构成的自锁环节可保证电动机连续运行；按下停止按钮 SB1，可使 KM2 线圈失电，主触头脱开，电动机停止运行。

可见，此控制电路可实现电动机的正反转控制，但还存在致命的缺陷。当电动机已经处于正转运行状态时，如果没有按下停止按钮 SB1，而是直接按下反转启动按钮 SB3，将导致 KM2 线圈得电，主电路中 KM2 的主触头随即吸合，这样就造成了电源线间短路的严重事故。为避免出现此类故障，需在控制电路上加以改进，如图 2-5 (c) 所示。与图 2-5 (b) 不同的是，图 2-5 (c) 中分别在 KM1 的控制支路中串联了一个 KM2 的动断触点，在 KM2 的控制支路中串联了一个 KM1 的动断触点。这时按下正转启动按钮 SB2，KM1 线圈得电，其主触头 KM1 吸合，电动机正转的同时，其辅助动断触点 KM1 处于动作状态，即脱开状

电气控制与 PLC 应用（第四版）

态，使得 KM2 的控制支路处于断开状态，即使再按下反转启动按钮 SB3 也无法使 KM2 的线圈得电，只有当电动机停止正转之后，即 KM1 失电后，反转控制支路才可能被接通，以保证受控电动机主回路中的 KM1、KM2 主触头不会同时闭合，避免了电源线间短路的故障。这种在控制电路中利用辅助触点互相制约工作状态的控制环节，称为"互锁"环节。设置互锁环节是可逆控制电路中防止电源线间短路的保证。

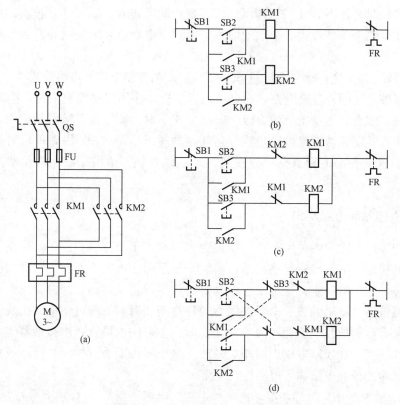

图 2-5　三相异步电动机可逆控制电路

（a）主电路；（b）无互锁的控制电路；（c）互锁控制电路；（d）采用复合按钮的可逆控制电路

　　按照电动机可逆运行操作顺序的不同，有"正—停—反"和"正—反—停"两种控制电路。图 2-5（c）所示控制电路做正反向操作控制时，必须首先按下停止按钮 SB1，然后再进行反向启动操作，因此它是"正—停—反"控制电路。但在有些生产工艺中，希望能直接实现正反转的变换控制。由于电动机正转的时候，按下反转按钮时首先应断开正转接触器线圈电路，待正转接触器释放后再接通反转接触器，为此可以采用两个复合按钮来实现，控制电路如图 2-5（d）所示。在这个电路中既有接触器的互锁，又有按钮的互锁，保证了电路可靠地工作，在电力拖动控制系统中常用。正转启动按钮 SB2 的动合触点用来使正转接触器 KM1 的线圈瞬时通电，动断触点则串接在反转接触器 KM2 线圈的电路中，用来使之释放。反转启动按钮 SB3 也按 SB2 同样安排，当按下 SB2 或 SB3 时，首先其动断触点断开，然后才是动合触点闭合。这样在需要改变电动机运转方向时，就不必按 SB1 停止按钮了，可直接操作正反转按钮即能实现电动机运转情况的改变。

　　KB0N 是一种由两个 KB0 主开关，与机械联锁和电气联锁等附件组合，构成的一种可逆型控制与保护开关电器，适用于电动机的可逆控制或双向控制与保护。KB0N 电动机可逆控制电路如图 2-6 所示。图中，KB0N 由 KB0NL 和 KB0NR 组成，分别控制电动机的正、反转。SF1、SF2 、SS1 为就地正反转启动、停止控制按钮，SF3、SF4 、SS2 为远地正反转启动、停止控制按钮。先将 KB0 的旋钮旋转到"自动"位置，KB0N 内部两个隔离开关闭合，按下启动按钮 SF1（就地控制）/SF3（远地控制），KB0NR 线圈得电，其主触点闭合，电动机正转启动，同时其对应的辅助触点也随之动作，即 13-14 闭合，形成自锁，31-32 断开，形成互锁。按下停止按钮 SS1（就地控制）/SS2（远地控制），KB0NR 线圈失电，其主触点断开，电动机正转停止，辅助触点 31-32 恢复闭合，13-14 恢复断开。反正启动、停止操作同正转相似。图中设置了一系列指示灯，PGW、PGG1、PGG2 分别为电源、电机正转运行和电机反转运行指示灯，PGB、PGY 分别为短路和综合故障指示灯。

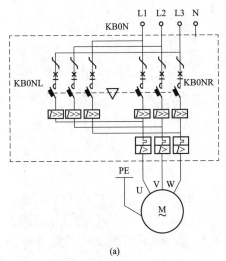

(a)

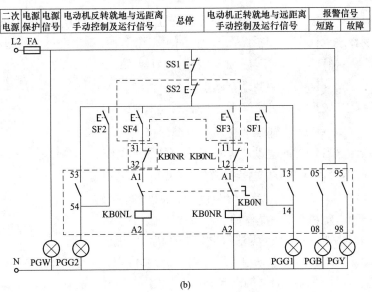

(b)

图 2-6　KB0N 电动机可逆控制电路

（a）主电路；（b）控制电路

三、顺序控制环节

在以多台电动机为动力装置的生产设备中，有时需按一定的顺序控制电动机的启动和停止。例如，X62W 型万能铣床要求主轴电动机启动后，进给电动机才能启动工作，而加工结束时，要求进给电动机先停车之后主轴电动机才能停止。这就需要具有相应的顺序控制功能的控制电路来实现此类控制要求。

图 2-7 所示为两台电动机顺序启动的控制电路。

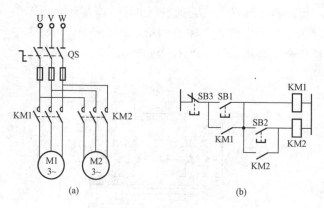

图 2-7　顺序启动控制电路

(a) 主电路；(b) 控制电路

首先介绍一种分析控制电路的"动作序列图"，即用图解的方式来说明控制电路中各元件的动作状态、线圈的得电与失电状态等。动作图符号规定如下：

(1) 用带有"×"或"√"上角标的线圈的文字符号来表示元件线圈的失电或得电状态；

(2) 用带有"＋"或"－"上角标的文字符号来表示元件触点的闭合或断开。

下面用"动作序列图"来分析图 2-7 所示的顺序启动控制电路的工作过程。

按下 $SB1^+$ → $KM1^\checkmark$ → $KM1^+$ 主触头吸合，M1 启动。
$\qquad$ └→$KM1^+$ 辅助动合触点吸合，自锁。

按下 $SB2^+$ → $KM2^\checkmark$ → $KM2^+$ 主触头吸合，M2 启动。
$\qquad$ └→$KM2^+$ 辅助动合触点吸合，自锁。

两台电动机都启动之后，要使电动机停止运行，可如下操作：

按下 $SB3^-$ → $KM1^\times$ → $KM1^-$ 主触头释放脱开，M1 停止运转。
$\qquad$ └→$KM2^\times$ → $KM2^-$ 主触头释放脱开，M2 停止运转。

如果想先启动电动机 M2，操作如下：

按下 $SB2^+$ → $KM1^-$ → $KM2^\times$ 无法得电，电动机 M2 无法启动。

可见，电动机 M2 必须在电动机 M1 先启动之后才可以启动，如果 M1 不工作，M2 就无法工作。这里 KM1 的辅助动合触点起到两个作用：一是构成自锁环节，保证其自身的连续运行；二是作为 KM2 得电的先决条件，实现顺序控制。

图 2-8 所示是一个实现顺序启动逆序停车的控制电路。图中，由 KM1 和 KM2 分别控

制两台电动机 M1、M2，要求 M1 启动之后 M2 才可以启动，M2 停车之后 M1 才可以停车。现用"动作序列图"分析此控制电路的工作过程。

启动操作：

SB2$^+$ → KM1$^\vee$ → KM1$^+$ 主触头吸合，M1 启动。
　　　┗→KM1$^+$ 辅助动合触点吸合，自锁。

SB4$^+$ → KM2$^\vee$ → KM2$^+$ 主触头吸合，M2 启动。
　　　┗→KM2$^+$ 辅助动合触点吸合，自锁。

停车操作：

SB3$^-$ → KM2$^\times$ → KM2$^-$ 主触头释放脱开，M2 停止运转。

SB1$^-$ → KM1$^\times$ → KM1$^-$ 主触头释放脱开，M1 停止运转。

由于 KM2 控制支路中串有 KM1 的辅助动合触点，使得 KM2 不得单独先得电，而只有在 KM1 得电之后才可以，因而实现了顺序启动的控制要求；在 KM1 的停止按钮的下面并接着 KM2 的辅助动合触点，使得 KM2 未断电的情况下，KM1 也无法断电，只有当 KM2 先断电，KM1 才可以由停止按钮 SB1 使其断电，因而实现了顺序停车的控制要求。

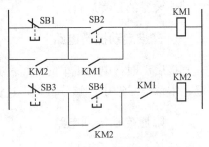

图 2-8　顺序启动逆序停车控制电路

四、执行元件为电磁阀时的控制电路

在第一章中已经介绍了电磁阀的结构和工作原理，但对于不同类型的电磁阀，使用时，其控制电路有所不同。例如，三位四通电磁阀控制的油缸（或气缸），带动活塞杆前进、后退或停止，其控制原理与电动机类似，即一个电磁阀得电，活塞杆前进，另一个电磁阀得电，活塞杆后退，而两电磁阀都失电时，活塞杆停止。但对于二位四通电磁阀控制的油缸（或气缸），则有所不同，此时活塞杆只有进、退两种运动状态，没有停止状态。

两位四通磁阀点动、启动控制电路如图 2-9 所示，当电磁阀 YA 得电时，油缸活塞杆可在压力油作用下向前推进；若 YA 失电，电磁阀的阀铁复位，活塞杆自动退回。由于电磁阀 YA 是无触点执行元件，故需要通过中间继电器来实现控制。图 2-9（b）所示为电磁阀控制电路，它可以通过控制电磁阀 YA，实现油缸活塞杆的进、退控制。

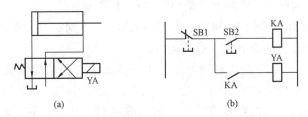

　　　　（a）　　　　　　　　　　　　（b）

图 2-9　两位四通电磁阀点动、启动控制电路

（a）主电路；（b）电磁阀控制电路

第三节　三相交流电动机启动控制电路

三相异步电动机的启动控制有直接启动、降压启动和软启动等方式。直接启动方式又称为全压启动方式，即启动时电源电压全部施加在电动机定子绕组上。降压启动方式是指在启动时将电源电压降低到一定的数值后再施加到电动机定子绕组上，待电动机的转速接近同步转速后，再使电动机回到电源电压下运行。软启动方式下，施加到电动机定子绕组上的电压是从零开始按预设的函数关系逐渐上升，直至启动过程结束，再使电动机在全电压下运行。通常对小容量的三相异步电动机均采用直接启动方式，启动时将电动机的定子绕组直接接在交流电源上，电动机在额定电压下直接启动。对于大、中容量的电动机，因启动电流较大，一般应采用降压启动方式，以防止过大的启动电流引起电源电压的波动，影响其他设备的正常运行。

一、直接启动控制电路

直接启动时，电动机单向运行和正反向运行控制电路如图 2-3～图 2-7 所示，动作过程已在本章第二节中讲解分析过，这里不作重述。

二、降压启动控制电路

常用的降压启动方式有星形 - 三角形（Y - △）降压启动、串自耦变压器降压启动、定子串电阻降压启动、固态降压启动器、延边三角形降压启动等。延边三角形降压启动方法仅适用于定子绕组特别设计的异步电动机，这种电动机共有 9 个出线端，改变延边三角形连接时，根据定子绕组的抽头比不同，就能够改变相电压的大小，从而改变启动转矩的大小。目前，Y - △降压启动和串自耦变压器降压启动两种方式应用最广泛。

1. 定子串电阻降压启动控制电路

定子串电阻降压启动方式就是电动机启动时，在三相定子电路中串接电阻，使电动机定子绕组电压降低，启动结束后再将电阻短接，电动机在全压下运行。显然，这种方法会消耗大量的电能且装置成本较高，一般仅适用于绕线式交流电动机的一些特殊场合下使用，如起重机械等。

图 2-10 所示是定子串电阻降压启动控制电路。其工作过程如下：

按下 SB2$^+$ → KM1$^\vee$ → KM1$^+$ 主触头吸合，M 串电阻启动。
　　　　↓　　└→KM1$^+$ 辅助动合触点吸合，自锁。

　　　KT$^\vee$ 开始延时→延时时间到→KT$^+$→KM2$^\vee$→KM2$^+$ 主触头吸合→将定子串接的电阻短接，使电动机在全电压下进入稳态运行。

此控制电路中，KT 在电动机启动后，仍需一直通电，处于动作状态，这是不必要的，可以调整控制电路，使得电动机启动完成后，只由接触器 KM1、KM2 得电使之正常运行。

定子串电阻降压启动的优点是按时间原则切除电阻，动作可靠，电路结构简单；缺点是电阻上功率损耗大。启动电阻一般采用由电阻丝绕制的板式电阻。为降低电功率损耗，可采用电抗器代替电阻，但价格较贵，成本较高。

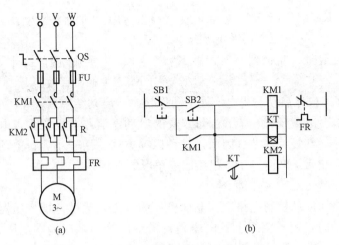

图 2-10　定子串电阻降压启动控制电路

(a) 主电路；(b) 控制电路

2. 星形-三角形降压启动控制电路

正常运行时定子绕组接成三角形的笼式异步电动机，常可采用星形-三角形（Y-△）降压启动方式来限制启动电流。Y-△降压启动方式如下：启动时先将电动机定子绕组接成 Y 形，这时加在电动机每相绕组上的电压为电源电压额定值的 $1/\sqrt{3}$，从而其启动转矩为△形接法时直接启动转矩的 1/3，启动电流降为△形连接直接启动电流的 1/3，减小了启动电流对电网的影响。待电动机启动后，按预先设定的时间再将定子绕组切换成△形接法，使电动机在额定电压下正常运转。

星形-三角形降压启动控制电路如图 2-11 所示。其启动过程分析如下：

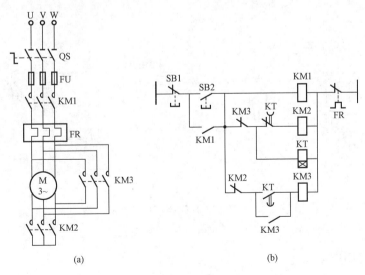

图 2-11　星形-三角形降压启动控制电路

(a) 主电路；(b) 控制电路

按下 SB2$^+$→ KM1$^\vee$ → KM1$^+$ 主触头吸合 → 电动机 Y 形接法启动。

  └→KM2$^\vee$ → KM2$^+$ 主触头吸合 ↗

KT$^\vee$ 开始延时 → 时间到 → KT$^+$ → KM3$^\vee$ → KM3$^+$ 主触头吸合 → 电动机 △ 形接法启动。

  └→KT$^-$ → KM2$^\times$ → KM2$^-$ 主触头释放脱开 ↗

此电路中，KT 仅在启动时得电，处于动作状态；启动结束后，KT 处于失电状态。与其他降压启动方式相比，Y - △ 降压启动方式的启动电流小、投资少、电路简单、价格便宜，但启动转矩小、转矩特性差。因而，这种启动方式适用于小容量电动机及轻载状态下启动，并只能用于正常运转时定子绕组接成三角形的三相异步电动机。

3. 自耦变压器降压启动控制电路

自耦变压器降压启动控制电路中，电动机启动电流是通过自耦变压器的降压作用实现的。在电动机启动时，定子绕组上的电压是自耦变压器的二次侧端电压，待启动完成后，自耦变压器被切除，定子绕组重新接上额定电压，电动机在全电压下进入稳态运行。图 2 - 12 为自耦变压器降压启动的控制电路。其启动过程分析如下：

按下 SB2$^+$→ KM1$^\vee$ → KM1$^+$ 主触头吸合 → M 定子绕组经自耦变压器降压启动。

  └→KT$^\vee$ → KT$^+$ 瞬动触点吸合 → 自锁

    └→开始延时→时间到→KT$^-$→KM1$^\times$→KM1$^-$ 主触头释放脱开 →自耦变压器断开。

      └→KT$^+$ → KM2$^\vee$ → KM2$^+$ 主触头吸合 → M 全电压运行。

与串电阻降电压启动相比较，在同样的启动转矩时，自耦变压器降压启动对电网的电流冲击小，功率损耗小；但其结构相对较为复杂，价格较贵，而且不允许频繁启动。因此这一方式主要用于启动较大容量的电动机，启动转矩可以通过改变抽头的连接位置得到改变。

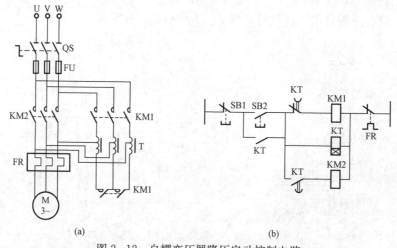

图 2 - 12 自耦变压器降压启动控制电路

(a) 主电路；(b) 控制电路

三、固态降压启动器

固态降压启动器是一种集电动机软启动、软停车、轻载节能和多种保护功能于一体的新颖的电动机控制装置。它可以实现交流异步电动机的软启动、软停止功能，同时还具有过载、缺相、过电压、欠电压、过热等多项保护功能，是传统 Y - △ 启动、串电阻降压启动、自耦变压器降压启动最理想的更新换代产品。

固态降压启动器由电动机的启停控制装置和软启动控制器组成。其核心部件是软启动控制器，它是由功率半导体器件和其他电子元器件组成的。软启动控制器的主要结构是一组串接于电源与被控电机之间的三相反并联晶闸管及其电子控制电路，利用晶闸管移相控制原理，控制三相反并联晶闸管的导通角，使被控电动机的输入电压按不同的要求而变化，从而实现不同的启动功能。启动时，使晶闸管的导通角从零开始，逐渐前移，电动机的端电压从零开始，按预设函数关系逐渐上升，直至达到满足启动转矩而使电动机顺利启动，再使电动机全电压运行。软启动控制器原理图如图 2 - 13 所示。

图 2 - 14 所示为 Sinoco - SS2 系列软启动控制器的外形图。它是采用微电脑控制技术，专门为各种规格的三相异步电动机设计的软启动和软停止控制设备。该系列软启动控制器适用于 15~315kW 的异步电动机，被广泛应用于冶金、石油、消防、矿山、石化等工业领域。

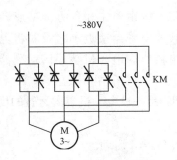

图 2 - 13　软启动控制器原理图

图 2 - 14　Sinoco - SS2 系列软启动控制器的外形图

图 2 - 15 所示为 Sinoco - SS2 系列软启动控制器引脚示意图。图 2 - 16 所示为采用 SS2 系列软启动器启动一台电动机的控制电路。

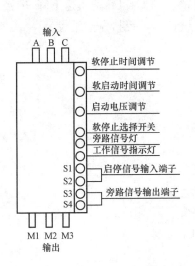

图 2 - 15　Sinoco - SS2 系列软启动控制器引脚示意图

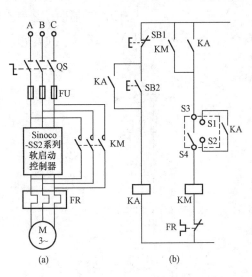

图 2 - 16　SS2 系列软启动器电动机控制电路
（a）SS2 系列主电路；（b）SS2 系列控制电路

电气控制与 PLC 应用（第四版）

第四节　三相交流电动机的制动控制电路

三相异步电动机电源被切断后，由于惯性的原因，总要经过一段时间才可以完全停止旋转。这往往不能适应某些生产机械工艺的要求，如塔吊、机床设备等。从提高生产效率、生产安全及准确定位等方面考虑，都要求电动机能迅速停车，因此需要对电动机进行制动控制。三相异步电动机的制动方法一般有两大类，即机械制动和电气制动。机械制动是用机械装置来强迫电动机迅速停车；电气制动是在电动机接到停车命令时，同时产生一个与原来旋转方向相反的制动转矩，迫使电动机转速迅速下降，从而实现快速停车。电气制动控制电路包括反接制动和能耗制动。

一、反接制动控制

反接制动是利用改变电动机电源的相序，使定子绕组产生相反方向的旋转磁场，进而产生制动转矩的一种制动方法。为了能在电动机转速下降至接近零时及时将电源切除，不至于再反向启动，反接制动控制电路采用速度继电器作为电动机转速的检测器件。当转速在 $120\sim3000$ r/min 范围内时，速度继电器都处于动作状态；当转速低于 100 r/min 时，速度继电器的触点复位，恢复到非动作状态。图 2-17 是一种电动机单向运行的反接制动控制电路。其工作过程分析如下：

启动：按下 $SB2^+\to KM1^\vee\to KM1^+$ 主触头吸合，M 启动。

　　　　　　$\to KM1^+$ 辅助动合触点吸合，自锁。

　　　　$KS^+\to$ 速度继电器吸合。

制动：先按下 $SB1^-\to KM1^\times\to KM1^-$ 主触头释放脱开，M 电源被切断。

后按下 $SB1^+\to KM2^\vee\to KM2^+$ 主触头吸合，M 接入与制动前相序相反交流电源。

　　　　　　$\to KM2^+$ 辅助动合触点吸合，自锁 $\to$ 电动机转速迅速下降 $\to$ 接近于零时 $\to KS^-\to KM2^\times\to KM2^-$ 主触头释放脱开，M 电源被切断，反接制动结束。

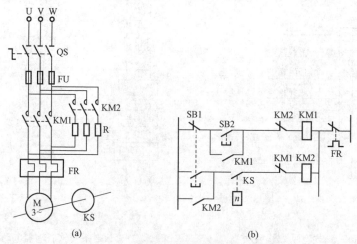

图 2-17　电动机反接制动控制电路

(a) 主电路；(b) 控制电路

84

由于反接制动时，转子与旋转磁场的相对速度接近于 2 倍的同步转速，所以定子绕组中流过的反接制动电流相当于全电压直接启动时电流的 2 倍。因此反接制动的特点之一是制动迅速、效果好，但冲击效应较大，通常仅适用于较小容量电动机的制动。为了减小冲击电流，通常要求在电动机主电路中串接一定的电阻以限制反接制动电流。这个电阻，称为反接制动电阻。反接制动的另一要求是在电动机转速接近于零时，及时切断反相序电源，以防止反向再启动。

二、能耗制动控制

所谓能耗制动，是指在电动机脱离三相交流电源之后，在电动机定子绕组中的任意两相立即加上一个直流电压，形成固定磁场，它与旋转着的转子中的感应电流相互作用，产生制动转矩。能耗制动的时间可用时间继电器进行控制，也可以用速度继电器进行控制。下面以单向能耗制动控制电路为例来说明能耗制动的动作原理。

图 2-18 所示为用时间继电器控制的单向能耗制动控制电路。在电动机正常运行时，若按下停止按钮 SB1，接触器 KM1 线圈失电，主触头释放，电动机脱离三相交流电源，同时，接触器 KM2 线圈通电，主触头吸合，直流电源经 KM2 的主触头加入定子绕组的 V、W 两相；时间继电器 KT 线圈与接触器 KM2 线圈同时通电，并由 KM2 辅助触点形成自锁，于是电动机进入能耗制动状态。当其转子的惯性速度接近于零时，时间继电器延时时间到，其动断触点 KT 断开接触器 KM2 线圈支路，KM2 线圈失电，主触头释放，直流电源被切断；由于 KM2 辅助动合触点复位，时间继电器 KT 线圈的电源也被断开，电动机能耗制动结束。该电路具有手动控制能耗制动的能力，只要使停止按钮 SB1 处于按下的状态，电动机就能实现能耗制动。

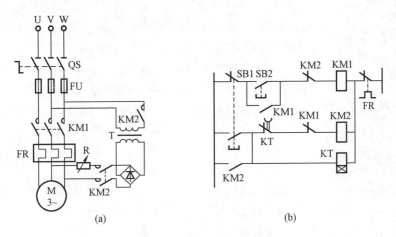

图 2-18　能耗制动控制电路

（a）主电路；（b）控制电路

由上述分析可知，由于能耗制动是利用转子中的储能进行的，所以比反接制动消耗的能量少，其制动电流也比反接制动电流小得多，制动准确；但能耗制动的制动速度不及反接制动迅速，同时需要一个直流电源，控制电路相对也比较复杂。通常能耗制动适用于电动机容量较大和启动、制动频繁，要求制动平稳的场合。

第五节　电气控制电路中的保护环节

电气控制系统除了需要满足被控设备生产工艺的控制要求外，在电气控制系统的设计与运行中，还必须考虑到系统有发生故障和不正常工作情况的可能性。因为发生这些情况时，会引起电流增大，电压和频率降低或升高，致使电气设备和电能用户的正常工作遭到破坏，甚至导致设备的损毁。因此电气控制电路中的保护环节是电气控制系统中不可缺少的组成部分。

电气控制电路中常用的保护环节有短路保护、过载保护、过电流保护、零电压保护和欠电压保护等。

一、短路保护

在三相交流电力系统中，最常见和最危险的故障是各种形式的短路，如电气或电路绝缘遭到损坏、控制电气及电路出现故障、操作或接线错误等，都可能造成短路事故。发生

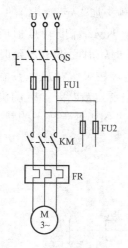

图 2-19　熔断器短路保护

短路时，电路中产生的瞬时故障电流可达到额定电流的十几倍到几十倍，过大的短路电流和电动力将使电气设备或配电电路受到严重损坏，甚至因电弧而引起火灾。因此，当电路出现短路电流时，必须迅速、可靠地断开电源，这就要求短路保护装置应具有瞬动特性。

短路保护的常用方法是采用熔断器、低压断路器或专门的短路保护装置。熔断器和低压断路器的选用和动作值的整定，在第一章中已有介绍，这里不再重复。在对主电路采用三相四线制或对变压器采用中性点接地的三相三线制的供电电路中，必须采用三相短路保护。若主电路容量较小，电路中的熔断器可同时作为控制电路的短路保护；若主电路容量较大，则控制电路一定要单独设置短路保护熔断器。如图 2-19 所示，主电路短路保护用熔断器 FU1，控制电路单独设置熔断器 FU2 作其短路保护。

二、过载保护

过载是指电动机在大于其额定电流的情况下运行，但过载电流超过额定电流的倍数并不大，通常在额定电流的 1.5 倍以内。引起电动机过载的原因很多，如负载的突然增加、缺相运行或者电网电压降低等。若电动机长期过载运行，其绕组的温升将超过允许值而使绝缘材料变脆、老化，寿命缩短，严重时会使电动机损坏。异步电动机过载保护常采用热继电器或电动机保护器作为保护元件。

过载保护特性与过电流保护不同，故不能采用过电流保护方法来进行过载保护。例如，负载的临时增加而引起过载，过一段时间又转入正常工作，对电动机来说，只要过载时间内绕组不超过允许温升，不需要立即切断电源。因此过载保护要求保护电气具有与电动机反时限特性相吻合的特性，即根据电流过载倍数的不同，其动作时间是不同的，它随着电

流的增加而减小。而热继电器正是具有这样的反时限特性，因此常被用来作为电动机的过载保护器件。由于热继电器的热惯性比较大，即使热元件流过几倍额定电流，热继电器也不会立即动作。因此在电动机启动时间不太长的情况下，热继电器经得起电动机启动电流的冲击而不动作，只有在电动机长时间过载情况下热继电器才动作，断开控制电路，使接触器断电释放，电动机停止运转，实现电动机过载保护。

图 2-20 为过载保护电路，图 2-20（a）为三相过载保护，适用于无中性线的三相异步电动机的过载保护；图 2-20（b）为两相过载保护。

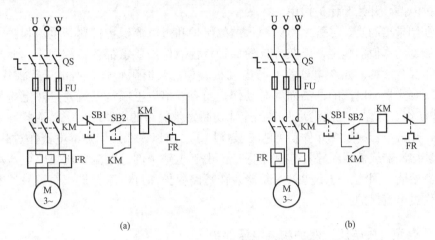

图 2-20　过载保护电路
（a）三相过载保护；（b）两相过载保护

三、过电流保护

过电流保护是区别于短路保护的一种电流型保护。所谓过电流是指电动机或电器元件在超过其额定电流的状态下运行。引起电动机出现过电流的原因，往往是由于不正确的启动和负载转矩过大。过电流一般比短路电流小，通常不超过额定电流的 6 倍。在电动机的运行过程中产生这种过电流，比发生短路的可能性要大，特别是对于频繁启动和正反转、重复短时工作的电动机更是如此。通常，过电流保护可以采用过电流继电器、低压断路器、电动机保护器等。

图 2-21 所示过电流继电器是与接触器配合使用，实现过电流保护的。将过电流继电器线圈 KI 串联在被保护电路中，电路电流达到其整定值时，过电流继电器动作，串联在控制回路中的动断触点 KI 断开，断开了接触器 KM 线圈的控制支路，使得接触器的主触点脱开释放，以切断电源。这种控制方法，既可用于保护，也可达到一定的自动控制目的。这种保护主要应用于绕线转子异步电动机的控制电路中。

应当指出，过电流继电器不同于熔断器和低

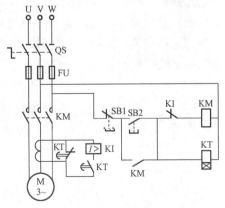

图 2-21　过电流保护

压断路器。低压断路器是将测量元件和执行元件装在一起；熔断器的熔体本身就是测量和执行元件；而过电流继电器只是一个测量元件，过电流保护要通过执行元件接触器来完成，因此为了能切断过电流，接触器触点容量应加大。通常为避免电动机的启动电流使过电流继电器动作，影响电动机的正常运行，常将时间继电器 KT 与过电流继电器配合使用。启动时，由于时间继电器 KT 的动断触点闭合，动合触点尚未闭合，过电流继电器的线圈不能接入电路，尽管电动机的启动电流很大，而此时过电流继电器不起作用；启动结束后，时间继电器延时时间到，触点动作，即动断触点断开，动合触点闭合，过电流继电器的线圈接入保护电路，开始起保护作用。

必须强调指出的是，尽管短路保护、过载保护和过电流保护都属于电流保护，但它们的故障电流、动作值的整定，以及各自的保护特性、保护要求都各不相同，因此它们之间是不可以相互替代的。热继电器具有与电动机相似的反时限特性，但由于热惯性的关系，热继电器不会受短路电流的冲击而瞬时动作。当有 6 倍以上额定电流通过热继电器时，需经 5s 后才动作，这样，无法满足及时迅速地切断发生短路的电路的要求，而且在热继电器动作之前，热继电器的发热元件就可能先被烧坏了。所以，在使用热继电器作过载保护时，还必须另装熔断器或低压断路器作短路保护。由于电路中的过电流要比短路电流小，不足以使熔断器熔断，因此，也不能以熔断器兼作短路保护和过电流保护，而需另外安装过电流继电器作过电流保护。

四、零电压（失电压）保护和欠电压保护

电动机或电器元件都是在一定的额定电压下才能正常工作，电压过高、过低或者工作过程中非人为因素的突然断电，都可能造成生产机械的损坏或人身事故，因此在电气控制电路设计中，应根据要求设置失电压保护、过电压保护及欠电压保护。

1. 零电压（失电压）保护

在电动机正常工作时，由于某种原因造成突然断电，而使电动机停转，生产设备的运动部件也随之停止。那么在电源电压自行恢复时，如果电动机能自行启动，将可能造成人身事故或机械设备损坏，而电热类电器则可能引起火灾。对电网来说，许多电动机同时启动，也会引起超出允许值的过电流和过大的电压降。为防止电压恢复时电动机的自行启动或电器元件自行投入工作而设置的保护，称为失电压保护。如果是采用接触器和按钮控制电动机的启动和停止，其控制电路中的自锁环节就具有失电压保护的作用。如果正常工作时，电网电压消失，接触器就会自动释放而切断电动机电源；当电网恢复正常时，由于接触器自锁电路已断开，故电动机是无法自行启动的。如果不是采用按钮，而是用不能自动复位的手动开关、行程开关等控制接触器，必须采用专门的零电压继电器。工作过程中，一旦失电，零电压继电器释放，其自锁也释放，当电网恢复正常时，就不会自行投入工作。

图 2-22 所示失电压保护，主令控制器 SA 置于"零位"时，零电压继电器 KV 吸合并自锁；当 SA 置于"工作位置"时，保证了对接触器 KM 线圈的供电。当电源断电时，

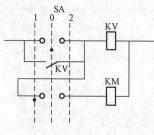

图 2-22 失电压保护

零电压继电器 KV 释放；当电网再接通时，必须先将主令控制器 SA 置于"零位"，使零电压继电器 KV 吸合后，才可以重新启动电动机，这样就起到了失电压保护的作用。

2. 欠电压保护

当电网电压降低时，异步电动机在欠电压下运行，在负载一定情况下，电动机的主磁通下降，电流将增加。由于电流增加的幅度不足以使熔断器熔断，过电流继电器和热继电器也不动作，因此，上述电流保护器件无法对欠电压起到保护作用。但是，如果不采取保护措施，维持电动机在欠电压状态下运行的话，不仅影响产品加工质量，还会影响设备正常工作，使机械设备损坏，造成人身事故。另外，由于电网电压的降低，如降到额定电压的 60% 以下时，控制电路中的各类交流接触器、继电器就会既不释放又不能可靠吸合，处于抖动状态并产生很大噪声，线圈电流增大，甚至过热造成电器元件和电动机的烧毁。能够保证在电网电压降到额定电压以下，如额定电压的 60%～80% 时，自动切除电源，而使电动机或电器元件停止工作的保护环节称为欠电压保护。通常采用欠电压继电器来实现欠电压保护，具体方法是将欠电压继电器线圈跨接在电源上，其动合触点串接在接触器控制回路中。当电网电压低于欠电压继电器整定值时，欠电压继电器动作使接触器释放。如图 2-23 所示，当电源电压正常时，欠电压继电器触点处于动作状态，其动合触点 KV 吸合；而当电源电压下降至其整定值时，其触点复位，动合触点脱开，切断继电器 KV 线圈的控制支路，KV 触点复位，致使接触器 KM1、KM2 失电，切断电动机的电源，从而实现了欠电压保护。

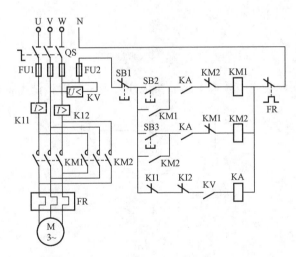

图 2-23　交流电动机常用保护类型示意图

图 2-23 所示为交流异步电动机常用的保护类型示意图，具体选用时应有取舍。图中各保护环节分别为：主电路采用熔断器 FU1 作为短路保护，控制电路用熔断器 FU2 作为短路保护；利用热继电器 FR 作过载保护；过电流继电器 KI1、KI2 用作电动机工作时的过电流保护；按钮开关 SB2、SB3 并接的 KM1、KM2 动合辅助触点构成的自锁环节兼作失电压保护；欠电压继电器 KV 作电动机的欠电压保护。另外，电路中串接的 KM1、KM2 动断触点构成的互锁环节起到了电动机正反转的连锁保护作用。电路发生短路故障时，由熔断器 FU1、FU2 切断故障；电路发生过载故障时，热继电器 FR 动作，事故处理完毕，热继电

器可以自动复位或手动复位，使电路重新工作。

2-1 试设计带有短路、过载、失电压保护的笼型电动机直接启动的主电路和控制电路。

2-2 图 2-24 所示的电气控制电路中有哪些错误或不妥当的地方，请指出并改正。

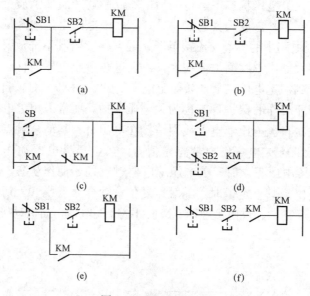

图 2-24 习题 2-2 图

2-3 图 2-25 所示的电气控制电路能实现什么控制功能？试用状态图说明。

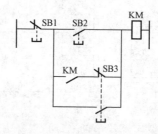

图 2-25 习题 2-3 图

2-4 某笼型异步电动机单向运转，要求启动电流不能过大，制动时要快速停车，试设计主电路与控制电路。

2-5 某笼型异步电动机正、反向运转，要求降压启动，快速停车，试设计主电路与控制电路。

第三章　电气控制电路设计

电气控制电路的设计方法通常分为一般设计法和逻辑设计法两种。本章将通过一些实例来介绍这两种设计方法。

第一节　电气控制电路的一般设计方法

一般设计法，通常是根据生产工艺的控制要求，利用各种典型的控制环节，直接设计出控制电路。它要求设计人员必须熟悉和掌握大量的典型控制电路，以及各种典型电路的控制环节，同时具有丰富的设计经验，由于它主要是靠经验进行设计，因此又通常称为经验设计法。经验设计法的特点是没有固定的设计模式，灵活性很大，但相对来说设计方法较简单，对于具有一定工作经验的设计人员来说，容易掌握，能较快地完成设计任务，因此在电气设计中被普遍采用。用经验设计法初步设计出来的控制电路可能有多种，也可能有一些不完善的地方，需要反复地分析、修改，有时甚至要通过实际验证，才能使控制电路符合设计要求，确定比较合理的设计方案。

一、电气设计中应注意的问题

采用经验设计法设计电路时，需注意以下几个问题：

（1）尽量减少控制电源种类及控制电源的用量。在控制电路比较简单的情况下，可直接采用电网电压；当控制系统所用电器数量比较多时，应采用控制变压器降低控制电压，或采用直流低电压控制。

（2）尽量减少电器元件的品种、规格与数量，同一用途的器件尽可能选用相同品牌、型号的产品。注意收集各种电器新产品资料，以便及时应用于设计中，使控制电路在技术指标、先进性、稳定性、可靠性等方面得到进一步提高。

（3）在控制电路正常工作时，除必须通电的电器外，尽可能减少通电电器的数量，以利于节能，延长电器元件寿命以及减少故障。

（4）合理使用电器触点。在复杂的电气控制系统中，各类接触器、继电器数量较多，使用的触点也多，在设计中应注意：

1）尽可能减少触点使用数量，以简化电路。如图 3-1 所示，图 3-1（b）就比图 3-1（a）省去接触器的一个辅助触点。

2）使用的触点容量应满足控制要求，避免因使用不当而出现触点磨损、黏滞和无法释放等故障，以保证系统工作寿命和可靠性。

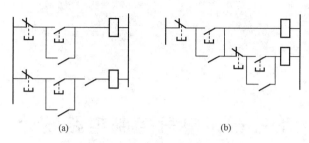

图 3-1　减少触点使用数量
(a) 不合理；(b) 合理

3）合理安排电器元件及触点的位置。对于一个串联回路，各电器元件或触点位置互换，并不影响其工作原理，但从实际连线上有时会影响到安全、节省导线等方面的问题。图 3-2 所示两种接法的工作原理相同，但是采用图 3-2 (a) 的接法既不安全，电路又复杂。因为行程开关 SQ 的动合、动断触点靠得很近，此种接法下，由于不是等电位，在触点断开时产生的电弧很可能在两触点间形成飞弧而造成电源短路，很不安全，而且按照这种接法，控制柜到现场要引出五根线，很不合理；采用图 3-2 (b) 所示接法只引出三根线即可，而且两触点电位相同，就不会造成飞弧了。

（5）尽量缩短连接导线的数量和长度。设计控制电路时，应考虑各个元件之间的实际接线。特别要注意控制柜、操作台和按钮、限位开关等元件之间的连接线。例如，按钮一般均安装在控制柜或操作台上，而接触器安装在控制柜内，这就需要经控制柜端子排与按钮连接，所以一般都先将启动按钮和停止按钮的一端直接连接，另一端再与控制柜端子排连接，这样就可以减少一次引出线，如图 3-3 所示。

（6）正确连接电器的线圈。在交流控制电路中，两个电器元件的线圈不能串联接入，如图 3-4 所示，即使外加电压是两个线圈额定电压之和，也是不允许的。因为每个线圈上所分配到的电压与线圈阻抗成正比，由于制造上的原因，两个电器总有差异，不可能同时吸合。例如，图 3-4 (a) 中，假如交流接触器 KM2 先吸合，由于 KM2 的磁路闭合，线圈的电感显著增加，因而在该线圈上的电压降也相应增大，从而使另一个接触器 KM1 的线圈电压达不到动作电压。因此，两个电器需要同时动作时其线圈应并联连接，如图 3-4 (b) 所示。

（7）在控制电路中应避免出现寄生电路。在电气控制电路的动作过程中，意外接通的电路叫寄生电路。图 3-5 所示是一个具有指示灯和热继电器保护的正反向控制电路。为了节省触点，显示电动机运转状态的指示灯 HL1、HL2 采用了图示接法，正常工作时，能完成正反向启动、停止和信号指示；但当电动机正转，出现过载，热继电器 FR 断开时，电路就出现了寄生电路，如图 3-5 中虚线所示。由于接触器在吸合状态下的释放电压较低，因此，寄生回路电流可能导致正向接触器 KM1 不能释放，起不到保护作用。如果将 FR 触点的位置移到电源进出线端，就可以避免产生寄生电路。

在设计电气控制电路时，严格按照"线圈、能耗元件右边接电源（中性线），左边接触点"的原则，就可以降低产生寄生回路的可能性。另外，还应注意消除两个电路之间可能

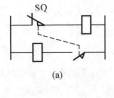

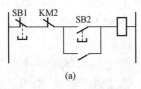

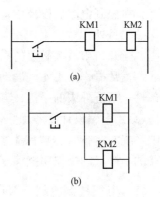

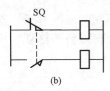

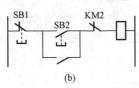

图 3-2 电器触点的连接
（a）不合理；（b）合理

图 3-3 电器连接
（a）不合理；（b）合理

图 3-4 线圈的连接
（a）不正确；（b）正确

产生联系的可能性，否则应加以区分、连锁隔离或采用多触点开关分离。例如，将图 3-5 中的指示灯分别用 KM1、KM2 另外的动合触点直接连接到左边控制母线上，加以区分就可消除寄生。

（8）避免发生触点"竞争"与"冒险"现象。在电气控制电路中，在某一控制信号作用下，电路从一个状态转换到另一个状态时，常常有几个电器的状态发生变化，由于电器元件总有一定的固有动作时间，往往会发生不按理论设计时序动作的情况，触点争先吸合，发生振荡，这种现象称为电路的"竞争"。同样，由于电器元件在释放时，也有其固有的释放时间，因而也会出现开关电器不按设计要求转换状态，这种现象称为"冒险"。"竞争"与"冒险"现象都将造成控制回路不能按要求动作，引起控制失灵。图 3-6 所示的电路中，当 KA 闭合时，KM1、KM2 争先吸合，而

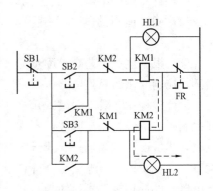

图 3-5 寄生电路

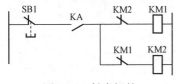

图 3-6 触点间的"竞争"与"冒险"

它们之间又互锁，只有经过多次振荡吸合竞争后，才能稳定在一个状态上。当电器元件的动作时间可能影响到控制电路的动作程序时，就需要用时间继电器配合控制，这样可清晰地反映元件动作时间及它们之间的互相配合，从而消除竞争和冒险。设计时要避免发生触点"竞争"与"冒险"现象，应尽量避免许多电器元件依次动作才能接通另一个电器元件的控制电路，防止电路中因电器元件固有特性引起配合不良后果。同样，若不可避免，则应将其区分、连锁隔离或采用多触点开关分离。

（9）电气连锁和机械连锁共用。在频繁操作的可逆电路、自动切换电路中，正、反向控制接触器之间必须设有电气连锁，必要时要设机械连锁，以避免误操作可能带来的事故。对于一些重要设备，应仔细考虑每一控制程序之间必要的连锁，要做到即使发生误操作也不会造成设备事故。重要场合应选用机械连锁接触器，再附加电气连锁电路。

（10）所设计的控制电路应具有完善的保护环节。电气控制系统能否安全运行，主要由完善的保护环节来保证的。除过载、短路、过电流、过电压、失电压等电流、电压保护环

节外，在控制电路的设计中，常常要对生产过程中的温度、压力、流量、转速等设置必要的保护。另外，对于生产机械的运动部件还应设有位置保护，有时还需要设置工作状态、合闸、断开、事故等必要的指示信号。保护环节应做到工作可靠，动作准确，满足负载的需要，正常操作下不发生误动作，并按整定和调试的要求可靠工作，稳定运行，能适应环境条件，抵抗外来的干扰；事故情况下能准确可靠动作，切断事故回路。

（11）电路设计要考虑操作、使用、调试与维修的方便。例如，设置必要的显示，随时反映系统的运行状态与关键参数，以便调试与维修；考虑到运动机构的调整和修理，设置必要的单机点动操作功能等等。

二、电气控制电路一般设计法步骤

采用一般设计法设计控制电路，通常分以下几步：

（1）首先根据生产工艺的要求，画出功能流程图。

（2）确定适当的基本控制环节。对于某些控制要求，用一些成熟的典型控制环节来实现。

（3）根据生产工艺要求逐步完善电路的控制功能，并适当配置连锁和保护等环节，成为满足控制要求的完整电路。

设计过程中，要随时增减元器件和改变触点的组合方式，以满足被控系统的工作条件和控制要求，经过反复修改得到理想的控制电路。在进行具体电路设计时，一般先设计主电路，然后设计控制电路、信号电路、局部特殊电路等。初步设计完成后，应当作仔细地检查，反复验证，看电路是否符合设计的要求，并进一步使之完善和简化，最后选择恰当的电器元件的规格型号，使其能充分实现设计功能。

三、设计举例

【例 3 - 1】 图 3 - 7 所示为切削加工时刀架的自动循环工作过程示意图，具体控制要求如下：

（1）启动后，刀架由位置 1 移动到位置 2；

（2）然后再由位置 2 退回到位置 1 处，停车。

试用电气控制电路一般设计法，设计刀架自动循环控制电路。

解 分析过程：

（1）按上述控制要求，刀架具有前进、后退两个运动方向，即要求电动机要实现正反转控制。

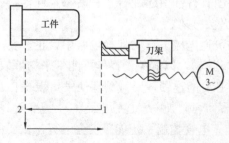

图 3 - 7 刀架自动循环动作示意图

（2）此控制要求为自动循环控制，即启动后，经过一个工作周期，自动停止。刀架前进方向运行（即由位置 1 到位置 2）是由启动按钮启动的，而其后退方向运行（即由位置 2 回到位置 1）是到位置 2 后自动启动的。停车也是在退回到位置 1 处自动停止的，而不需要按下停止按钮。

（3）刀架的停止和换方向运行，都跟刀架运动过程中的行程位置有关系，因此需要引入行程作为控制参量。通常采用行程开关作为运动部件位置的检测元件。因此在位置 1 和 2 处分别设置行程开关 SQ1 和 SQ2。

根据上述控制要求设计的主电路及控制电路如图 3-8 所示。将行程开关 SQ2 的动断触点串接入 KM1 线圈控制支路，用以切断其得电；同时 SQ2 的动合触点串接入 KM2 线圈控制支路，用以作为 KM2 线圈得电的启动信号；SQ1 动断触点串接入 KM2 线圈控制支路，用以切断其得电，作为单循环结束的控制信号。按钮 SB1 作为非常时刻的停止操作的按钮，在刀架正常运行时，是不需要通过 SB1 来停车的。其工作过程可用动作序列图描述如下：

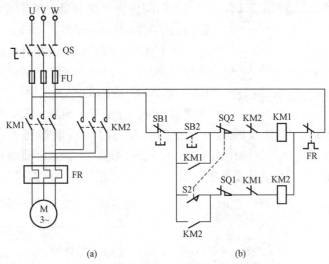

图 3-8　实现刀架自动循环的控制电路

(a) 主电路；(b) 控制电路

按下 SB2⁺→ KM1√ → KM1⁺ 主触头吸合，M 正向启动，由 1 向 2 运动 → 到位置 2
　　　↳KM1 辅助动合触点吸合，自锁。

→先按下 SQ2⁻→ KM1× → KM1⁻ 主触头释放脱开，M 正转停止。
→后按下 SQ2⁺→KM2√→KM2⁺ 主触头吸合，M 反向启动，由 2 向 1 运动 → 到位置 1→SQ1⁻
　　　↳KM2 辅助动合触点吸合，自锁。

→KM2×→ KM2⁻ 主触头释放脱开，M 反转停止。

在刀架运行过程中，如果发生意外情况，可按下 SB1，切断控制电路的各个支路，随时中止刀架的运行。

【例 3-2】 图 3-9 所示小车可做左、右自动往复运行，具体控制要求如下：

(1) 按下启动按钮 SB2，小车首先向右运动；

(2) 小车的撞块碰到 SQ1 时停车，并开始延时 5s；

(3) 延时时间到，小车自动改变运行方向，改向左运行；

(4) 小车的撞块碰到 SQ2 时停车，并开始延时 5s；

(5) 延时时间到，小车再次自动改变运行方向，改向右运行；

(6) 依此自动往复运行，直至按下停止按钮 SB1，小车停止。

试用电气控制电路一般设计法设计自动往复运行控制电路。

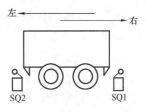

图 3-9　自动往复运行小车

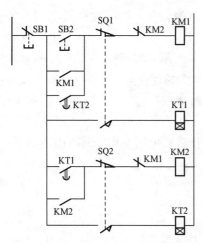

图 3-10 小车自动往复控制电路

解 分析过程：

（1）按上述控制要求，小车具有左、右两个运动方向，即要求其拖动电动机能实现正反转控制。

（2）刀架的停止，与刀架运动过程中的行程位置有关系，因此需要分别设置行程开关 SQ1 和 SQ2，引入行程作为控制参量。

（3）刀架换方向运行的启动，跟时间有关系，需要引入时间作为控制参量。通常选用时间继电器 KT 作为提供时间参量的器件。

按上述控制要求设计的控制电路如图 3-10 所示。图中行程开关 SQ1、SQ2 的动断触点分别串接入 KM1 和 KM2 线圈的控制支路，作为 KM1 和 KM2 线圈得电的终止信号；SQ1、SQ2 的动合触点分别串接入时间继电器 KT1、KT2 线圈的控制支路，作为时间继电器延时开始的启动信号；KT1、KT2 的延时动合触点分别作为 KM1 和 KM2 线圈得电的启动信号。SB1 是停止信号，可以随时中断小车的自动往复运行。其工作过程可用动作序列图描述如下：

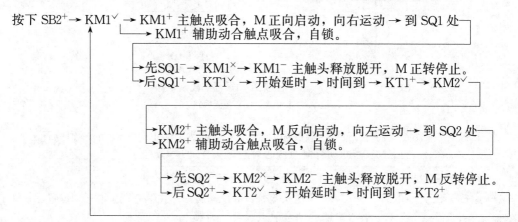

按下 SB1$^+$→切断控制电路的各支路→小车停止运行。

但上述控制电路还存在问题，当小车正好处于两端的位置处，即 SQ1 或 SQ2 处于受压的状态时，如果按下 SB1 停止按钮，只要手抬起来，SB1 复位，就会使 KT1 或 KT2 的线圈重新得电而开始延时，最终使 KM1 或 KM2 线圈得电，而使小车继续运行。因此，SB1 停止按钮只能在小车离开两个边端位置时按下，才可以起到停止按钮的作用。要使小车处于任何位置处，都可以被停止，需对控制电路做进一步的完善。

图 3-11 所示控制电路中引入了一个中间继电器 KA，作为小车停止状态的标志继电器，即按下停止按钮 SB1，KA 就处于得电状态，而且 KA 不会由于 SB1 的复位而失电。将 KA 的动断触点分别串入时间继电器 KT1、KT2 的线圈控制支路，以 KA 的状态作为时间继电器线圈能否得电的约束条件，这样小车即使处于两个边端位置时，按下停止按钮 SB1，使 KA 得电并自锁，KA 的动断触点脱开，尽管 S1 或 S2 处于被压状态，动合触点闭合，但由于 KA 动断触点处于断开状态，故可保证 KT1 或 KT2 线圈失电，使小车无法启动。这

样无论小车处于何位置，都可以通过停止按钮使其停下来，弥补了上一个电路存在的缺陷。

但此电路仍有不足，就是停止操作后，中间继电器 KA 始终带电。为此可以增设全程继电器，表征小车的工作状态，以 KA 作为约束时间继电器得电的条件，具体电路在此不作详细讨论了。

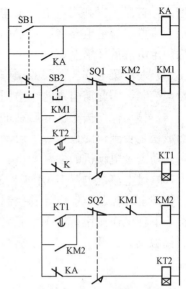

图 3-11　增设运行继电器的小车自动往复控制电路

【例 3-3】　在龙门刨床上装有横梁夹紧机构，刀架装在横梁上，在加工不同工件时，需调整刀架的位置，因此要求横梁可以沿立柱上下移动。而在加工过程中，为保证加工质量，要求横梁被紧固在立柱上，不允许有松动。

图 3-12 所示为龙门刨床横梁夹紧机构示意图。横梁 3 的拖动电动机通常安装在龙门顶上，图中未画出。夹紧机构的工作过程：夹紧电动机 5 反向运转，带动压紧块 2 向下移动，直到挡块 8 碰到行程开关 7 后，横梁 3 沿立柱 1 上、下移动，当移动到位后，由夹紧电动机 5 通过蜗轮 4 和蜗杆 6 传动，带动压紧块向上移动，将横梁 3 压紧在立柱 1 上。

横梁夹紧机构的具体控制要求如下：

（1）横梁上、下移动的操作为点动操作；

（2）按下横梁上移/下移按钮后，首先夹紧机构自动放松；

（3）行程开关 SQ 动作，放松到位，夹紧电动机停止运转，横梁做上移/下移；

（4）移动到位后，松开按钮，横梁停止移动；

（5）夹紧电动机启动，夹紧机构自动夹紧；

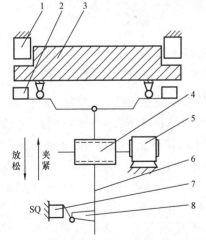

图 3-12　龙门刨床横梁夹紧机构示意图
1—立柱；2—压紧块；3—横梁；4—蜗轮；
5—夹紧电动机；6—蜗杆；
7—行程开关；8—挡块

（6）夹紧到位后，夹紧电动机停止运转。

试用电气控制电路一般设计法设计龙门刨床横梁夹紧机构控制电路。

解　分析过程：

（1）上述控制要求也属于自动循环控制，即按下移动启动按钮，两台电动机运转的切换、启动、停止都是自动完成的。

（2）需引入一些控制参量参与控制，以实现自动运行的控制要求。夹紧电动机放松到位信号，由行程开关 SQ 提供。检测夹紧电动机是否夹紧到位，可通过夹紧运转时间来控制，但时间参数不容易调整准确；还可以检测反映夹紧程度的电流值，来作为控制参量。夹紧电动机在夹紧到位后，压紧块压紧横梁，电动机继续运转，就处于"堵转"状态，随着夹紧力的增大，夹紧电动机定子绕组中的电流

97

也增大，这样可以利用过电流继电器，来测量电动机定子绕组中的电流。如图 3-13（a）
所示。将过电流继电器 KI 的线圈接入夹紧电动机 M2 定子绕组中，一般将其动作电流值整
定为额定电流的 2 倍左右。

（3）对横梁上移、下移的操作是采用点动方式，而控制中将用到上、下移动的操作信
号参与控制，因此需引入两个中间继电器 KA1、KA2 分别作为上移和下移状态继电器。

（4）移动操作按钮实际启动的是夹紧电动机的放松运行；横梁移动的拖动电动机是由
检测放松是否到位的行程开关启动的；而移动操作结束，即移动状态继电器 K1 或 K2 失电
时，启动夹紧电动机的夹紧运行。

（5）过电流继电器 KI 用来检测夹紧程度，KI 动作时，夹紧电动机停止运行。

依照上述控制要求设计的控制电路如图 3-13（b）所示。图中，SB1、SB2 分别为横梁
上移、下移操作按钮；KM1、KM2 为横梁拖动电动机 M1 正转（上移）、反转（下移）的
控制接触器；KM3、KM4 分别为夹紧电动机 M2 正转（夹紧）、反转（放松）的控制接
触器。

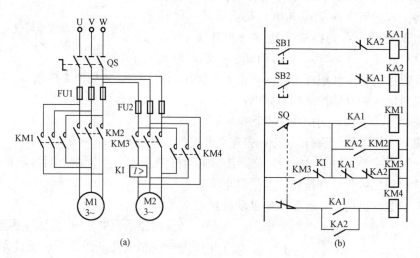

图 3-13　龙门刨床横梁夹紧机构控制电路图
(a) 主电路；(b) 控制电路

中间继电器 KA1、KA2 是否得电，由 SB1、SB2 的操作状态决定，即当按钮处于按下
状态时，KA1 或 KA2 为得电状态；按钮一旦被松开，KA1 或 KA2 失电，因此可以由
KA1、KA2 来替代按钮参与控制。其线圈控制支路中串联接入的 KA1、KA2 动断触点作
为 M1 正、反转的互锁环节。当夹紧机构放松到位时，即 SQ 处于动作状态，其动断触点切
断 KM4 线圈控制支路，使放松运行停止；SQ 动合触点闭合，而此时按钮 SB1/SB2 仍处于
按下状态，即 KA1、KA2 为得电状态，则 KM1、KM2 得电，横梁移动；当松开按钮时，
KA1、KA2 失电，KM1、KM2 失电。此时，SQ 仍处于被压下的状态，故其动合触点吸
合，这样 KM3 就会得电，M2 向夹紧方向运行，随着夹紧电动机的运行，SQ 就会脱开复
位，故需设自锁环节；当夹紧力足够大时，M2 定子绕组中的电流达到 KI 的动作电流值，
KI 动作，其动断触点脱开，切断 KM3 的线圈控制支路，使 M2 夹紧运行停止。其工作过
程可用动作序列图描述如下：

横梁上移：按下 SB1$^+$ → KA1$^\vee$ → KA1$^+$ → KM4$^\vee$ → KM4$^+$ 主触头吸合，M2 放松运行 ┐
                  SQ 未被压 → SQ$^+$（动断）┘

┌→ 放松到位，SQ 被压下 → SQ$^-$（动断）→ KM4$^\times$ → KM4$^-$ 主触头脱开，放松停止
      └→ SQ$^+$（动合）→ KM1$^\vee$ → KM1$^+$ 主触头吸合 ┐

┌→ M1 正向启动，横梁上移 → 上移到位，松开 SB1 → KA1$^\times$ ┐

┌→ KA1$^-$ → KM1$^\times$ → KM1$^-$ 主触头释放脱开，M1 正转停止。
├→ KA1$^+$（动断）→ KM3$^\vee$ → KM3$^+$ 主触头吸合，M2 夹紧运行 → 夹紧到位 ┐
         └→ KM3$^+$ 辅助动合触点吸合，自锁

└→ KI$^\vee$ → KI 动断触点脱开 → KM3$^\times$ → KM3$^-$ 主触点释放脱开，M2 停止运行。

横梁下移的工作过程同上。另外，为安全起见，还需设置横梁上下行程的限位保护，即设置两个行程开关 SQ2、SQ3 分别作为横梁上限位和下限位的检测信号，当横梁移动到限位位置处，就强制停止横梁的移动，即使再按下上/下移动按钮，横梁也不移动。根据此要求，在原来的控制电路上加以改进，如图 3‐14 所示。在 KA1、KA2 线圈的控制支路中分别串联 SQ2、SQ3 的动断触点，当横梁移动到极限位置——上、下限位处，行程开关 SQ2、SQ3 就会被压下，其动断触点断开，这时尽管 SB1、SB2 仍旧按下，但 KA1、KA2 线圈控制支路已被 SQ2、SQ3 切断，因此 KA1、KA2 仍处于失电状态，无法启动夹紧电动机 M2 和横梁移动电动机 M1，横梁无法移动，从而实现了上、下限位保护。

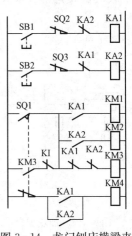

图 3‐14 龙门刨床横梁夹紧机构控制电路图

【例 3‐4】 图 3‐15 所示为加热炉自动上料机构示意图。其工作过程如下：初始状态下，炉门 3 关闭，行程开关 SQ3 处于压下状态；推料杆 1 在原位，行程开关 SQ1 处于压下状态。按下启动按钮 SB2，首先，电动机 M1 正向启动，通过蜗轮蜗杆传动，使炉门开启，到行程开关 SQ4 被压下时，炉门开启到位，M1 停止，炉门开启结束；接着 M2 正向启动，拖动推料杆 1 向前移动，直到行程开关 SQ2 被压下，工件 2 被推进加热炉 4，上料结束；然后 M2 反向启动，拖动推料杆 1 后退，退回到原位，压下行程开关 SQ1，M2 停转；最后 M1 反向启动，带动炉门关闭，至初始位置处，行程开关 SQ3 被压下，M1 停转。至此，一个工作周期结束。其工作过程可用下列状态图描述：

按下启动按钮 SB2→M1 正转，炉门开启→SQ4 压下→M1 停止→M2 正转，推料杆前移→SQ2 压下，上料结束→M2 反转，推料杆后退→SQ1 压下→M2 停止→M1 反转，炉门关闭→压下 SQ3→M1 停止。

与文字性描述不同，用状态图来描述系统的控制要求和工作过程，更清晰，有助于控制电路的设计。

试用电气控制电路一般设计法设计加热炉自动上料机构控制电路。

解 分析过程：

（1）由上述工作过程的描述，可以看出，此例也属于自动循环控制，即只需按下启动按钮，即可自动完成一系列的运动部件的动作状态的切换，待循环结束后，自动停止运行。停止按钮 SB1 是为非正常停止而设置的，只有当工作过程中出现意外情况，通过 SB1 使系

统运行立即终止。

（2）启动按钮只启动 M1 电动机的正转，电动机 M2 的正、反转和 M1 的反转都是按运动部件的运行位置自动启停的，因此设置了 4 个行程开关分别作为运动部件的位置检测元件。

（3）启动之前，各运动部件需处于原位，即行程开关 SQ1、SQ3 都处于被压下的状态，因此，启动的条件除启动按钮外，还有行程开关 SQ1、SQ3 的状态需为动作状态。

依照上述控制要求设计的控制电路如图 3-16 所示。图中，SB1 为停止按钮；SB2 为启动按钮；行程开关 SQ1～SQ4 的布置如图 3-15 所示；KM1、KM2 分别为控制电动机 M1 正、反转的接触器；KM3、KM4 分别为控制电动机 M2 正、反转的接触器。

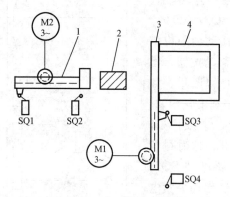

图 3-15 加热炉自动上料机构示意图
1—推料杆；2—工件；3—炉门；4—加热炉

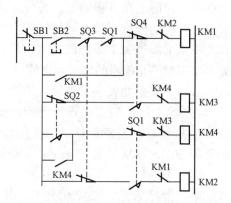

图 3-16 加热炉自动
上料机构电气控制电路图

控制电路的工作过程可用动作序列图描述如下：

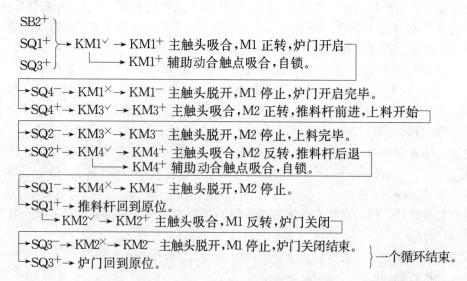

在上述控制电路中，行程开关 SQ1 的动合触点闭合，使 KM2 线圈得电，启动炉门关闭。在炉门关闭过程中，推料杆将始终处于原位不动，SQ1 始终处于压下位置，因此 KM2 线圈控制支路不需要设置自锁环节。同样原因，KM3 线圈控制支路也不需要设置自锁环节。

【例 3 - 5】　磨床是以砂轮的周边或端面对工件进行磨削加工的精密机床，利用磨削加工可以获得较好的加工精确度和粗糙度，而且其所需的加工裕量比其他加工方法小得多，因此磨床广泛地应用于零件的精加工中。现以平面磨床 M7120 为例，介绍其电气控制系统。

M7120 是卧轴矩形工作台平面磨床，其结构示意图如图 3 - 17 所示。平面磨床的主要运动是砂轮 4 的旋转运动，通过砂轮的周边对工件进行磨削加工；工作台 6 在床身 7 的水平导轨上做往复直线运动，通过工作台上的撞块碰撞床身上的液压换向开关来实现自动换向，为了运动时换向

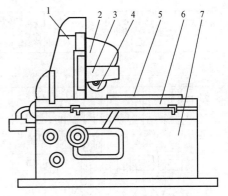

图 3 - 17　平面磨床 M7120 结构示意图
1—立柱；2—滑座；3—砂轮箱；4—砂轮；
5—电磁吸盘；6—工作台；7—床身

平稳及运动速度容易调整，可采用液压传动；砂轮箱 3 可在立柱 1 的导轨上做垂直运动，以实现砂轮的垂直进给；立柱可在床身的横向导轨上做直线运动，以实现横向进给。下面首先说明平面磨床的控制要求，然后分析其电气控制电路。

根据平面磨床的运动特点及工艺要求，其对电力拖动控制系统有如下要求：

（1）砂轮的旋转运动一般不要求换向和调速，因此其拖动电机可选择单方向运行的三相异步电动机；另外液压泵电动机和冷却泵电动机均采用单方向运行。

（2）砂轮升降控制电动机要求有正、反转控制。

（3）冷却泵电动机要求在砂轮电动机启动之后才能运行。

（4）要求设置的保护有短路保护、电动机过载保护、零电压保护和电磁吸盘欠电压保护。

（5）电磁吸盘应有去磁控制。

（6）应有必要的指示信号及照明灯。

试用电气控制电路一般设计法设计磨床电器控制电路。

解　电气控制系统分析。图 3 - 18 所示是平面磨床的电气控制系统原理图。图中用到的电器元件见表 3 - 1。下面分析其电气控制电路。

（1）主电路。主电路有四台电动机，QS1 为电源总开关，熔断器 FU1 作为整个电器控制电路的短路保护。热继电器 FR1、FR2、FR3 分别作 M1、M2、M3 的过载保护。冷却泵电动机 M3 是通过插头插座 XS1 与电源接通的。液压泵电动机 M1 的启动由接触器 KM1 控制，砂轮旋转电动机 M2 的启动由接触器 KM2 控制，砂轮升降电动机 M4 的正转（砂轮上升）由接触器 KM3 控制，反转（砂轮下降）由接触器 KM4 控制。

（2）控制电路：

液压泵电动机控制：

启动：按下 SB2$^+$→KM1$^\checkmark$→KM1$^+$→主触头吸合，M1 电动机启动（正常工作时 KV 吸合）。
　　　　　　　　　　└→KM1$^+$ 辅助动合触点吸合，自锁。

停止：按下 SB1$^-$→KM1$^\times$→KM1$^-$ 主触头释放脱开，M1 停止。

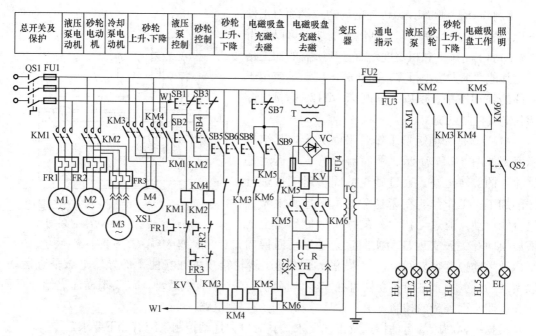

图 3-18　M7120 型平面磨床电器控制系统原理图

表 3-1 M7120 平面磨床电器元件表

符　号	名称及用途	符　号	名称及用途
M1	液压泵电动机 1.1kW	SB1	液压泵停止按钮
M2	砂轮旋转电动机 3kW	SB2	液压泵启动按钮
M3	冷却泵电动机 0.12kW	SB3	砂轮旋转停止按钮
M4	砂轮升降电动机 0.75kW	SB4	砂轮旋转启动按钮
QS1	电源开关	SB5	砂轮上升点动按钮
QS2	照明灯开关	SB6	砂轮下降点动按钮
KM1	液压泵电动机控制接触器	SB7	电磁吸盘充磁结束
KM2	砂轮旋转电动机控制接触器	SB8	电磁吸盘充磁启动
KM3	砂轮上升、下降用控制接触器	SB9	电磁吸盘退磁点动
KM4	砂轮上升、下降控制接触器	XS1	冷却泵电动机插头插座
KM5	电磁吸盘充磁控制接触器	XS2	电磁吸盘插头插座
KM6	电磁吸盘退磁控制接触器	R、C	保护用电阻器、电容器
FR1～FR3	热继电器	HL1	电源指示灯
FU1～FU4	熔断器	HL2	M1 工作指示灯
VC	整流器	HL3	M2 工作指示灯
YH	电磁吸盘	HL4	M3 工作指示灯
KV	欠电压继电器	HL5	M4 工作指示灯
T	整流变压器	EL	照明灯
TC	照明变压器		

砂轮旋转电动机控制：

启动：SB4$^+$→KM2$^\checkmark$→KM2$^+$ 主触头吸合，M2 电机启动→插头 XS1 插上，M3 启动。

└→KM2$^+$ 辅助动合触点吸合，自锁。

停止：SB3$^-$→KM2$^\times$→KM2$^-$ 主触头释放脱开，M2 停止，M3 也停止。

砂轮升降电动机控制：

上升启动：按下 SB5$^+$→KM3$^\checkmark$→KM3$^+$ 主触头吸合，M4 正转启动。

上升停止：松开 SB5$^-$→KM3$^\times$→KM3$^-$ 主触头释放脱开，M4 正转停止。

下降启动：按下 SB6$^+$→KM4$^\checkmark$→KM4$^+$ 主触头吸合，M4 反转启动。

下降停止：松开 SB6$^-$→KM4$^\times$→KM4$^-$ 主触头释放脱开，M4 反转停止。

砂轮升降为点动控制。

电磁吸盘控制。电磁吸盘是一种固定加工工件的工具，利用电磁吸盘线圈通电时产生的磁场来吸牢铁磁材料的工件的。电磁吸盘线圈采用直流供电，其整流装置由变压器 T 和桥式整流电路 VC 组成，熔断器 FU4 作为电磁吸盘线圈电路的短路保护，接触器 KM5 主触点吸合，为充磁，接触器 KM6 主触点吸合，电磁吸盘通以反方向电流，为退磁。为防止退磁时反向磁化，KM6 采用点动控制。具体工作过程如下：

充磁启动：按下 SB8$^+$→KM5$^\checkmark$→KM5$^+$ 主触头吸合，电磁吸盘充磁。

└→KM5$^+$ 辅助动合触点吸合，自锁。

充磁停止：按下 SB7$^-$→KM5$^\times$→KM5$^-$ 主触头释放脱开，充磁停止。

退磁操作：按下 SB9$^+$→KM6$^\checkmark$→KM6$^+$ 主触头吸合，电磁吸盘退磁。

松开 SB9$^-$→KM6$^\times$→KM6$^-$ 主触头释放脱开，退磁结束。

（3）保护环节：

M1 的过载保护。FR1 动断触点串接于 KM1 的线圈支路，当 M1 发生过载时，FR1 动作，切断 KM1 线圈支路，KM1 主触头脱开，M1 电源被切断，从而实现对 M1 的过载保护。

M2、M3 的过载保护。FR2 和 FR3 的动断触点一起串接于 KM2 的线圈支路，M2、M3 中任一台电动机过载，即 FR2 和 FR3 只要有一个动作，就会切断 KM2 的线圈支路，KM2 主触点脱开，M2 和 M3 的电源均被切断，从而实现对 M2、M3 的过载保护。

电磁吸盘欠电压保护。如果电源电压过低时，吸盘吸力不足，对工件的吸力减小，这样在加工过程中会发生工件飞离吸盘的事故，因此需设置欠电压保护。欠电压继电器 KV 线圈并接于吸盘线圈电路中，当电压正常时，KV 处于动作状态，其串接于 KM1、KM2 线圈控制支路的动合触点吸合，M1、M2 均可正常启停；当发生电压过低情况，并低到 KV 的动作电压值时，KV 动合触点脱开，这样就切断了 KM1、KM2 线圈的控制支路，使得液压泵电动机和砂轮旋转电动机同时停止，即工作台停止运动，砂轮停止旋转，从而起到欠电压保护的作用。

第二节 电气控制电路的逻辑设计方法

对于前述的电气控制电路，通常以继电器和接触器线圈的得电或失电来判定其工作状

电气控制与 PLC 应用（第四版）

态，而与线圈相串联和并联的动合触点、动断触点所处的状态及供电电源决定了线圈的得电或失电。若认为供电电源不变，则只由触点的接通或断开来决定线圈的状态。电器元件的触点只存在接通或断开两种状态，对于接触器、继电器、电磁铁、电磁阀等元件，其线圈的状态也只存在得电和失电两种状态，因此可以使用逻辑代数这个数学工具来描述这种仅有两种稳定物理状态的过程。

逻辑设计法就是利用逻辑代数这一数学工具来实现电气控制电路的设计的。它根据生产工艺要求，将执行元件需要的工作信号以及主令电器的接通与断开状态看成逻辑变量，将它们之间根据控制要求形成的连接关系用逻辑函数关系式来描述，然后再运用逻辑函数基本公式和运算规律进行简化，使之成为所需要的最简"与""或"关系式，再根据最简式画出与其相对应的电气控制电路图，最后再做进一步的检查和完善，即能获得需要的控制电路。

一、逻辑设计方法概述

（一）逻辑代数与电气控制电路的对应关系

采用逻辑代数描述电气控制电路，首先要建立它们之间的联系，即将电路的各个控制要求转化为逻辑代数命题，再经过逻辑运算构成表示电路控制行为的复合命题，以阿拉伯数字"0""1"表示该命题的"真""假"。例如：将"触点吸合"这一命题记为"A"，则 A 取值为"1"时，就表示该命题为"真"，即触点确实吸合；当 A 取值为"0"时，就表示该命题为"假"，即触点脱开。这种仅含一种内容的命题称为"基本命题"，由两个或两个以上的基本命题按某种逻辑关系组成的新命题称为"复合命题"，其组成的方式就称为"逻辑运算"。

为保证电气控制电路逻辑关系的一致性，特作如下规定：

（1）接触器、继电器、电磁铁、电磁阀等元件，其线圈得电状态规定为"1"状态，失电状态规定为"0"状态；

（2）接触器、继电器的触点闭合状态规定为"1"状态，触点脱开状态规定为"0"状态；

（3）控制按钮、开关触点的闭合状态规定为"1"状态，触点脱开状态规定为"0"状态；

（4）接触器、继电器的触点和线圈在原理图上采用同一字符标识；

（5）动合触点的状态用字符的原变量的形式表示，如继电器 K 的动合触点也标识为 K；

（6）动断触点的状态用字符的非变量的形式表示，如继电器 K 的动断触点标识为 $\overline{K}$。

1. 三种基本逻辑运算所描述的电器控制过程

（1）"与"运算（触点串联）。图 3-19 所示的串联电路就实现了逻辑与的运算，即触点 A 和 B 中只要有一个处于脱开状态，继电器线圈 K 都不能得电，只有当 A 和 B 同时都处于闭合状态时，K 才可以得电。如果将此串联电路用逻辑命题来描述的话，可以用以下三个命题来描述这个电路的控制过程：

命题一：触点 A 闭合；

命题二：触点 B 闭合；

命题三：继电器线圈 K 得电。

此处，命题三是由命题一和命题二构成的复合命题，即当命题一和命题二都为真时，命题三为真。此命题运算可表示为

$$K = A \cdot B \ \text{或} \ K = AB \tag{3-1}$$

根据逻辑代数运算规则，当 A、B 的逻辑值均为 "1" 时，K 的值才为 "1"，此逻辑关系正好与逻辑与一致，见表 3-2 逻辑与的真值表，可见触点串联可用逻辑与运算来描述。

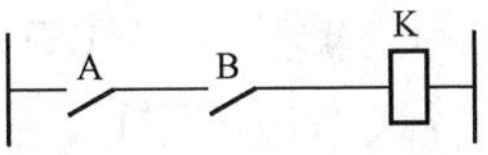

表 3-2　逻 辑 与 真 值 表

A	B	$K = A \cdot B$
0	0	0
0	1	0
1	0	0
1	1	1

图 3-19　逻辑与电路

（2）"或" 运算（触点并联）。图 3-20 所示的并联电路就实现了逻辑或的运算，即触点 A 和 B 中只要有一个处于闭合状态，或 A、B 都处于闭合状态时，继电器线圈 K 都可以得电；只有当 A 和 B 同时都处于脱开状态时，K 才失电。如果将此并联电路用逻辑命题来描述的话，可以用以下三个命题来描述这个电路的控制过程。

命题一：触点 A 闭合；

命题二：触点 B 闭合；

命题三：继电器线圈 K 得电。

同样，命题三是由命题一和命题二构成的复合命题，即当命题一和命题二任意一个命题为真，或都为真时，命题三为真。此命题运算可表示为

$$K = A + B \tag{3-2}$$

根据逻辑代数运算规则，当 A、B 的逻辑值均为 "0" 时，K 的值才为 "0"，此逻辑关系正好与逻辑或一致，见表 3-3 逻辑或的真值表，可见触点并联可用逻辑或运算来描述。

表 3-3　逻 辑 或 真 值 表

A	B	$K = A + B$
0	0	0
0	1	1
1	0	1
1	1	1

图 3-20　逻辑或电路

（3）"非" 运算。图 3-21 描述了触点 $\overline{A}$ 和线圈 K 之间的控制关系，其中触点 $\overline{A}$ 未动作时，线圈 K 得电；触点 $\overline{A}$ 动作时，线圈 K 失电。如此用逻辑命题来描述的话，可以用以下两个命题来描述这个电路的控制过程。

命题一：触点 $\overline{A}$ 闭合，即触点 A 脱开；

命题二：继电器线圈 K 得电。

此命题运算可表示为

$$K = \overline{A} \tag{3-3}$$

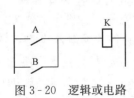

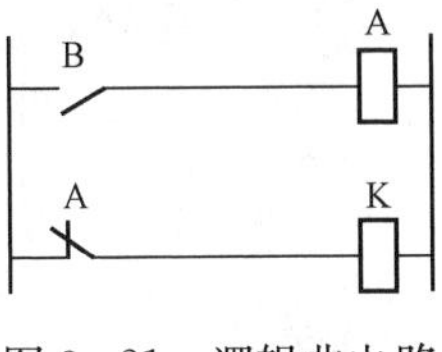

图 3-21　逻辑非电路

电气控制与 PLC 应用（第四版）

当开关 B 闭合时，A＝1，其动断触点的状态 $\overline{A}$ 为"0"，则 K＝0，继电器线圈失电；当开关 B 脱开，A＝0，动断触点的状态 $\overline{A}$ 为"1"，则 K＝1，线圈得电。此逻辑关系正好与逻辑非一致，见表 3-4 逻辑非的真值表，可见这种控制元件和被控对象之间"互反"的控制关系可用逻辑非运算来描述。

2. 逻辑代数公理、定理与电气控制电路的关系

逻辑代数公理、定理与电气控制电路之间有一一对应的关系，即逻辑代数公理、定理在控制电路的描述中仍然适用，下面举例说明。

【例 3-6】 设计与 A＋1＝1 对应的控制电路。

解 此为逻辑代数中常用的"0-1"定律。若将上式中的逻辑量 A 当作有"0""1"两种状态取值的触点；式中的常量"1"看作是短接的导线；等式右边的"1"看作某受控元件线圈的一种状态，这样可以得到与上式对应的控制电路，如图 3-22 所示。由此电路可看出，由于短接线的存在，无论触点 A 是否吸合，继电器线圈 K 的状态始终为得电状态，即K＝1。可见这一定律在控制电路的分析和设计中仍然适用。

【例 3-7】 设计与 A · $\overline{A}$＝0 对应的控制电路。

解 上式为逻辑代数中常用的"互补"定律。同样根据上式可以得到与其对应的控制电路，如图 3-23 所示。由此电路可以看出，同一触点的动合和动断触点串联，则无论触点A 是什么状态，都无法使继电器线圈 K 得电，K 始终都处于失电状态，即 K＝0。可见这一互补定律在控制电路的分析和设计中仍然适用。

表 3-4　　逻辑非真值表

A	K＝$\overline{A}$
1	0
0	1

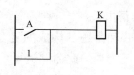

图 3-22　与 A＋1＝1 对应的控制电路图

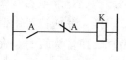

图 3-23　与 A · $\overline{A}$＝0 对应的控制电路图

【例 3-8】 设计与 A＋AB＝A 对应的控制电路。

解 上式为逻辑代数中常用的"吸收"定律。设 A 为元件 A 的动合触点，B 为元件 B 的动合触点，设 K＝A＋AB，则可以得到与其对应的控制电路，如图 3-24（a）所示。A的动合触点与 B 的动合触点串联后再与 A 的动合触点并联，作为继电器线圈 K 得电与否的控制条件。由此图可看出，无论 B 的状态如何，K 的得电还是失电完全取决于 A 的状态，即 A 吸合，K 得电；A 脱开，K 失电。也就是说 K 的状态与 A 的状态一致，即可以表示成K＝A，由此可得图 3-24（b）所示的电路。它是与上式右侧电路相对应的电路，可见两式是相等的。此"吸收"定律在控制电路的分析和设计中仍然适用。

图 3-24　与 A＋AB＝A 对应的控制电路图

【例 3 - 9】 设计与 $\overline{A \cdot B} = \overline{A} + \overline{B}$ 对应的控制电路。

解 上式为逻辑代数中常用的摩根定律。

由等式左侧可得到图 3 - 25（a）所示的电路。图中，动合触点 A、B 串联后控制继电器 K1 的线圈，然后再由 K1 的动断触点来控制继电器 K，从而实现 A 与 B 对继电器 K 的反向控制。由图 3 - 25（a）分析得知，要使 K 得电，则需要 K1 不动作，即 K1 不得电，也就是说，动合触点 A 和 B 至少有一个不动作，即处于脱开状态时，就可以使得 K1 失电，即使得 K 得电；而当 A、B 同时都动作，即处于吸合状态时候，K1 得电，K 才会失电。

由等式右侧可得到图 3 - 25（b）所示的电路。图中，动断触点 A、B 并联后控制继电器 K 的线圈。由图 3 - 25（b）分析得知，要使 K 得电，要求 A、B 中至少有一个不动作，即 $\overline{A}$、$\overline{B}$ 至少有一个是保持吸合不动的；而当 A、B 两触点同时都动作时，即 $\overline{A}$、$\overline{B}$ 都处于脱开状态时，K 才失电。可见图 3 - 25（a）、（b）的受控元件 K 和控制元件 A、B 之间的控制关系完全一致，因此两式是相等的。可见摩根定律在控制电路的分析和设计中仍然适用。

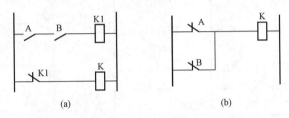

图 3 - 25 与 $\overline{A \cdot B} = \overline{A} + \overline{B}$ 对应的控制电路图

通过上面的讨论，可以得知，电气电路的控制要求可以转换为逻辑命题运算，逻辑关系表达式与电气控制电路之间存在一一对应的关系。也就是说，只要建立了电气控制电路的数学模型，即逻辑表达式组，就可以按照一定的工程规范绘制出电气控制电路图。

3. 电气控制电路与逻辑关系表达式的对应关系

已知某电气控制电路的逻辑函数关系式，就可以根据基本逻辑关系与电气控制电路的控制环节的对应关系，得出与其相对应的电气控制电路。

【例 3 - 10】 已知某电气控制电路的逻辑函数关系式如下：

$$KM1 = SB1 \cdot KA1 + (\overline{SB2} + \overline{KA2})KM1$$
$$KM2 = (\overline{SB4} + \overline{KA2})(SB3 \cdot KA1 + KM2)$$

画出与此逻辑关系表达式相对应的电气控制电路图。

解 按照"与""或""非"三种基本逻辑运算所描述的电气控制过程，可知"与"对应的触点串联，"或"对应的触点并联，非变量对应动断触点，这样可得与上两式对应的电气控制电路如图 3 - 26 所示。

依据相同的原理，若已知某控制系统的电气控制电路，也可以得出与其对应的逻辑关系式。

【例 3 - 11】 某控制系统的电气控制电路如图 3 - 27 所示，写出与其相对应的逻辑关系表达式。

解 电气控制电路图中，每一个线圈的控制支路对应一个逻辑表达式，每个继电器、接触器的线圈对应逻辑表达式的输出，每个线圈的控制支路的连接关系对应逻辑关系表达

式。此控制电路对应的逻辑关系表达式为

$$
\begin{cases}
KA1 = SB1 + SB2 \\
KM1 = KA1 \cdot \overline{KA2} \\
KM2 = KA1 \cdot KA2 \cdot \overline{SB1} \\
KM3 = KA1 \cdot KA2 \cdot \overline{SB2} \\
KM4 = (KA2 + \overline{KA3} \cdot KM4)\overline{KA1}
\end{cases}
$$

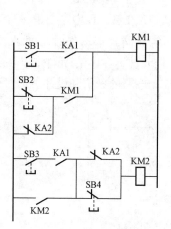

图 3-26　〔例 3-10〕的电气控制电路图

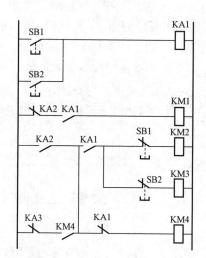

图 3-27　〔例 3-11〕的电气控制电路图

由此可见，逻辑关系表达式和电气控制电路存在着对应关系，而逻辑代数中的定理在此也都适用，用逻辑设计法得到逻辑关系表达式后，可先利用逻辑代数的定理进行化简，然后再画出与之相对应的电气控制电路，这样得到的控制电路也将是最简的。

（二）电气控制电路逻辑设计的步骤

本节所介绍的逻辑设计方法，属于图解设计法，其核心是将电气控制系统的控制要求、控制元件和受控元件的工作状态用示意图的形式描述出来。由于这种示意图主要用于描述控制元件与受控元件之间的逻辑关系，故通常称其为"逻辑关系图"。图解逻辑设计法的基本步骤如下：

（1）首先将电气控制系统的工作过程和控制要求用文字的形式叙述出来，或是以图形的方式示意清楚；

（2）根据电气控制系统的工作过程及控制要求绘制逻辑关系图；

（3）布置运算元件工作区间；

（4）写出各运算元件和执行元件的逻辑表达式；

（5）根据各运算元件和执行元件的逻辑表达式绘制电气控制电路图；

（6）检查并进一步完善设计电路。

（三）电气控制系统的工作过程及控制要求的描述

对于电气控制系统的工作过程及控制要求的描述，一种方法是采用文字性描述，如下例。

【例 3 - 12】　某两位四通电磁阀控制液压缸活塞进退的控制要求如下：

(1) 按下启动按钮后，电磁阀 YA 得电，液压缸活塞杆前进；

(2) 活塞杆碰到行程开关 SQ 时，电磁阀的电磁铁失电，活塞杆后退至原位处，停下。

解　上述文字，将此控制系统的工作过程以及控制要求均描述清楚了，可以据此进行逻辑设计。除了这种文字性描述，还可以用示意图的形式来描述，如图 3 - 28 所示。图中系统由 SB 按钮启动，一共分两个工作步骤，工步号已经标于图上。

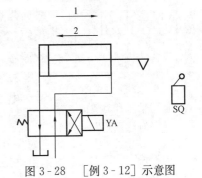

图 3 - 28　[例 3 - 12] 示意图

上述两种描述方法相比较，示意图形式相对更直观、简洁，对于工作过程及控制要求较为复杂的系统的描述，往往将两种方法结合起来，既有示意图，又有必要的文字说明。另外，文字描述可采用前面介绍的状态图的形式来描述，这样看起来更清晰、简洁，如本例可作如下描述：

按下启动按钮 SB→YA 得电→活塞杆前进→SQ‾→YA 失电→活塞杆后退至原位停下。

对电气控制系统的控制要求及工作过程的描述方法有多种，究竟选择何种方式，将以描述清晰、简洁为准。

（四）逻辑关系图的画法

逻辑关系图的绘制作为逻辑设计的第二步，也是逻辑设计中重要的一步，逻辑关系图绘制的是否准确将影响到控制电路设计的是否正确。下面介绍逻辑关系图的组成因素及绘制方法。

1. 检测信号

在逻辑关系图中，检测信号分为有效信号和非控信号。

(1) 有效信号，是指能够引起元件状态改变或能够使工步发生切换的检测信号，在逻辑关系图中用竖实线表示。

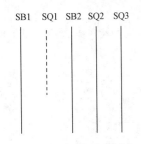

图 3 - 29　逻辑关系图中的有效信号和非控信号画法示意图

(2) 非控信号，是指不能引起元件状态改变，也不能使工步发生切换的检测信号，在逻辑关系图中用竖虚线表示。

逻辑关系图中的有效信号和非控信号都是检测元件或是运算元件的触点发出的信号，因此在每一条表示有效信号和非控信号的竖线上端要标明代表该元件触点的文字符号。

如图 3 - 29 所示，图中用竖实线表示的 SB1、SB2、SQ2 和 SQ3 信号均为有效信号。这些信号或是作为某个工作步的开始/结束信号，或是作为某个执行元件的启动/结束信号。其中，用竖虚线表示的信号 SQ1 为非控信号，即 SQ1 的出现并未引起工步的切换，也未能引起某个执行元件状态的改变。相邻的两条有效信号之间的间隔区域就称为工步。

2. 检测信号的特性

检测信号，按其保持的时间长短，分为瞬时信号和持续信号两种。

(1) 瞬时信号：有效信号的持续时间少于一个工步时，将其称为瞬时有效信号。在逻

电气控制与 PLC 应用（第四版）

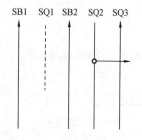

图 3-30　逻辑关系图中的瞬时信号和有效信号画法示意图

辑关系图中，对于瞬时有效信号，用带箭头的竖实线表示。

（2）持续信号：有效信号的持续时间不少于一个工步，这样的信号称为持续信号。在逻辑关系图中，以表示持续信号的竖实线为起点，用垂直于该竖实线的带箭头的横实线来表示其持续的长短。图 3-30 所示关系图中，信号 SB1、SB2、SQ3 均为瞬时有效信号，SQ2 为持续信号，其持续时间为一个工步。

3. 执行元件的工作区间

电气控制系统中的所有执行元件，都会有一定的工作区间。在逻辑关系图上，用垂直于有效信号的粗的横实线来标注执行元件的工作区间。

当检测信号确定之后，再确定其特性，然后布置执行元件的工作区间，这样就绘制成了逻辑关系图。

图 3-31 所示为 [例 3-12] 的逻辑关系图。由系统的工作过程描述已知，SB 发出启动信号，系统进入第一工步，行程开关 SQ 信号到来，使得第一工步结束，第二工步开始。这样此系统中能够引起工步切换的有效信号只有两个，其中 SB 信号为可复位按钮信号，其操作一般为瞬时的，因此 SB 信号为瞬时信号；SQ 信号是由行程开关发出的，当活塞杆碰到行程开关后，即进入第二工步，即活塞杆后退，行程开关随即又脱开了，因此 SQ 信号也是瞬时信号。此例中只有一个运算元件或是说执行元件——电磁阀 YA，在 SB 信号到来时，它开始得电；SQ 信号到来时，它失电。YA 得电的持续时间为一个工步。第一工步期间，YA 得电，活塞杆前进；第二工步期间，YA 失电，活塞杆后退。

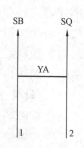

图 3-31　[例 3-12] 逻辑关系图

【例 3-13】 图 3-32 所示为是液压控制系统工作原理及控制要求示意图。图中 YV1、YV2 均为两位四通电磁阀，YA1、YA2 分别为电磁阀的电磁铁，液压缸 A、B 在电磁阀控制下完成四个工步的半自动循环，系统的工步序号如图 3-32 所示，启动按钮为 SB。画出此控制系统的逻辑关系图。

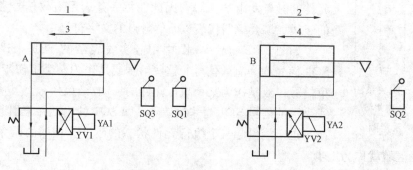

图 3-32　[例 3-13] 示意图

解　为便于逻辑关系图的设计，首先将 [例 3-13] 所示工作原理及控制要求示意图转换为动作状态图：

110

按下 SB→YA1 得电，活塞杆 A 前进→压下 SQ3→压下 SQ1→YA2 得电，活塞杆 B 前进→压下 SQ2→YA1 失电，活塞杆 A 后退→压下 SQ3→YA2 失电，活塞杆 A、B 后退至原位，停止。

由上述动作状态图，可以看出：按下启动按钮 SB，进入第一工步，第一工步（A 的活塞杆前进）到第二工步（B 的活塞杆前进）的切换信号是 SQ1，第二工步到第三工步（A 的活塞杆后退）的切换信号是 SQ2，第三工步到第四工步（B 的活塞杆后退）的切换信号是 SQ3，这样在逻辑关系图中一共有四个有效信号，即四条竖实线。另外，在第一工步，即 A 的活塞杆前进过程中，先压下行程开关 SQ3，但此时，系统的运行不做任何变动，直到其压下 SQ1，才由第一工步切换为第二工步，因此，这里的 SQ3 信号为非控信号，用虚线表示。

下面再来分析有效信号的特性：SB 是带有自动复位功能的按钮开关的常开触点，在操作完毕后，就会自动复位，因此 SB 是瞬时信号；A 的活塞杆压下 SQ1 后，启动 B 的活塞杆前进，进入第二工步，在第二工步期间，YA1 仍然始终保持得电，而 SQ1 处于 A 的活塞杆的终端位置，因此活塞杆将停留在 SQ1 位置处，即 SQ1 在第二工步期间，始终处于压下状态，直到第三工步开始，A 的活塞杆后退，SQ1 才被释放，故 SQ1 为持续信号，持续一个工步；SQ2 的情况与 SQ1 一样，在 A 的活塞杆后退过程中，始终处于被压下位置，一直到 SQ3 被压下，B 的活塞杆后退，SQ2 才被释放，因此 SQ2 也是持续信号，持续一个工步；在第三工步，A 的活塞杆后退过程中，压下 SQ3，启动第四工步开始，同时 A 的活塞杆继续后退，SQ3 随即又被释放，因此 SQ3 为瞬时信号。

下面来布置运算元件的分布区间。本系统中有两个运算元件，即两个电磁阀的电磁铁 YA1、YA2。其中 YA1 从 SB 按下时开始得电，一直到 SQ2 信号到来，使得 YA1 失电，因此 YA1 得电区间为第一工步和第二工步；SQ1 信号到来，YA2 开始得电，SQ3 信号到来，YA2 失电，故 YA2 得电将持续两个工步，即第二工步和第三工步。

由上面的分析可画出本控制系统的逻辑关系图如图 3‑33 所示。

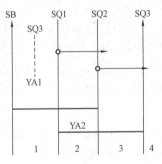

图 3‑33　［例 3‑13］的逻辑关系图

二、运算元件的逻辑表达式

运算元件的逻辑表达式描述的是运算元件与控制信号之间的逻辑关系，列写运算元件的逻辑表达式是逻辑设计过程中非常重要的环节。在控制电路的逻辑设计过程中，逻辑表达式是根据逻辑关系图来列写的，其中运算元件工作区间的布置不同，得到的逻辑关系式也不同。下面先从基本逻辑式入手，来介绍运算元件的逻辑表达式的列写方法。

（一）运算元件的基本逻辑式

如图 3‑34（a）所示的逻辑关系图中，SB1 信号到来，KM 开始得电，在第一工作区间内，KM 始终保持得电状态，直到 SB2 信号到来，KM 失电。要实现此控制，由前面介绍的直接设计法，可以得出其控制电路图如图 3‑34（b）所示。由于启动按钮 SB1 为自动复

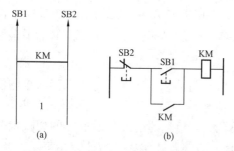

图 3 - 34　逻辑关系图与控制电路图
(a) 逻辑关系图；(b) 控制电路图

位按钮，要使 KM 能在启动后仍保持得电状态，需加自锁环节，即在 SB1 下面并接 KM 的动合触点。SB2 作为 KM 失电的控制按钮，在这里用其动断触点。由此控制电路图可得与之相对应的逻辑关系表达式如下

$$KM = (SB1 + km)\overline{SB2}$$

式中：KM 表示接触器线圈，km 表示接触器辅助动合触点，为和线圈区分开，用小写字母表示。

现在来分析 KM 的逻辑关系式与逻辑图之间的关系。由图 3 - 34（a）可以看出，KM 的工作区间（得电状态）位于有效信号 SB1、SB2 之间，其中 SB1、SB2 分别表示按钮开关的常开触点。即 SB1 出现时，KM 得电，SB2 出现，KM 失电，也就是说，在 SB1 出现之后，SB2 出现之前，KM 都要保持得电，这与 KM 逻辑表达式的控制关系一致。由上式得，KM 的逻辑式是由两个与项构成的，一项为 SB1·$\overline{SB2}$，即 SB1、$\overline{SB2}$ 均为"1"时，KM 为"1"。SB1 为"1"，即启动按钮 SB1 按下；$\overline{SB2}$ 为"1"，停止按钮 SB2 没有按下，也就是说 SB1 信号到来，$\overline{SB2}$ 信号没到来时，KM 得电，但 SB1 是带复位功能的按钮，因此在操作完毕后，随着手的抬起，就会复位，因此这一项只是启动 KM 得电的信号；第二项是 km·$\overline{SB2}$，即 km 和 $\overline{SB2}$ 均为"1"时，KM 为"1"。此项中也含有 $\overline{SB2}$，与上一项中一样，另一变量为 km，即接触器 KM 自身的动合辅助触点，在 KM 被启动之前，此一项为"0"，而一旦 KM 被启动之后，此项在 $\overline{SB2}$ 信号到来之前，将始终为"1"，可见这正是保证 KM 能维持得电的一项。经上述分析可知：只要 SB1 启动之后，KM 就会得电并保持，直到停止按钮 $\overline{SB2}$ 信号到来。

由此可看出，SB1 是使 KM 得电的启动信号，称其为 KM 的"起始信号"，用 Ss 表示；SB2 是使 KM 失电的启动信号，称其为 KM 的"终止信号"，用 Se 表示，由上述分析可知，KM 的逻辑式是由起始信号和终止信号的非项与构成的，由于这里的 Ss 是瞬时信号，故要将 Ss 与 KM 的自锁触点项或后，再与 Se 的非项与，可写成如下形式

$$KM = (Ss + km)\overline{Se} \tag{3 - 4}$$

式中：KM 为运算元件的线圈；km 为运算元件自锁动合触点；Ss 为发出起始信号元件的动合触点；$\overline{Se}$ 为发出终止信号元件的动断触点。

式（3 - 4）称为运算元件的基本逻辑式，与该基本逻辑式相对应的电气控制电路如图 3 - 35 所示。

根据上述继电器基本逻辑式设计出的电气控制电路属于"失电优先型"，也称为"关断优先型"。由图 3 - 35 可以看出，当起始信号 Ss 和终止信号 $\overline{Se}$ 同时动作时，电路都是被关断的。由其基本逻辑式可以看出，只有当两个"与"项同时为"1"时，KM 的值才能为"1"；而当 Ss 和 Se 同时出现时，Ss 和 Se 都为"1"时，即 $\overline{Se}$ 为"0"，故 KM 的值也为"0"。也就是说上述逻辑式中，终止信号的作用要优先于起始信号，与其相对应的电路就称为"失电优先型"。

如果将上述电路调整成图 3 - 36 所示电路，可以看出当起始信号 Ss 和终止信号 $\overline{Se}$ 同时动作时，电路总是接通的。与其对应的运算元件的基本逻辑式为

$$KM = Ss + km \cdot \overline{Se} \qquad (3-5)$$

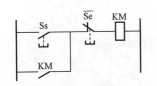

图 3-35　与基本逻辑式对应的电气控制电路

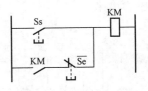

图 3-36　得电优先型电气控制电路

由式（3-5）可以看出：两个"或"项只要有一项为"1"，KM 的值就能为"1"；而当 Ss 和 Se 同时出现时，Ss 和 Se 都为"1"时，由 Ss 就可以保证 KM 的值为"1"了，也就是说，只要起始信号有效，电路就处于接通状态，起始信号的作用要优先于终止信号，与其相对应的电路就称为"得电优先型"。现在主要讨论"失电优先型"电气控制电路的逻辑设计。

上述基本逻辑式对应的逻辑关系图中，只有两个有效信号，且都是瞬时信号，分别都只出现一次。若信号 Ss、Se 还出现于图中的其他位置处，如果仍按照基本逻辑式来设计控制电路图，就无法正确描述其逻辑关系，使电路图变得不合理。如果终止信号在运算元件的工作区间之内还以非控信号的形式出现过，就会终止运算元件的得电状态；同样，如果起始信号在运算元件的工作区间以及终止信号的持续区间之外以非控信号的形式再出现，就会又重新启动运算元件，使得运算元件在工作区间之外又一次得电，会造成运行事故。也就是说，只有当逻辑关系图满足一定的条件时，才可以用上述"失电优先型"基本逻辑式来描述。条件如下：

（1）起始信号的同名信号只能出现在运算元件的工作区间之内，以及终止信号持续区间内；

（2）终止信号的同名信号只能出现在运算元件的工作区间之外。

对于同时满足上述两个条件的逻辑关系图才可以用基本逻辑式来描述，否则不能。

运算元件基本逻辑式的适用情况如图 3-37 所示。图 3-37（a）中，起始信号 Ss 是瞬时信号，只出现于运算元件 YA 的工作区间开始的地方，满足条件 1；终止信号 Se 是持续信号，其持续区间在运算元件 YA 的工作区间之外，满足条件 2。由上述分析可知，图 3-37（a）可以用基本逻辑式描述。

图 3-37（b）中，起始信号 Ss 是持续信号，其持续区间在运算元件 YA 的工作区间之内，以及终止信号 Se 的持续区间之内，满足条件 1；终止信号 Se 是持续信号，其持续区间在运算元件 YA 的工作区间之外，满足条件 2。由上述分析可知，图 3-37（b）也可以用基本逻辑式描述。

图 3-37（c）中，起始信号 Ss 是持续信号，其持续区间一部分在运算元件 YA 的工作区间之内，还有一部分在运算元件 YA 的工作区间之外，因此不满足条件 1。这样，图 3-37（c）就不能用基本逻辑式描述。

图 3-37（d）中，起始信号 Ss 是瞬时信号，除了出现在运算元件 YA 的工作区间开始的地方，它还作为非控信号在运算元件的工作区间之内出现过一次，还有一次在运算元件的工作区间之外，但在终止信号的持续区间之内，因此，满足条件 1；终止信号 Se 是持续信号，

其持续区间在运算元件 YA 的工作区间之外，满足条件 2。由上述分析可知，图 3 - 37（b）可以用基本逻辑式描述。

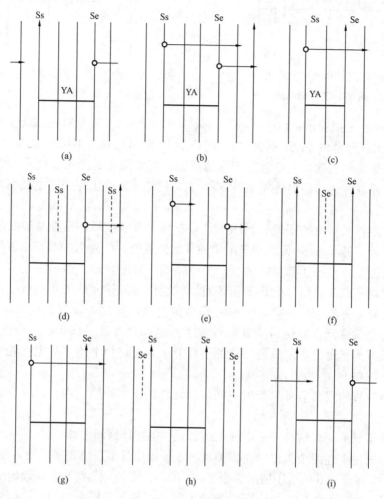

图 3 - 37　运算元件基本逻辑式的适用情况

同上述分析，图 3 - 37（e）满足条件，可以用基本逻辑式描述。图 3 - 37（f）中的终止信号 Se 在运算元件的工作区间之内出现了一次，这样就不符合条件 2，因此图 3 - 37（f）不能用基本逻辑式描述。图 3 - 37（g）中的起始信号 Ss 是持续信号，其持续区间一部分在运算元件 YA 的工作区间之内，还有一部分在运算元件 YA 的工作区间之外，因此不满足条件 1。这样，图 3 - 37（g）就不能用基本逻辑式描述。图 3 - 37（h）中的起始信号 Ss 和终止信号 Se 满足条件 1、2，图（h）可以用基本逻辑式描述。图 3 - 37（i）的终止信号 Se 是持续信号，一直持续到运算元件的工作区间之内，不满足条件 2，因此图 3 - 37（i）就不能用基本逻辑式描述。

【例 3 - 14】　将前面［例 3 - 13］的逻辑关系图重新画出如图 3 - 38 所示，由于运算元件电磁阀 YA 为无触点执行元件，要维持其持续得电，需借助一个带触点的控制元件，因此这里选用中间继电器 KA1、KA2 对电磁阀 YA1、YA2 进行控制。两个运算元件 KA1、

114

KA2 的工作区间以细的横实线表示，且以继电器文字符号标注。

解　分析此逻辑图，运算元件（继电器）KA1 的起始信号是 SB，终止信号是 SQ2，均满足两个条件，因此可以用基本逻辑式来描述；KA2 的起始信号是 SQ1，终止信号是 SQ3，也满足两个条件，因此也可以用基本逻辑式来描述。KA1、KA2 的逻辑式为

$$KA1 = (SB + ka1)\overline{SQ2}$$
$$KA2 = (SQ1 + ka2)\overline{SQ3}$$

执行元件 YA1、YA2 的工作区间与继电器 KA1、KA2 完全相同，因此 YA1、YA2 的逻辑式为

$$YA1 = KA1$$
$$YA2 = KA2$$

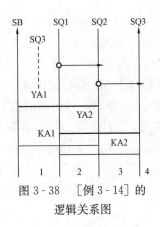

图 3-38　［例 3-14］的逻辑关系图

按照上述逻辑式，可以得出与之对应的电气控制电路图如图 3-39 所示。

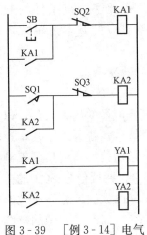

图 3-39　［例 3-14］电气控制电路图

（二）运算元件的一般逻辑式

上述基本逻辑式是有一定的适用条件的，对于不满足条件的，如果用基本逻辑式描述，就会造成控制混乱，不能实现预期的控制要求。造成不满足适用条件的原因往往是起始信号或终止信号的同名信号出现在限定区域之外，也就是说出现在不该出现的区间内，称这类信号为"额外信号"。额外信号可能是瞬时信号，也可能是有效信号的持续部分。对于带有额外信号的逻辑关系图，就需要采取相应的措施，才可以用基本逻辑式来描述。下面讨论带有额外信号的逻辑图如何用逻辑式来描述。

1. 用持续信号排除额外起始信号

由前述的失电优先型电路对应的基本逻辑式所需满足的条件可知：所谓额外起始信号就是指出现在继电器工作区间及终止信号的持续区间之外的起始信号，这种额外信号可以导致继电器在工作区间之外再次得电，造成控制混乱，因此需要将其排除掉。下面介绍排除方法。

如图 3-40 所示，图 3-40（a）中，有六个有效信号，一个非控信号。继电器 KA 的工作区间是第二工步到第三工步；KA 的起始信号 Ss 为瞬时信号，KA 的终止信号 Se 为持续信号，其持续区间为第四工步，但在第五工步中又出现了一个 KA 的起始信号 Ss 的同名信号，它位于 KA 的工作区间之外，且在 KA 的终止信号 Se 的持续区间之外，因此这一非控信号就是额外起始信号，如果对其不加以排除，就会使 KA 在不该得电的第五工步又一次得电，即要求

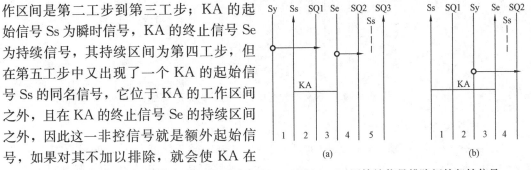

图 3-40　用持续信号排除额外起始信号

第一次出现的起始信号为有效的，可以启动 KA 得电；第二次出现的非控的起始信号是无效的，不能让它启动 KA 得电，也就是说，如果能够将两次出现的起始信号区分开，就可以达到排除额外起始信号的目的。在图 3-40（a）中有一持续信号 Sy，其持续区间只覆盖了有效的起始信号，而未覆盖额外起始信号，可以利用这一信号来排除额外信号，即只有在 Sy 有效的区间到来时起始信号 Ss 才是真正的有效信号，真正的起始信号可以表示为 SySs，这样就可以屏蔽掉额外的起始信号。在这里将 Sy 信号视为起始信号 Ss 的约束条件，以附加了约束条件的起始信号来替代原来单一的起始信号，前述的失电优先型电路对应的

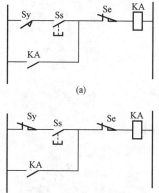

图 3-41　电气控制电路

基本逻辑式可以表示为

$$KA = (Sy \cdot Ss + ka)\overline{Se} \qquad (3-6)$$

根据式（3-6）得出的电气控制电路图如图 3-41（a）所示。

对于图 3-40（b）所示的逻辑关系图，也存在额外起始信号，同样也可以选取一个持续信号来作为约束条件，如图中的持续信号 Sy，其持续区间只覆盖了额外起始信号，即 Sy 无效时的起始信号才是有效信号，因此可以用 Sy 作为起始信号的约束条件，这样，附加了约束条件的起始信号就是 $\overline{Sy}Ss$，失电优先型电路对应的基本逻辑式可以表示如下

$$KA = (\overline{Sy} \cdot Ss + ka)\overline{Se} \qquad (3-7)$$

根据式（3-7）得出的电气控制电路图如图 3-41（b）所示。

上述排除额外起始信号的方法都是借助一个持续信号作为起始信号的约束条件，以排除额外信号，然后将附加了约束条件的起始信号作为真正的起始信号，就可以用基本逻辑式来描述了。能够用来作为约束条件的持续信号应该只覆盖有效起始信号，或只覆盖额外起始信号，也就是说需要满足一定的条件才可以。图 3-42（a）中，持续信号 SQ1 的持续区间既没覆盖有效起始信号，也未覆盖额外起始信号，这样，用 SQ1 无法区分开有效起始信号和额外起始信号，因此不能用来作为起始信号的约束条件；图 3-42（b）中的持续信号 SQ1 的持续区间既覆盖了有效起始信号，也覆盖了额外起始信号，因此用 SQ1 也无法区分开有效起始信号和额外起始信号，不能用来作为起始信号的约束条件。

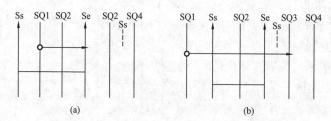

图 3-42　含有额外起始信号的逻辑关系图

2. 用持续信号排除额外终止信号

在继电器工作区间内出现的终止信号的同名信号称为额外终止信号，如果不加以排除，就会使继电器提前终止工作，在本该处于工作状态的区间内失电。与上述排除额外起始信号的方法类似，也可以通过选取适当的持续信号作为终止信号的约束条件，来排除额外终

止信号。

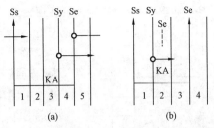

图 3 - 43（a）中，终止信号 Se 是持续信号，其持续区间从区间 5 到区间 1，而持续到区间 1 中的终止信号，就是额外的终止信号。继电器 KA 的工作区间是从 1 到 4，KA 的起始信号 Ss 是一个瞬时信号，这样当起始信号到来时，终止信号仍然有效，就无法启动 KA 得电了。在此图中，有一持续

图 3 - 43　用持续信号排除额外终止信号

信号 Sy，其持续区间只覆盖了有效的终止信号，而未覆盖额外的终止信号，可以选此信号作为约束信号，即 Sy 有效时的终止信号是有效终止信号，附加了约束条件的终止信号为

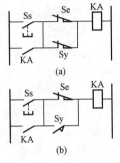

图 3 - 44　图 3 - 43 对应的电气控制电路图

SySe，这样就可以将额外终止信号排除。将它代入基本逻辑式，可得如下逻辑式

$$KA = (Ss + ka)\overline{\overline{Sy} \cdot Se} = (Ss + ka)(\overline{Sy} + \overline{Se}) \qquad (3 - 8)$$

根据式（3 - 8）得出的电气控制电路图如图 3 - 44（a）所示。

图 3 - 43（b）所示的逻辑关系图中，也存在额外终止信号。KA 的起始信号 Ss 和终止信号 Se 都是瞬时信号，KA 的工作区间是从 1 到 3，而在区间 2 出现了一个终止信号的同名信号，这一信号就是额外终止信号，如果不加以排除，就会使继电器 KA 在第二区间断电而停止工作。同样也可以选取一个持续信号来作为约束条件，排除额外终止信号。如图中的持续信号 Sy，其持续区间只覆盖了额外终止信号，即 Sy 无效时的终止信号才是有效信号，因此可以用 Sy 作为终止信号的约束条件，这样，附加了约束条件的终止信号就是 SySe，失电优先型电路对应的基本逻辑式可以表示为

$$KA = (Ss + ka)\overline{\overline{Sy} \cdot Se} = (Ss + ka)(Sy + \overline{Se}) \qquad (3 - 9)$$

根据式（3 - 9）得出的电气控制电路图如图 3 - 44（b）所示。

【例 3 - 15】　三个两位四通电磁阀，一共要执行六个工步，工步顺序如图 3 - 45 所示，其工作原理及控制要求示意图可以转换为如下动作状态图，试画出其电气控制电路图。

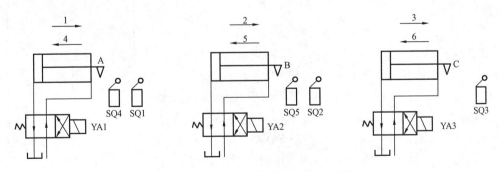

图 3 - 45　［例 3 - 15］控制要求示意图

按下 SB→YA1 得电，活塞杆 A 前进→压下 SQ4→压下 SQ1→YA2 得电，活塞杆 B 前进→压下 SQ5→压下 SQ2→YA3 得电，活塞杆 C 前进→压下 SQ3→YA1 失电，活塞杆 A

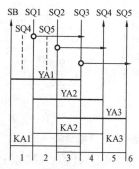

图 3-46 ［例 3-15］的逻辑关系图

后退→压下 SQ4→YA2 失电，活塞杆 B 后退→压下 SQ5→YA3 失电，活塞杆 C 后退→A、B、C 的活塞杆均退至原位，停止。

解 根据上述动作图，可得知各检测信号的特性，其中 SB 为启动按钮，故其为瞬时信号；行程开关 SQ1 被压下后，直到进入第四工步，A 的活塞杆后退时，才复位，故其为持续信号；同理 SQ2、SQ3 也是持续信号；在 A 的活塞杆后退过程中，压下 SQ4 后，启动 B 活塞杆后退的同时，A 的活塞杆会继续后退至原位，因此 SQ4 为瞬时信号，同理 SQ5 也是瞬时信号。另外还在第一、第二工步都存在非控信号 SQ4、SQ5，由此可画出其逻辑关系图，如图 3-46 所示。

下面根据逻辑关系图列写各元件的逻辑式。为便于控制，需引入中间继电器 KA1、KA2、KA3，其工作区间分别与 YA1、YA2、YA3 相同，各执行元件的逻辑式为

$$YA1 = KA1$$
$$YA2 = KA2$$
$$YA3 = KA3$$

继电器 KA1 的工作区间从 1 到 3，其起始信号为 SB，是瞬时信号，在其他区间再没有 SB 的同名信号出现，因此 SB 符合基本逻辑式的条件要求；其终止信号是 SQ3，为持续信号，其持续区间为 4、5，不在 KA1 的工作区间内，故也符合基本逻辑式的条件要求。另外，在其工作区间内，出现两个非控信号，它们不是额外的起始信号或额外的终止信号。因此 KA1 可由如下的基本逻辑式来描述

$$KA1 = (SB + ka1)\overline{SQ3}$$

继电器 KA2 的工作区间从 2 到 4，其起始信号为 SQ1，是持续信号，持续区间为 2、3，均在 KA2 的工作区间内，且在其他区域未再出现其同名信号，故起始信号 SQ1 满足基本逻辑式对起始信号的条件要求；其终止信号是 SQ4，为瞬时信号。另外在第一工步还有一非控信号 SQ4，但其位于 KA2 的工作区间之外，因此，终止信号 SQ4 也符合基本逻辑式的条件要求。KA2 可由如下的逻辑式来描述

$$KA2 = (SQ1 + ka2)\overline{SQ4}$$

继电器 KA3 的工作区间从 3 到 5，其起始信号为 SQ2，是持续信号，持续区间为 3、4，均在 KA3 的工作区间内，且在其他区域未再出现其同名信号，故起始信号 SQ2 满足基本逻辑式对起始信号的条件要求；其终止信号是 SQ5，为瞬时信号，另外在第二工步还有一非控信号 SQ5，但其位于 KA3 的工作区间之外，因此，终止信号 SQ5 也符合基本逻辑式的条件要求，KA3 可以由如下的逻辑式来描述

$$KA3 = (SQ2 + ka3)\overline{SQ5}$$

根据上述逻辑式，可画出其对应的电气控制电路图，如图 3-47 所示。

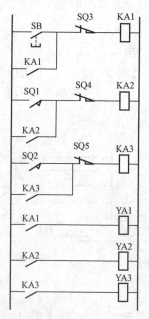

图 3-47 ［例 3-15］电气控制电路图

【例 3-16】 将 ［例 3-15］ 中的电磁阀的控制顺序做一调整，具体控制要求及工步顺序如图 3-48 所示，其工作原理及控制要求示意图可以转换为如下动作状态图，试画出其电气控制电路图。

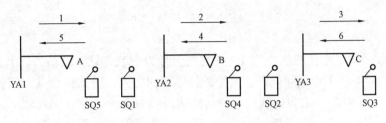

图 3-48　［例 3-16］控制要求示意图

按下 SB→YA1 得电，活塞杆 A 前进→压下 SQ5→压下 SQ1→YA2 得电，活塞杆 B 前进→压下 SQ4→压下 SQ2→YA3 得电，活塞杆 C 前进→压下 SQ3→YA2 失电，活塞杆 B 后退→压下 SQ4→YA1 失电，活塞杆 A 后退→压下 SQ5→YA3 失电，活塞杆 C 后退→A、B、C 的活塞杆均退至原位，停止。

解　根据上述动作图，可得知各检测信号的特性，其中 SB 为启动按钮，故其为瞬时信号；行程开关 SQ1 被压下后，直到进入第五工步，A 的活塞杆后退时，才复位，故其为持续信号；同理 SQ2、SQ3 也是持续信号；在 B 的活塞杆后退过程中，压下 SQ4 后，启动 A 活塞杆后退的同时，B 的活塞杆会继续后退至原位，因此 SQ4 为瞬时信号；同理 SQ5 也是瞬时信号。另外，还在第一、二工步都存在非控信号 SQ4、SQ5。由此可画出其逻辑关系图，如图 3-49 所示。

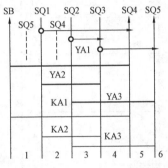

图 3-49　［例 3-16］逻辑关系图

下面根据逻辑图列写各元件的逻辑式。为便于控制，需引入中间继电器 KA1、KA2、KA3，其工作区间分别与 YA1、YA2、YA3 相同，先列写各继电器的逻辑关系式。

继电器 KA1 的工作区间从 1 到 4，其起始信号为 SB，是瞬时信号，在其他区间再没有 SB 的同名信号出现，因此 SB 符合基本逻辑式的条件要求；其终止信号是 SQ4，也为瞬时信号，但在 KA1 的工作区间之内（第二区间），出现了一个额外终止信号，它可使 KA1 在第二区间就被提前终止工作，因此需要选取某持续信号作为约束条件，来屏蔽掉此额外终止信号。由图中可以看出能够做约束条件的持续信号有 SQ3、KA2、KA3，从理论上看，选用这三个信号中的哪一个都一样可以屏蔽掉额外终止信号，但在实际工作中，需要考虑各器件的具体安装位置以及接线的问题。一般行程开关都安装在机械设备的需检测位置的部件上，而继电器一般都安装在电气控制柜中，且其触点数量有限，如果选用行程开关 SQ3 的触点作为约束条件，需由行程开关至电气控制柜处接线，这样长的引线，会造成成本增高，接线复杂，维护检修困难等问题，因此一般不选用行程开关的触点作为约束条件。如果选用 KA2 作为约束条件，KA1 的逻辑式为

$$\begin{aligned}KA1 &= (SB + ka1)\overline{SQ4 \cdot \overline{ka2}} \\ &= (SB + ka1)(\overline{SQ4} + ka2)\end{aligned}$$

若选用 KA3 做约束条件，KA1 的逻辑式为

$$\begin{aligned}Ka1 &= (SB + ka1)\overline{SQ4 \cdot ka3} \\ &= (SB + ka1)(\overline{SQ4} + \overline{ka3})\end{aligned}$$

继电器 KA2 的工作区间从 2 到 3，其起始信号为 SQ1，是持续信号，其持续区间由 2 至 4，均处于 KA2 的工作区间或终止信号的持续区间之内，因此符合基本逻辑式的条件要求；其终止信号是 SQ3，也为持续信号，其持续区间为 4、5，均在 KA2 的工作区间之外，故也符合基本逻辑式的条件要求。因此，KA2 的工作区间内无额外的起始信号和额外的终止信号。由于其起始信号 SQ1 在 KA2 的整个工作区间内始终持续保持，因此不需要加自锁环节。这样，KA2 可用以下基本逻辑式描述

$$KA2 = SQ1 \cdot \overline{SQ3}$$

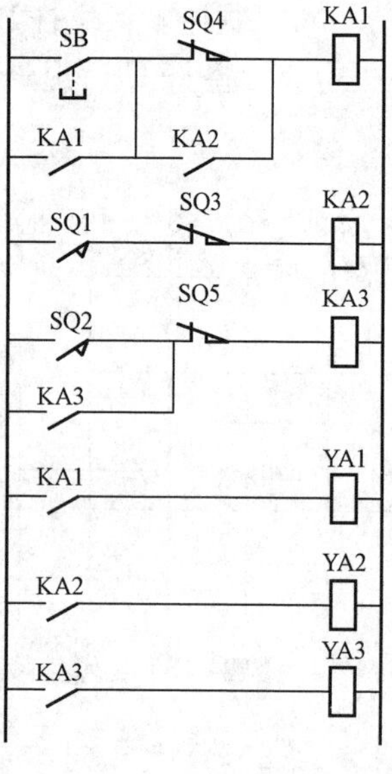

图 3-50 ［例 3-16］电气控制电路图

继电器 KA3 的工作区间从 3 到 5，其起始信号为 SQ2，是持续信号，持续一个工步区间，均处于 KA3 的工作区间之内，因此符合基本逻辑式的条件要求；其终止信号是 SQ5，为瞬时信号，在第一工步内还有一 SQ5 的同名非控信号，由于其不在 KA3 的工作区间之内，故 SQ5 也符合基本逻辑式的条件要求。因此，KA3 可用以下基本逻辑式描述

$$KA3 = (SQ2 + ka3)\overline{SQ5}$$

各执行元件的逻辑式如下

$$YA1 = KA1$$

$$YA2 = KA2$$

$$YA3 = KA3$$

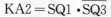

根据上述逻辑式，可画出与其对应的电气控制电路图，如图 3-50 所示。其中 KA1 是按第一种方案（即选 KA2 作约束条件）做的设计。

上例中只出现了额外的终止信号，而在某些情况下，会同时出现额外起始信号和额外终止信号，甚至可能是作用于同一元件上的，这时就需要对起始信号和终止信号分别附加约束条件，构成修正后的起始信号和终止信号。这样可得出如下运算元件的一般逻辑关系式

$$KA = (Ss + ka)\overline{Se} \tag{3-10}$$

式中：KA 为继电器线圈；ka 为继电器自锁触点；Ss 为起始环节；Se 为终止环节。

在无额外起始信号和额外终止信号时，Ss、Se 分别为运算元件的实际起始信号 Ss 和终止信号 Se；当存在额外起始信号和额外终止信号时，需选取持续信号 Sx 作为其约束条件，其取值如下

$$Se = \begin{cases} Sx \cdot Ss \text{——Sx 只覆盖有效 Ss} \\ \overline{Sx} \cdot Ss \text{——Sx 只覆盖额外 Se} \end{cases}$$

$$Se = \begin{cases} Sx \cdot Se\text{——}Sx \text{ 只覆盖有效 } Se \\ \overline{Sx} \cdot Ss\text{——}Sx \text{ 只覆盖额外 } Se \end{cases}$$

（三）运算元件一般逻辑式的应用

1. 按钮操作产生的额外起始信号

（1）由启动按钮的操作造成的额外起始信号。图 3-51 所示为某控制系统的逻辑关系图。由图中可以看出，继电器 KA1 的工作区间从 1 到 4，其起始信号为启动按钮 SB 提供。正常情况下，工作人员按下启动按钮 SB，系统启动起来之后，工作人员随即松开按钮，SB 会自动复位，因此它属于瞬时信号，且在其他区域也不会再出现其同名信号，故没有额外的起始信号。如果启动按钮 SB 出故障，不能自动复位，而导致 SB 信号变成持续信号，或是在正常工作过程中，误按下启动按钮，如图 3-51 所示就为这种情况，在第五工步，SB 由于误操作被再次按下，这样，就会使本来已经失电的 KA1 在第五工步又得电，导

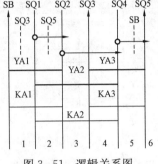

图 3-51　逻辑关系图

致系统运行混乱。对于图 3-51 出现的额外起始信号 SB，可以采用前面介绍的方法来屏蔽掉，可选择 KA3、SQ4 作为约束条件，考虑到接线方便，选用 KA3，则 KA1 的逻辑式如下

$$KA1 = (SB \cdot \overline{ka3} + ka1)\overline{SQ2}$$

对于启动按钮的误操作，也不一定总会造成额外起始信号，应视具体情况而定。如［例 3-16］中，如果 KA1 的终止信号 SQ2 覆盖 3、4、5 三个工步区域时，上述第五工步出现的 SB 信号就不是额外起始信号了。另外，要排除由于启动按钮误操作造成的额外起始信号，只是针对需手动操作的启动元件而言，如［例 3-16］中，只是针对 KA1 讨论，而其他元件（如 KA2、KA3）是不会受此误操作影响的。

（2）在紧急复位按钮操作后可能出现的额外起始信号。有些设备设有"紧急复位"按钮，以便在出现意外故障情况下，可按下此按钮，使设备强制性断电，各运行部件均退回至原位。手动按下紧急复位按钮，抬起手后，一般是可以自动恢复闭合状态的。在有些电气控制系统中，紧急复位按钮被按下后，会出现额外起始信号，重新启动设备的某个运动部件，从而无法达到急停的目的。这时，需要对这些额外起始信号进行屏蔽。

【例 3-17】 图 3-52 所示的是三个两位四通电磁阀控制三个活塞杆做进、退运动，一共要执行六个工步，其启动按钮为 SB1，设有紧急复位按钮 SB2。工步顺序如图中所示，其工作原理及控制要求示意图可以转换为如下动作状态图，试画出其电气控制线路图。

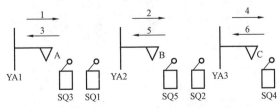

图 3-52　［例 3-17］控制要求示意图

121

按下 SB1→YA1 得电，活塞杆 A 前进→压下 SQ3→压下 SQ1→YA2 得电，活塞杆 B 前进→压下 SQ5→压下 SQ2→YA1 失电，活塞杆 A 后退→压下 SQ3→YA3 得电，活塞杆 C 前进→压下 SQ4→YA2 失电，活塞杆 B 后退→压下 SQ5→YA3 失电，活塞杆 C 后退→活塞杆 A、B、C 均退至原位，停止。

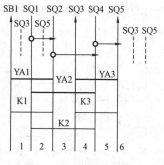

图 3 - 53　逻辑关系图

　　解　根据上述动作状态图可画出逻辑关系图如图 3 - 53 所示。

　　在设备运行过程中，如果按下急停按钮 SB2，三个电磁阀均失电。而两位四通电磁阀在得电时，会带动活塞杆前进，失电时，则带动活塞杆后退至原位，停止。由图 3 - 53 可以看出，如果在设备运行的 1～3 工步期间，按下 SB2，各电磁阀均断电，三个活塞杆应该均后退回原位。而 A、B 活塞杆在后退过程中，都会分别压下行程开关 SQ3、SQ5，在图 3 - 53 中工步 6 内以虚线表示。由系统的动作状态图可知：SQ3 为 KA3 的起始信号，SQ5 是 KA3 的终止信号，这样，虽然按下了急停按钮，但 SQ3 还是可以使得 KA3 得电，因此它属于 KA3 的额外起始信号，而 SQ5 对 KA3 来说不是额外信号。另外在工步 1 内也有一个 KA3 的额外起始信号，可选用 KA2 作出约束条件，它只覆盖了 KA3 的有效起始信号。

　　图 3 - 53 中三个运算元件的逻辑式如下

$$KA1 = (SB1 \cdot \overline{ka3} + ka1)\overline{SQ2}$$

$$KA2 = (SQ1 + ka2)\overline{SQ4}$$

$$KA3 = (SQ3 \cdot ka2 + ka3)\overline{SQ5}$$

$$YA1 = KA1$$

$$YA2 = KA2$$

$$YA3 = KA3$$

　　根据上述逻辑式，可画出与其对应的电气控制电路图，如图 3 - 54 所示。其中紧急复位按钮 SB2 选用动断触点，按下 SB2，会切断电路，使各继电器和电磁阀均失电，而在 SB2 复位又闭合后，各器件仍保持失电状态。

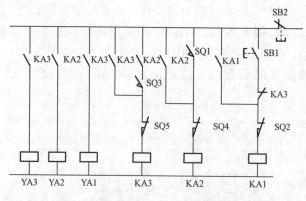

图 3 - 54　［例 3 - 17］电气控制电路图

2. 用多个持续信号屏蔽额外信号

有些情况下，额外信号比较多，只选择单一的持续信号不能将其全部屏蔽掉，这时就需要选取多个持续信号来作约束条件。

（1）屏蔽多个额外起始信号。如图 3-55（a）所示，对于继电器 K，存在两个额外起始信号，图中有两个持续信号，Sx1 覆盖了工步 1 内的额外起始信号和有效起始信号，Sx2 覆盖了工步 2 内的额外起始信号和有效起始信号，如果只用其中的任一个持续信号，都无法同时覆盖两个额外起始信号，即无法将有效的起始信号与那两个额外起始信号区分开，因为 Sx1、Sx2 都覆盖了有效起始信号 Ss，而又分别覆盖不同的额外起始信号，也就是说当 Sx1、Sx2 都存在时的起始信号才是有效起始信号。这样可将 Sx1·Sx2 作为 KA 的起始信号的约束条件，则 KA 的逻辑式如下

$$KA = (Sx1 \cdot Sx2 \cdot Ss + ka)\overline{Se} \tag{3-11}$$

图 3-55（b）与图 3-55（a）类似，只是当 Sx1、Sx2 都无效时，起始信号才是有效的，这样 KA 的逻辑式如下

$$KA = (\overline{Sx1} \cdot \overline{Sx2} \cdot Ss + ka)\overline{Se} \tag{3-12}$$

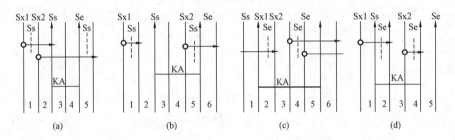

图 3-55　用多个持续信号排除额外信号

（2）屏蔽多个额外终止信号。图 3-55（c）所示，存在两个额外终止信号，另外有两个持续信号 Sx1、Sx2，与图 3-55（a）近似，每个持续信号都覆盖一个额外终止信号和有效终止信号，即 Sx1、Sx2 同时都存在时的终止信号才是有效终止信号，这样，KA 的逻辑式如下

$$KA = (Ss + ka)\overline{Sx1 \cdot Sx2 \cdot Se} = (Ss + ka)(\overline{Sx1} + \overline{Sx2} + \overline{Se}) \tag{3-13}$$

如图 3-55（d）所示，两个持续信号 Sx1、Sx2 同时都不存在时的终止信号为有效终止信号，KA 的逻辑式如下

$$KA = (Ss + ka)\overline{\overline{Sx1} \cdot \overline{Sx2} \cdot Se} = (Ss + ka)(Sx1 + Sx2 + \overline{Se}) \tag{3-14}$$

根据上述分析，可以得出这样的结论：当需要若干个持续信号屏蔽额外信号时，可以利用这些持续信号的某种逻辑组合选出有效的信号。当然，这些持续信号可能已经存在，也可能需要人工设置。

（四）逻辑设计应用举例

【例 3-18】　图 3-56 所示为两个双电式三位四通电磁阀控制活塞进、退，完成四个工步的控制要求示意图。与前面例子中用到的单电式二位四通电磁阀不同的是，双电式三位四通电磁阀有两个电磁铁，分别控制活塞的前进、后退，当两个电磁铁都失电时，活塞停止运动。这里需注意，每个电磁阀的两个电磁铁不能同时得电。试用逻辑设计法设计其电

气控制电路。

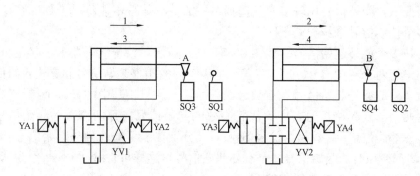

图 3-56　［例 3-18］控制要求示意图

解　如图 3-56 中所示，YV1 的电磁铁 YA1 得电时，活塞杆 A 前进，执行工步 1；YA3 得电时，活塞杆 B 前进，执行工步 2；YA2 得电，活塞杆 A 后退，执行工步 3；YA4 得电时，活塞杆 B 后退，执行工步 4。两活塞杆的初始位置是分别压下 SQ3 和 SQ4 时的位置。按图示的工作原理及控制要求，可以转换为如下动作状态图：

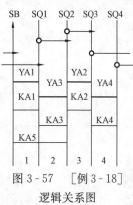

图 3-57　［例 3-18］
逻辑关系图

原位：SQ3、SQ4 均处于压下状态→按下 SB→YA1 得电，活塞杆 A 前进，SQ3 复位→压下 SQ1→YA1 失电，YA3 得电→活塞杆 A 停止，活塞杆 B 前进，SQ4 复位→压下 SQ2→YA3 失电，YA2 得电→活塞杆 B 停止，活塞杆 A 后退，SQ1 复位→压下 SQ3→YA2 失电，YA4 得电→活塞杆 A 在原位停止，活塞杆 B 后退，SQ2 复位→压下 SQ4→YA4 失电，活塞杆 B 在原位停止。

根据上述动作状态图，可画出与其对应的逻辑关系，如图 3-57 所示。经分析可知：继电器 KA1、KA2、KA3、KA4 的起始信号和终止信号均满足基本逻辑式的条件，即起始信号均在继电器的工作区间内及终止信号的持续区间内出现；终止信号只在继电器的工作区间之外出现，因此，各继电器均可以用基本逻辑式来描述。其中，KA2、KA3、KA4 的起始信号都是持续信号，且覆盖整个工作区间，因此，不需要加自锁环节。各运算元件及执行元件的逻辑式如下

$$KA1 = (SB + ka1)\overline{SQ1}$$
$$KA2 = SQ2 \cdot \overline{SQ3}$$
$$KA3 = SQ1 \cdot \overline{SQ2}$$
$$KA4 = SQ3 \cdot \overline{SQ4}$$
$$YA1 = KA1$$
$$YA2 = KA2$$
$$YA3 = KA3$$

与上述逻辑式对应的电气控制电路图如图 3-58 所示。

【**例 3-19**】　试用逻辑设计法设计两台电动机"顺序启动、逆序停车"的控制电路。具

体控制要求为：按启动按钮 SB1 后，M1 先启动，t_1(s) 后，M2 才启动；按下停止按钮 SB2 后，M2 先停车，t_2(s) 后，M1 才停。

解　根据控制要求，可知：M1、M2 均为单方向运行，分别设 KM1、KM2 为 M1、M2 的运行控制接触器，选两个得电延时型时间继电器 KT1、KT2，分别用来对 t_1、t_2 进行计时，可得出如下动作状态图：

启动：按下 SB1→KM1 得电，M1 启动运行，KT1 开始延时→t_1 时间到→KM2 得电，M2 启动运行。

停车：按下 SB2→KM2 失电，M2 停车，KT2 开始延时→t_2 时间到→KM1 失电，M1 停车。

按照上述动作状态图，可画出逻辑关系如图 3-59 所示。其中 KM1 的起始信号是启动信号 SB1，为瞬时信号；终止信号是时间继电器 KT2 延时动合触点，也为瞬时信号。KM2 的起始信号为 KT1 的延时触点信号，为持续信号，持续区间覆盖 KM2 整个工作区间；其终止信号是停止信号 SB2，为瞬时信号。KT1 得电区间为前两个区间，这样布

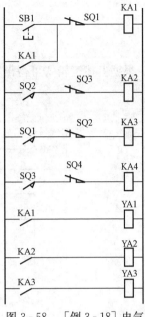

图 3-58　［例 3-18］电气控制电路图

置，比较方便逻辑设计，也可有其他方案。KT2 得电区域为最后一个区间。图中没有额外起始信号和额外终止信号，可得出以下逻辑关系式

$$KM1 = (SB1 + km1)\overline{KT2}$$

$$KM2 = (KT1 + km2)\overline{SB2}$$

$$KT1 = (SB1 + kt1)\overline{SB2}$$

$$KT2 = (SB2 + kt2)\overline{KT2}$$

式中：KM1、KM2 为接触器线圈；km1、km2 为接触器辅助触点；KT1、$\overline{KT2}$ 为时间继电器的延时触点；kt1、kt2 为时间继电器的瞬时触点。

对于上式可做如下调整和简化

$$KM1 = (SB1 + km1)\overline{KT2}$$

$$KM2 = KT1$$

$$KT1 = km1 \cdot \overline{kt2} = (SB1 + km1)\overline{kt2}$$

$$KT2 = (SB2 + kt2)km1 = (SB2 + kt2)(SB1 + km1)$$

依据上述逻辑式，可绘制出对应的电气控制电路图如图 3-60 所示。

【例 3-20】　图 3-61 所示工作台运行控制要求是：启动后，工作台由原位处右移，到压下 SQ1 位置处，停止，t(s) 后，自动左移返回，至原位，即压下 SQ2 处停止。试画出其电气控制电路图。

解　由于工作台需要往复运行，即电动机需两个接触器分别控制其正、反转。设 KM1 控制电动机正转，工作台右移；KM2 控制电动机反转，工作台左移。选用得电延时继电器 KT，可画出其逻辑关系，如图 3-61（b）所示。由此图可以写出 KM1、KM2、KT 的逻辑式如下

$$KM1 = (SB + km1)\overline{SQ1}$$
$$KM2 = (KT + km2)\overline{SQ2}$$
$$KT = SQ1$$

根据上述逻辑式可得出电气控制电路，如图 3-61（c）所示。

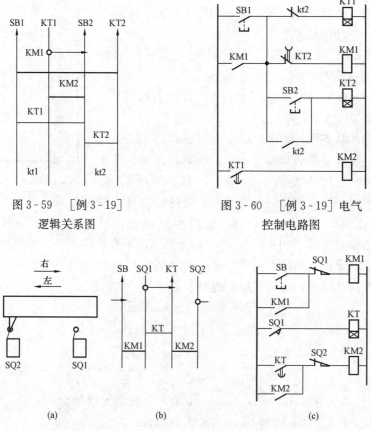

图 3-59　［例 3-19］
逻辑关系图　　　　图 3-60　［例 3-19］电气
控制电路图

图 3-61　［例 3-20］工作台往复控制电路

（a）工作台运行示意图；（b）逻辑关系图；（c）电气控制电路图

习　　题

3-1　M1、M2 均为笼型电动机，都可以直接启动，试按下列要求设计主电路及控制电路。

（1）M1 先启动后，经 30s 后，M2 自动启动；

（2）M2 启动后，M1 立即停车；

（3）M2 可以单独停车；

（4）M1、M2 均能点动。

3-2　某机车主轴和润滑泵分别由各自的笼式电动机拖动，且都采用直接启动，控制要求如下：

（1）主轴必须在润滑泵启动之后才可以启动；

（2）主轴连续运转时为正向运行，但还可以进行正、反向点动；

（3）主轴先停车后，润滑泵才可以停；

（4）设有短路、过载及失电压保护。

试设计其主电路及控制电路。

3-3　现有三台电动机 M1、M2、M3，控制要求如下：M1 启动 10s 后，M2 自动启动，运行 5s 后，M1 停止，同时 M3 自动启动，再运行 15s 后，M2、M3 同时停车。试设计其电气控制电路。

3-4　某电动机只有在继电器 KA1、KA2、KA3、KA4 中任一个或两个动作时，才可以启动，而在其他条件下都不运行，试用逻辑设计法设计其控制电路。

3-5　由两台电动机 M1、M2 分别驱动两个工作台 A、B，机构示意图如图 3-62 所示。其控制要求如下：

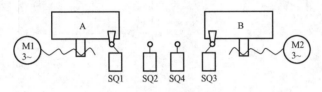

图 3-62　习题 3-5 图

1）按下启动按钮 SB 后，工作台 A 由 SQ1 进至 SQ2；

2）然后工作台 B 由 SQ3 自动进至 SQ4；

3）然后工作台 A 由 SQ2 自动退至 SQ1；

4）最后工作台 B 由 SQ4 自动退至 SQ3。

试画出逻辑关系图，并标明各信号特性及电动机 M1、M2 正、反转控制接触器的工作区间，写出逻辑关系式，设计电气控制电路。

3-6　某液压系统的控制要求如图 3-63 所示。试按逻辑设计法设计其电气控制电路。

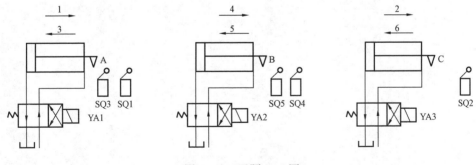

图 3-63　习题 3-6 图

3-7　某液压系统的控制要求如图 3-64 所示。试按逻辑设计法设计其电气控制电路。要求全自动运行，每次工作循环之间停留时间为 $t(\mathrm{s})$。

3-8　化简图 3-65 所示的控制电路。

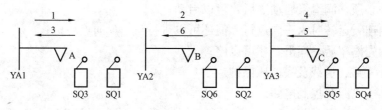

图 3 - 64　习题 3 - 7 图

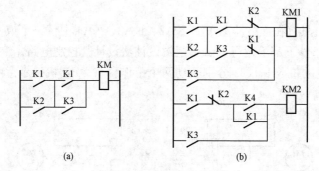

(a)　　　　　　　　　　　(b)

图 3 - 65　习题 3 - 8 图

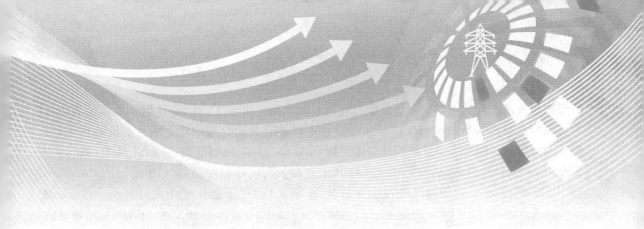

第四章 可编程控制器概述

第一节 可编程控制器的产生及定义

一、可编程控制器的产生

20 世纪 60 年代以前，工业生产中，自动控制采用的最先进装置就是继电控制系统，它在当时生产力的发展中，发挥了很大的作用。但当人类历史跨入 20 世纪 60 年代以后，随着市场的转变，工业生产开始由大批量少品种的生产转变为小批量多品种的生产。在这种转换过程中，继电控制系统的许多固有弊端越发显得突出，成为了生产转换的一大障碍。如继电器控制系统中，使用了大量的机械触点，系统的可靠性较差；功能局限性大、体积大、耗能多，特别是生产工艺要求发生变化时，控制柜内的元件和接线也必须要作相应的变动，这种变动的工期长，费用高，有的用户宁愿扔掉旧的控制柜，另外制作一台新的控制柜。总之，20 世纪 60 年代后期，市场所需的"柔性"生产线呼唤新型控制系统的诞生。

1968 年，美国最大的汽车制造厂家——通用汽车公司（GM）为了增强产品在市场的竞争力，提出了"多品种、小批量、不断翻新汽车品牌"的战略。为实现这一战略，GM 公司率先提出了采用一种可编程序的逻辑控制器来取代硬件接线控制电路的设想，并从用户角度对这种未来的控制装置明确提出了应具备的十大条件，从而开启了开发热潮。

1969 年，著名的美国数字设备公司（DEC 公司）根据美国通用汽车公司的要求，首先研制成功了世界上第一台可编程控制器 PDD-14，并在 GM 公司汽车生产线上首次成功应用。它最初目的只是为了取代继电控制系统，因此采用存储器存储程序指令来完成顺序控制，仅有逻辑运算、计时、计数等顺序控制功能，只能用于开关量控制。尽管最初的可编程控制器功能较少，但它毕竟将继电控制系统的硬接线逻辑转变成了计算机的软件逻辑编程，把继电控制系统的简单易懂、操作方便、价格便宜等优点和计算机的功能完备、灵活、通用等优点结合起来，基本上解决了继电控制系统在可靠性、灵活性、通用性方面存在的难题，并使不熟悉计算机的人也能方便地使用。因此，这项新技术很快就迅速发展起来。

1971 年，日本首先从美国引进这项新技术，研制出了日本第一台可编程控制器 DSC-8。1973 年，西欧国家也研制出他们的第一台可编程控制器。1974 年，我国开始研制自己的可编程控制器，1977 年开始应用于工业生产中。

由于早期的可编程控制器在功能上只能实现逻辑控制、定时、计数等功能，故最早称之为可编程逻辑控制器（Programmable Logic Controller，PLC）。20 世纪 70 年代后期，随着微电子技术、大规模集成电路及微型计算机的发展，许多生产厂家开始采用微处理器作为可编程逻辑控制器的中央处理单元，使它不仅具有逻辑控制功能，而且具有数据运算、传送与处理功能和对模拟量的控制功能，故 1980 年美国电气制造商协会 NEMA（National Electrical Manufactures Association）将其正式命名为可编程控制器（Programmable Controller），简称 PC。此简称已经在工业界使用多年，但由于近年来个人计算机（Personal Computer）也简称为 PC，为避免二者混淆，故人们仍习惯地用 PLC 作为可编程控制器的缩写。

二、可编程控制器的定义

可编程控制器技术发展很快，给它下一个确切的定义很困难。因此，到目前为止，还未能对其下一个最后的定义。

1980 年，可编程控制器问世后不久，美国电气制造商协会 NEMA 曾对其下过如下定义："PC 是一个数字式的电子装置，它使用了可编程序的记忆体以储存指令，用来执行诸如逻辑、顺序、计时、计数与演算等功能，并通过数字或模拟的输入和输出，以控制各种机械或生产过程。一部数字电子计算机用来执行 PC 的功能，亦被视为 PC，但不包括鼓式或机械式顺序控制器。"

1982 年 11 月，国际电工委员会 IEC（International Electrical Committee）颁布了可编程控制器标准草案第一稿，1985 年 1 月又发表了第二稿，1987 年 2 月颁布了第三稿。该草案中对可编程控制器的定义是："可编程控制器是一种数字运算操作的电子系统，专为在工业环境下应用而设计。它采用可编程序的存储器，用来在其内部存储执行逻辑运算、顺序控制、定时、计数和算术运算等操作的指令，并通过数字式、模拟式的输入和输出，控制各种类型的机械或生产过程。可编程控制器及其有关设备，都应按易于与工业控制系统形成一个整体、易于扩充功能的原则设计。"

定义强调了可编程控制器直接应用于工业环境，必须具有很强的抗干扰能力、广泛的适应能力和应用范围。这是它区别于一般微机控制系统的一个重要特征。

上述定义也表明可编程控制器内部结构和功能都类似于计算机，它是"专为在工业环境下应用而设计"的工业计算机。

第二节 可编程控制器的特点及应用

一、可编程控制器的特点

可编程控制器是专为在工业环境下应用而设计的工业计算机，其出现后就受到普遍重视，发展也十分迅速，在工业自动控制系统中占有极其重要的地位。它与现有的各种控制方式相比较，具有诸多优点。

1. 可靠性高

可编程控制器的平均无故障运行时间长达几十万小时，也就是说一台可编程控制器可连续运行 30 多年不出故障，到目前为止，尚无任何一种工业控制系统的可靠性能达到和超过 PLC。为了能够具备这样的可靠性，开发 PLC 时，在硬件方面采用了屏蔽、滤波、电源调整与保护、隔离及模块结构等措施来增加 PLC 的可靠性；在软件方面，设置了自诊断、警戒时钟 WDT、信息保护和恢复等措施；此外，PLC 采用周期扫描、集中采样、集中输出的工作方式也极有效地提高了自身的抗干扰能力。总之，采取这些措施之后，使 PLC 具有了极高的可靠性和很强的抗干扰能力，被誉为"不会损坏的仪表"。

2. 控制程序可变，具有很好的柔性

在生产工艺流程改变或设备更新，需要改变控制功能时，PLC 往往不必改变硬件设备，只需改变一下应用程序就可以达到目的。所以，从这个意义上说，它具有很突出的柔性控制能力，此能力正是目前企业"小批量、多品种"产品所强烈要求的。正因为此，PLC 在柔性制造单元（FMC）、柔性制造系统（FMS）以至于工厂自动化（FA）中被大量采用。

3. 编程方法简单易学

目前，大多数 PLC 编程采用的都是与继电控制电路相似的梯形图，它形象直观，易学易懂，因此受到了普遍欢迎；PLC 还针对具体问题，开发了顺序功能图语言，简化了复杂控制系统的编程。上述编程方式，与目前微机控制中常用的汇编语言相比，更容易被操作人员接受。

4. 功能强，性能价格比高

现代 PLC 内部有成百上千的内部继电器、几十个特殊继电器、许多数据寄存器、几十到几百的定时器和计数器，还开发了几十到几百的功能指令，所以它不仅具有逻辑运算、定时、计数、顺控等功能，还具有较强的数值处理功能、模拟量输入输出处理功能、通信联网功能等，此外，还能扩展位置控制、运动控制等各种特殊功能的智能模块。与相同功能的继电控制系统相比，它具有很高的性能价格比。

5. 体积小，质量轻，能耗低

由于半导体集成电路的应用，PLC 的体积相对很小。例如，FX5U-32MR 内部具有 32768 点内部继电器（M）、1024 点定时器（T）、1024 点累计定时器（ST）、1024 点计数器（C）、1024 点计数器（LC）等诸多资源，几百条各种指令，控制功能强大，而耗电仅 30W，其外形尺寸仅 150mm×83mm×90mm，质量仅约 0.7kg。

二、可编程控制器的应用

由于可编程控制器的上述特点，使其在国民经济的各个领域都得到了广泛的应用，应用范围不断扩大，主要有以下几个方面的应用。

1. 开关量逻辑控制

这是 PLC 最早也是最基本的应用。PLC 具有"与""或""非"等逻辑指令，可以实现触点和电路的串联、并联，代替继电器进行逻辑控制、顺序控制与定时控制，既可实现单机控制，也可用于多机控制及自动化生产流水线的控制，如组合机床、电梯、电镀流水线、冶金高炉的上下料以及港口码头货物的存放与提取控制等。

2. 运动控制

由于模拟量输入输出功能的实现，也由于 PLC 对数据处理功能的提高，制造商相应提供了拖动步进电动机或伺服电动机的单轴或多轴运动控制模块。PLC 把描述目标位置的数据送给模块，当每个轴移动时，运动控制模块能使之保持适当的速度和加速度，确保运动的平滑性。可编程控制器的运动控制功能可广泛用于各种运动机械，如金属切削机床、机器人以及电梯等。

3. 过程控制

过程控制是指对温度、压力、流量和速度等模拟量的闭环控制。通过 PLC 模拟量输入、输出模块，实现模拟量（Analog）和数字量（Digital）之间的转换（A/D 或 D/A 转换），并利用 PID（Proportional Integral Derivative）子程序或专用的智能 PID 模块对模拟量进行闭环控制。PLC 的模拟量 PID 控制已经广泛应用于水处理、锅炉、加热炉、热处理炉、冷冻设备、酿酒以及闭环速度控制等方面。

4. 数据处理

现代的 PLC 不仅能进行数学运算、数据传送，而且能进行数据比较、数据转换和数据通信等。PLC 也能和机械加工中的数字控制（NC）及计算机数控（CNC）相结合，实现数值控制。如日本公司的 System10、11、12 系列已经将 CNC 功能作为 PLC 的一部分。通过窗口软件，用户可以独自编程，实现 PLC 和 CNC 设备之间内部数据自由传递。预计今后几年 CNC 系统将变成以 PLC 为主体的控制和管理系统。一般说来，数据处理常用于较复杂的大型控制系统，如无人柔性制造系统等。

5. 通信联网

PLC 的通信包括基本单元与远程 I/O 之间的通信、PLC 之间的通信、PLC 和智能设备（如计算机、变频器、数控设备等）之间的通信。为了适应近几年兴起的工厂自动化（FA）、柔性制造单元（FMC）、柔性制造系统（FMS）发展的需要，近几年开发的 PLC 都加强了通信功能。作为实时控制系统，PLC 对数据通信速率要求高，并且要考虑出现停电、故障时的对策等。PLC 之间、PLC 和其他智能设备之间都采用光纤通信多级传递。I/O 模块按各自功能放置在生产现场分散控制，然后采用网络连接构成分布式控制系统。

第三节　可编程控制器的分类和发展

一、可编程控制器的分类

1. 按 I/O 点数和存储器容量分类

（1）小型 PLC。I/O 点数在 256 点以下，用户程序存储器容量在 2K 以下的可编程序控制器称为小型 PLC。其中，I/O 点数小于 64 点的 PLC 又称为超小型或微型 PLC。属于小型 PLC 的产品有 MITSUBISHI 的 FX3U/FX3G 和 FX5U、SIEMENS 的 S7-200SMART 和 S7-1200 以及 OMRON 的 CPM2C-10/CPM2C-20 等。

（2）中型 PLC。I/O 点数在 256～2048 点之间，用户程序存储器容量在 2K～8K 步之间的可编程序控制器称为中型 PLC。属于中型 PLC 的产品有 MITSUBISHI 的 Q00/Q01、OMRON 的 CQM1H、KOYO 的 SU-5E/SU-6B 和 SIEMENS 的 S7-300 等。

（3）大型 PLC。I/O 点数在 2048 点之上，用户程序存储器容量达 8K 步之上的可编程序控制器称为大型 PLC。属于大型 PLC 的产品有 MITSUBISHI 的 Q02/Q06/Q12/Q25、SIEMENS 的 S7-1500 和 S7-400 以及 OMRON 的 CV500/CV1000/CV2000/CVM1 和

KOYO 的 SG-8B 等。

2. 按结构形式分类

（1）整体式 PLC，又称单元式或箱体式 PLC，是目前使用最普遍的一种形式。它是将电源、CPU、I/O 模块及存储器等各个部分都集中在一个机壳内，这些部分通常称之为基本单元。它具有结构紧凑、体积小、价格低的特点，可直接安装在机床或电气控制柜中。小型 PLC 多采用这种结构，一般用扁平电缆与扩展单元和模拟量单元、位置控制单元等各种特殊功能模块相连接，使整体式 PLC 功能得以扩展。

（2）模块式 PLC，又称积木式 PLC。它是将 PLC 各组成部分按功能的不同作成独立的模块，如电源模块、CPU 模块、I/O 模块及各种功能模块，然后安装于同一块基板或框架上。这种结构配置灵活，装配方便，便于扩展和维修。一般大、中型 PLC 常采用这种结构。

（3）叠装式 PLC。这种结构将整体式结构紧凑和模块式结构配置灵活的特点结合起来、其 CPU、电源等单元也为各自独立的模块，但安装不用基板，而用电缆进行连接，且各模块可以一层一层地叠装。

3. 按功能分类

（1）低档机。它具有逻辑运算、计时、计数、移位以及自诊断、监控等基本功能，主要用于顺序控制、逻辑控制或少量模拟量的单机控制系统。

（2）中档机。除具有低档机的功能外，还具有较强的模拟量处理、数值运算、数值的比较与传送、远程 I/O 及联网通信等功能。有些中档机还可增设中断控制、PID 控制等功能，适用于复杂的控制系统。

（3）高档机。除具有中档机的功能外，还增设带符号算术运算、矩阵运算、位逻辑运算（置位、清零、右移、左移）及其他特殊功能运算、如制表、表格传送等功能。高档机具有更强的通信联网能力，可用于远程大规模过程控制，构成分布式网络控制系统，实现工厂自动化。

二、可编程控制器的发展

1. PLC 发展概况

自从美国数字设备公司（DEC 公司）1968 年研制成功世界上第一台可编程控制器到现在，PLC 技术发展飞速，在美国、日本、德国、法国等工业发达国家，已发展成为重要的产业，PLC 产品已成为工业领域中占主导地位的基础自动化设备，在国际市场上成为备受欢迎的畅销产品，用 PLC 设计自动控制系统已成为一种世界潮流。PLC 技术、ROBOT 技术、CAD/CAM 已成为实现工业生产自动化的三大支柱，其中 PLC 作用位居首位。PLC 技术代表着当前程序控制的世界先进水平，PLC 装置已成为自动化系统的基本装置，是构成 FMS、CIMC、FA 的主控单元。为促进 PLC 的国产化，提高产品质量，我国原机械电子工业部于 1988 年组织了包括 PLC 产品在内的工业控制计算机机型优选工作。机电部下属的北京机械工业自动化研究所承担了 PLC 产品的评优测试工作。依据国际电工委员会（IEC）的有关标准要求，经过严格测试，评选出 6 个产品荣获首届优选 PLC 机型的称号，分别为：天津中环自动化仪表公司生产的 DJK-S-84 型 PLC、无锡市电器厂生产的 KCK-1 型 PLC、上海起重电器厂生产的 CF-40MR 型 PLC、北京椿树电子仪表厂生产的 BCM-PIC 型 PLC、杭州机床电器厂生产的 DKK02 型 PLC 和上海自力电子设备厂生产的 KK1-IC 型 PLC。

除此之外，国内还有不少工业企业厂商开发、生产或合作生产 PLC，如上海香岛公司的 ACMY-S80 型、苏州机床电器厂的 CKY-20/40/40H 型、广州南洋电器厂的 NK-40 型和江苏嘉华公司的 JH120H 型 PLC 等，但目前仍远远不能满足国内市场的需求。国内 PLC 市场主要以国外进口机为主。国外 PLC 主要生产厂家有几百家，各个生产厂家生产的 PLC 型号均不统一，基本性能也有较大差别。世界上知名的 PLC 生产厂家有：美国通用电气（General Electric 简称为 GE）公司、美国艾伦-布拉德利（Allen-Bradley 简称为 A-B）公司、日本三菱（MITSUBISHI）电机公司、日本富士（FUJI）电机公司、日本欧姆龙（OMRON）公司、德国西门子（SIEMENS）公司、德国通用电气（AGE）公司、法国 TE（TELEMECANIQUE）公司。

目前，PLC 的产品多达数百种，厂家遍布世界各地，不同地域、不同厂家的产品在用法上相差甚远，甚至同一厂家不同系列的产品在编程语言和编程方法上也有较大差异。尽管大多数 PLC 厂家都表示将在未来完全支持 IEC 在 1994 年 5 月公布的 PLC 标准中的 IEC 1131-3 标准，但是不同厂家的产品之间的程序转换仍有一个过程。所以企图学会使用一种 PLC，就能一通百通地使用其他型号的 PLC 是不现实的。我们需从目前国内 PLC 的使用情况出发，用归类的方法寻找一种典型 PLC 机型学习，这样才能具有代表性。

日本 1971 年首先从美国引进 PLC 技术，并很快研制成功自己的第一台 PLC，所以其早期产品对美国产品有一定的继承性和依赖性。但日本后期致力于小型 PLC 技术的研究，并取得了较大的发展。因此，在小型机方面，日本产品已具有了自己独到的优势。而美国 PLC 技术和欧洲 PLC 技术是在基本相互隔离的情况下，各自独立开发出来的，所以美国产品和欧洲产品在许多方面存在较大差异。目前，世界的 PLC 市场基本上被这三个派别所垄断。从国内市场使用情况来看，进口大、中型 PLC 以美国和欧洲产品为主，小型 PLC 以日本产品为主。前者数量较少，后者数量较多。考虑到绝大多数电气工程技术人员面对的是小型机使用问题，故本书采用国内市场具有较高性能价格比的日本三菱（MITSUBISHI）公司近年推出的 FX3U 和 FX5U 系列进行介绍。

2. PLC 技术发展方向

（1）规模上向大小两头发展。大型 PLC 的 I/O 点数多达 14336 点，使用 32 位微处理器、多 CPU 并行工作和大容量存储器，趋势向高性能、高速度、大容量发展，有的 PLC 产品扫描速度达 $0.15\mu s$/条基本指令，用户程序存储器容量最大达几十兆字节。另外，小型 PLC 向微型化、多功能、实用性发展，有些可编程控制器的体积非常小，被称为"手掌上的可编程控制器"。例如，三菱公司 FX 系列可编程控制器与以前的 F1 系列可编程控制器相比较，其体积约为后者的 1/3；而美国艾伦-布拉德利（Allen-Bradley 简称为 A-B）公司的 Micro Logix1000 系列只有随身听大小。由于可编程控制器向微型化发展，其应用已不仅仅局限在工业领域。例如，1999 年三菱公司推出的 ALPHA 系列就是面向民用的超小型 PLC，采用整体式结构，I/O 点数为 6、10 和 20，广泛应用于楼宇自动化、家庭自动化和商业领域。

（2）编程语言向标准化靠拢。与个人计算机相比较，PLC 的硬件、软件体系结构都是封闭的，各个厂家的 CPU 和 I/O 模块相互不能通用，各个公司的总线、通信网络和通信协议一般也是专用的。尽管各种系列主要以梯形图编程，但具体的指令系统和表达方式并不一致，即使一个公司的不同系列也是如此，如三菱的 F1 系列和 FX 系列，不同系列的可编程控制器互不兼容。为了解决这个问题，IEC（国际电工委员会）于 1994 年 5 月公布了可编程控制器标准（IEC 1131），其中的第三部分（IEC 1131-3）是可编程控制器的编程语言标准。IEC 1131-3 标准使用户在使用新的可编程控制器时，可以减少重新培训的时间，而对于厂家来说，使用此标准则可以减少产品开发的时间，从而可以拿出更多的精力去满足用户的特殊要求。标准中规定了五种标准语言，其中梯形图（Ladder diagram）和功能块图（Function block diagram）为图形语言，指令表（Instruction list）和结构文本（Struction text）为文字语言，还有一种结构块控制程序流程图（Sequential function chart），又称为顺序功能图。本书主要介绍梯形图、顺序功能块图和指令表三种语言。

（3）输入/输出模块智能化和专用化。模块本身具有 CPU，可与 PLC 主机并行操作，在可靠性、适应性、扫描速度和控制精确度等方面都对 PLC 作了补充。例如，智能通信模块、语音处理模块、智能 PID 控制模块、专用数控模块、智能位置控制模块等。

（4）网络通信功能标准化。由于可以用 PLC 构成网络，所以各种个人计算机、图形工作站等可以作为 PLC 的监控主机和工作站，能够提供屏幕显示、数据采集、记录保持以及信息打印等功能。

（5）控制与管理功能一体化。这是指在一台控制器上同时实现控制功能和信息处理功能。美国 A-B 公司的新产品 PYRAMID INTEGRATOR，首次将 PLC、机器视觉和信息处理器结合在一起，具有基础自动化、过程自动化以及信息管理等多层次功能，适用于工业自动化系统。PLC 产品广泛采用计算机信息处理技术、网络通信技术和图形显示技术，使得 PLC 系统的生产控制功能和信息管理功能融为一体，进一步提高了 PLC 的功能，更好地满足了现代化大生产的控制与管理的需要。

第四节　可编程控制器的基本组成和工作原理

由 PLC 的定义已知，其本质上是一种为工业控制而设计的专用计算机，所以尽管可编程控制器的品种繁多，结构、功能多种多样，但系统组成和工作原理基本相同。概括起来，系统都是由硬件和软件两大部分组成，都是采用集中采样、集中输出的周期性循环扫描方式进行工作。

一、可编程序控制器的硬件组成

可编程控制器的硬件由微处理器、存储器、I/O 接口电路、电源、扩展接口、外设接口及编程器等组成。图 4-1 所示为可编程控制器的硬件简化框图。

1. 微处理器（CPU）

PLC 根据其中所用 CPU 随机型的不同而有所不同，一般有以下几类芯片。

（1）通用微处理器，常用 8 位机和 16 位机，如 Intel 公司的 8080、8086、8088、80186、80286、80386，Motorola 的 6800、68000 型等。低档 PLC 用 Z80A 型微处理器作 CPU 较为普遍。

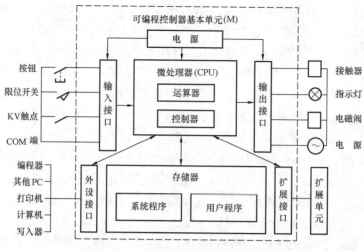

图 4-1 可编程控制器的硬件简化框图

（2）单片机，常用的有 Intel 公司的 MCS48/51/96 系列芯片。由单片机作 CPU 制成的 PLC 体积小，同时逻辑处理能力、数值运算能力都有很大提高，增加了通信功能，这为高档机的开发和应用及机电一体化创造了条件。

（3）位片式微处理器，例如美国 1975 年推出的 AMD2900/2901/2903 系列双极型位片式微处理器广泛应用于大型 PLC 的设计。它具有速度快、灵活性强和效率高等优点。

在小型 PLC 中，大多采用 8 位通用微处理器和单片机芯片；在中型 PLC 中，大多采用 16 位通用微处理器或单片机芯片；在大型 PLC 中，大多采用双极型位片式微处理器；在高档 PLC 中，往往采用多 CPU 系统来简化软件的设计、进一步提高其工作速度。CPU 的结构形式决定了 PLC 的基本性能。

CPU 是 PLC 的核心组成部分，在 PLC 系统中，它通过地址总线、数据总线和控制总线与存储器、I/O 接口等连接，在整个系统中起到类似人体神经中枢的作用，来协调控制整个系统。它根据系统程序赋予的功能完成以下任务：

1）接收并存储从个人计算机（PC）或专用编程器输入的用户程序和数据。

2）诊断电源、内部电路工作状态和编程过程中的语法错误。

3）进入运行状态后，用扫描方式接收现场输入设备的检测元件状态和数据，并存入对应的输入映像寄存器或数据寄存器中。

4）进入运行状态后，从存储器中逐条读取用户程序，经命令解释后，按指令规定的功能产生有关的控制信号，去启闭有关的控制门电路；分时、分渠道地进行数据的存取、传送、组合、比较和变换等操作，完成用户程序中规定的逻辑或算术运算。

5）依据运算结果更新有关标志位的状态和输出映像寄存器的内容，再由输出映像寄存器的位状态或数据寄存器的有关内容实现输出控制、制表、打印或数据通信等功能。

2. 存储器

可编程控制器的存储器按用途可分为以下两种。

（1）系统程序存储器，用来固化 PLC 生产厂家在研制系统时编写的各种系统工作程序。系统程序相当于个人计算机的操作系统，决定了 PLC 具有的基本智能。不同厂家、不同型号的 PLC 系统程序也不相同，但都在不断地加以改进，以提高性价比，增强市场竞争力。可编程控制器厂家常用只读存储器 ROM 或可擦除可编程的只读存储器 EPROM 来存放系统程序。

（2）用户存储器，用来存放从编程器或个人计算机输入的用户程序和数据，因而又包括用户程序存储器和数据存储器两种。用户存储器的内容由用户根据控制需要可读可写，可任意修改、增删；另外，其在一定时期内又具有相对稳定性，所以适宜使用 EPROM、EEPROM、FLASH MEMORY 或带后备电池的 CMOS RAM 来储存用户程序。PLC 技术指标中的内存容量就是指用户存储器容量，是 PLC 的一项重要指标，内存容量一般以"步"为单位。

3. I/O 接口电路（又称 I/O 单元、I/O 模块）

实际生产过程中，PLC 控制系统所需要采集的输入信号的电平、速率等是多种多样的，系统所控制执行机构需要的电平、速率等更是千差万别，而 PLC 的 CPU 所能处理的信号只能是标准电平，所以必须设计输入/输出电路来完成电平转换、速度匹配、驱动功率放大、电气隔离、A/D 或 D/A 变换等任务。它们相当于系统的眼、耳、手，是 CPU 和外部现场联系的桥梁。总之，输入/输出电路是将外部输入信号变换成 CPU 能接收的信号，将 CPU 的输出信号变换成需要的控制信号去驱动控制对象，从而确保整个系统的正常工作。

（1）输入接口电路。内部电路按电源性质分三种类型：直流输入电路，交流输入电路和交直流输入电路。为保证 PLC 能在恶劣的工业环境下可靠地工作，三种电路都采用了光电隔离、滤波等措施。图 4-2 所示为 PLC 直流输入接口的内部电路和外部接线图。图中的光电耦合器能有效地避免输入端引线可能引入的电磁场干扰和辐射干扰；光敏管输出端设置的 RC 滤波器能有效地消除开关类触点输入时抖动引起的误动作，但 RC 滤波器也会使 PLC 内部产生约 10ms 的响应滞后（有些 PLC 某几个输入点的滤波常数可以通过软件来设定）。可见，可编程控制器是牺牲响应速度来换取可靠性，而这样所具有的响应速度在工业控制中是足够的。

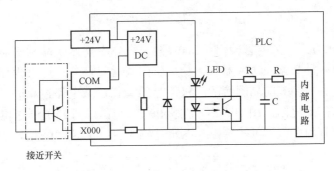

图 4-2　PLC 直流输入内部电路和外部接线图

外部电路主要是指输入器件和 PLC 的连接电路。输入器件大部分是无源器件，如动合按钮、限位开关、主令控制器等。随着电子类电器的兴起，输入器件越来越多地使用有源器件，如接近开关、光电开关、霍尔开关等。有源器件本身所需的电源一般采用 PLC 输入端口内部所提供的直流 24V 电源（容量允许的情况下，否则需外设电源）。当某一端口的输入器件接通有信号输入时，PLC 面板上对应此输入端的发光二极管（LED）发光。

（2）输出接口电路。为了能够适应各种各样的负载，每种系列可编程控制器的输出接口电路按输出开关器件来分类，有以下三种分类方式。

1）继电器输出方式。由于继电器的线圈与触点在电路上是完全隔离的，所以它们可以

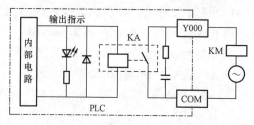

图 4 - 3　继电器输出接口电路

分别接在不同性质和不同电压等级的电路中。利用继电器的这一性质，可以使可编程控制器的继电器输出电路中内部电子电路与可编程控制器驱动的外部负载在电路上完全分割开。由此可知，继电器输出接口电路中不再需要隔离。实际中，继电器输出接口电路常采用固态电子继电器，其电路如图 4 - 3

所示。图中，与触点并联的 RC 电路用来消除触点断开时产生的电弧。由于继电器是触点输出，所以它既可以带交流负载，也可以带直流负载。继电器输出方式最常用，其优点是带载能力强，缺点是动作频率与响应速度慢（响应时间 10ms）。

2）晶体管输出方式。晶体管输出接口电路如图 4 - 4 所示。输出信号由内部电路中的输出锁存器给光电耦合器，经光电耦合器送给晶体管。晶体管的饱和导通状态和截止状态相当于触点的接通和断开。图中，稳压管能够抑制关断过电压和外部浪涌电压，起到保护晶体管的作用。由于晶体管输出电流只能一个方向，因此，晶体管输出方式只适用于直流负载。其优点是动作频率高，响应速度快（响应时间 0.2ms），缺点是带载能力小。

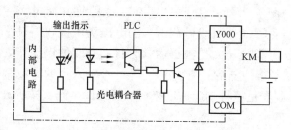

图 4 - 4　晶体管输出接口电路

3）晶闸管输出方式。晶闸管输出接口电路如图 4 - 5 所示，晶闸管通常采用双向晶闸管。双向晶闸管是一种交流大功率器件，受控于门极触发信号。可编程控制器的内部电路通过光电隔离后，去控制双向晶闸管的门极。晶闸管在负载电流过小时不能导通，此时可以在负载两端并联一个电阻。图中，RC 电路用来抑制晶闸管的关断过电压和外部浪涌电压。由于双向晶闸管为关断不可控器件，电压过零时自行关断，因此晶闸管输出方式只适

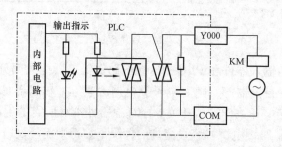

图 4 - 5　晶闸管输出接口电路

用于交流负载。其优点是响应速度快（关断变为导通的延迟时间小于1ms，导通变为关断的延迟时间小于10ms），缺点是带载能力不大。

4. 电源

PLC根据型号的不同，有的采用交流供电，有的采用直流供电。PLC对电源的稳定度要求不高，通常允许电源额定电压在＋10％～－15％范围内波动，例如，FX5U系列PLC的电源要求为AC85～264V。许多可编程控制器为输入电路和外部电子检测装置（如光电开关等）提供24V直流电源，而PLC所控制的现场执行机构的电源，则由用户根据PLC型号、负载情况自行选择。

二、可编程控制器的工作原理

1. 扫描工作方式

可编程控制器工作时，其CPU每一瞬间只能做一件事，即一个CPU每一时刻只能执行一个操作而不可能同时执行多个操作。CPU按分时操作方式来顺序处理各项任务。PLC对许多需要处理的任务依次按规定顺序进行访问和处理的工作方式称为扫描工作方式。用户程序所用到的PLC各种软继电器是按各自程序号大小在时间上串行工作的，但由于CPU运算速度极高，宏观上给人一种似乎是同时完成的感觉。而前面所讲的继电控制系统中，各器件在时间上显然是并行工作的，两个控制系统有着根本的不同。

由于采用了上述工作方式，PLC的输入/输出响应速度相对于MC来说有较大的滞后性（一般为毫秒级，而MC为微秒级），因此PLC工作时输入接口电路的检测器件状态发生变化未必能被PLC立即监测到，也许要等到下一个扫描周期的集中采样阶段才能对其变化做出反应。但由于PLC的扫描周期一般只有十几毫秒，所以PLC控制系统可以满足绝大多数工业控制的需要。有些工业控制（如高速电梯等）对输入/输出响应速度要求比较高，为此有的PLC指定了特定的输入/输出端口以中断的方式进行工作，以满足这些特殊需要。

2. 循环扫描周期

可编程控制器中，CPU的扫描过程就是PLC的工作过程，型号不同的可编程控制器的扫描过程有所差异，典型的循环扫描工作过程如图4-6所示。由图可知，可编程控制器有两种基本的工作状态：RUN状态（运行状态）和STOP状态（停止状态）。当处于停止状态时，只重复进行内部处理和通信服务等工作。处于运行状态时，从内部处理、通信服务、自诊断到输入处理、用户程序执行、输出处理，一直反复不断地重复执行，直至可编程控制器停机或转换到STOP状态。

在内部处理阶段，可编程控制器会进行I/O模块配置检查，为了消除元件状态的随机性要进行清零或复位处理，以及其他一些初始化处理工作，随后执行一段涉及各种指令和内存单元的程序；如果执行时间没有超过规定的时间范围，则将"看门狗"WDT（Watch Dog Timer，监视定时器）复位，进行下一步工作，否则，关闭系统。

图4-6　循环扫描工作过程示意图

在通信服务阶段，可编程控制器应能完成与其他具有微处理器的智能设备（如变频器、个人计算机等）的数据通信（指数据的接收和发送等）、与编程器的数据交换等工作。

可编程控制器本身具有很强的自诊断功能。当 CPU、RAM、I/O 总线等出现故障，或电源异常、程序有错等情况发生时，可编程控制器除了提示信号灯亮以外，还能够根据故障的严重程度做出反应：或者只报警不停机，等待处理；或者停止执行用户程序，使可编程控制器强制变为 STOP 状态，切断所有输出信号，等待修复。某些高档 PLC（如 C2000型 PLC）具有 CPU 并行操作，如果一个 CPU 出现故障，系统仍能正常工作，同时给出"带病工作"信号。两个 CPU 同时发生故障的概率基本上为零，这大大提高了可编程控制器高档机的可靠性。

可以这样说，上述几个阶段都是执行用户程序之前的准备工作。在无异常情况下，PLC 开始扫描执行用户程序。此扫描过程分为三个阶段，如图 4-7 所示。

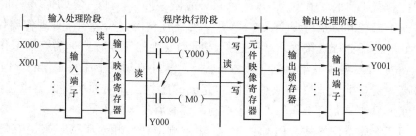

图 4-7 可编程序控制器扫描工作过程

在可编程控制器的存储器中，设置了一个专门的输入/输出数据区。其中，对应于输入端子的数据区，用来存放输入信号状态的部分称为输入映像寄存器；而对应于输出端子的数据区，用来存放输出信号状态的部分称为输出映像寄存器。可编程控制器中其他编程元件也有自己对应的映像寄存器，它们与输入/输出映像寄存器一起统称为元件映像寄存器。

输入处理阶段又称为输入采样阶段。在这个阶段，可编程控制器首先扫描所有输入端子，并将各输入端子的通断状态（"0/1"）按顺序存入内存中各自对应的输入映像寄存器。也可以说可编程控制器把所有外部输入电路的通断状态读入输入映像寄存器。此时，输入映像寄存器被刷新（故此阶段又称为输入刷新阶段），随后关闭输入通道，转入程序执行阶段。在后续几个阶段中，无论外部输入信号如何变化，输入映像寄存器的内容都不会发生变化，直到在下一个循环的输入处理阶段输入信号变化了的状态才会被读入。由于可编程控制器的扫描周期一般只有十几毫秒，所以两次采样的时间间隔很短，对工业中一般开关量来说，可以认为输入信号一旦变化，就能立即进入输入映像寄存器中。大中型可编程控制器由于输入点数多、用户程序长，如果采用这种集中采样的输入方式会使系统响应严重滞后，因此这种采样方式只运用于小型可编程控制器。大中型可编程控制器常采用定期输入采样、直接输入采样、中断输入采样以及智能化接口模块等多种采样方式来提高响应速度。

在程序执行阶段，可编程控制器按从上到下、从左到右的顺序扫描执行梯形图程序。CPU 从第一条指令开始，逐条顺序地执行存储器中按步序号从小到大排列的由若干条指令组成的用户程序（在无跳转指令的情况下）。在程序执行过程中，根据用户程序的需要从输入映像寄存器及其他的元件映像寄存器中将元件的"0/1"状态读出来,并按程序的要求进行逻辑运算,运算结果写入对应的元件映像寄存器中。因此,除输入映像寄存器以外的各元件映像寄存器的内容都会随程序的执行而可能发生变化。用户程序执行完毕,即转入输出处理阶段。

在输出处理阶段,CPU 一次性集中将元件映像寄存器中输出映像寄存器的"0/1"状态转存到输出锁存器中。信号经输出模块隔离和功率放大后送到输出端子。结合前述输出接口电路可知,无论可编程控制器是何种类型的输出形式,如果某一输出映像寄存器中为"1"状态,则经过上述处理后将使对应的输出端子和 COM 端子之间接通(或导通),从而驱动外部负载进行工作。

集中采样、集中输出的循环扫描工作方式使可编程控制器的绝大部分时间与外界封闭,且由于它的串行工作避免了继电接触控制中的触点竞争和时序失配问题,这是可编程控制器具有可靠性高、抗干扰能力强显著特点的主要原因之一。这种工作方式的主要缺点是输入对输出时间上存在滞后性。对于这种滞后一般工业控制是允许的,而一些需要输入/输出快速响应的场合,则必须采取相应的措施。影响响应滞后的原因有输入/输出电路的响应时间、程序扫描周期及程序设计结构等,所以要提高响应速度可以从硬件和软件两个方面入手。硬件上采用快速响应模块、高速计数模块等;软件上采用不同的中断处理措施、对程序进行优化设计以缩短扫描周期等。

第五节　FX3U 和 FX5U 系列 PLC 硬件介绍

三菱 PLC 是进入我国市场的较早产品,由于其有性价比较高,并且易学易用,所以在我国的 PLC 市场上占有很大的份额。三菱 PLC 有 MELSEC iQ-R、MELSEC iQ-F、MELSEC-Q、MELSEC-L、MELSEC-F 和 MELSEC-QS/WS 等几大系列。

MELSEC-F 系列 PLC 尽管机身小巧却兼备丰富的功能与扩展性,FX 系列 PLC 是从 F 系列、F1 系列、F2 系列直至 F3 系列发展起来的小型 PLC 产品,包括有 FX1S/FX1N/FX2N/FX2NC/FX3U/FX3G/FX3S 类型产品。其中,FX1S、FX1N、FX2N、FX2NC 四个子系列在 2012 年 12 月已经停产,目前主要使用的是 FX3 系列 PLC 和 FX3U 系列产品为 FX2N 系列替代产品,完全兼容 FX1S、FX1N、FX2N 系列 PLC 的全部功能。

MELSEC iQ-F 系列 PLC 是实现了系统总线的高速化、充实了内置功能、支持多种网络的新一代可编程控制器,其中的 FX5U 是对标西门子 1200、欧姆龙 CJ2 的一个系列产品,使用三菱最新的 GX-Works3 一体化编程软件,是三菱公司在中小型市场的主力 PLC 产品,性价比非常高。FX5U 是 FX3U 的升级产品,与 FX3U 相比,不仅提升了基本性能,而且内置了模拟量功能和 4 轴 200kHz 高速定位功能,添加了以太网网口供上传下载程序以及通信使用。综上所述,本书以 FX3U、FX5U 为例讲解。

一、FX3U 系列 PLC 硬件介绍

1. FX3U 系列 PLC 主要特点

FX3U 系列 PLC 是三菱开发的第三代小型 PLC 系列产品,与 FX2N 系列相比,CPU

运算速度大幅提高，通信功能进一步增强，更加适合于网络控制。此外，它采用基本单元加扩展的结构形式，兼容 FX2N 系列的全部功能。

FX3U 系列 PLC 具有以下主要特点：

（1）运算速度进一步提高。FX3U 系列 PLC 每条基本逻辑指令的执行时间由 FX2N 系列的 $0.08\mu s$ 缩短到了 $0.065\mu s$，每条应用指令的执行时间由 FX2N 系列的 $1.25\mu s$ 至几百毫秒缩短到了 $0.642\mu s$ 至几百毫秒。

（2）I/O 点数进一步增加。基本单元本身具有固定的 I/O 点数，FX3U 系列 PLC 完全兼容 FX2N 系列的全部扩展 I/O 模块。基本单元加扩展可以控制本地的 I/O 点数为 256 点，通过远程 I/O 连接，PLC 的最大点数可以达到 384 点。I/O 的连接也可采用源极或漏极（又称汇点输入）两种方式，使外电路设计和外接有源传感器的类型（PNP，NPN）更为灵活方便。

（3）存储器容量进一步扩大。FX3U 系列 PLC 的用户程序存储器（RAM）的容量可达 64KB，并可以扩展采用闪存（Flash ROM）卡。

（4）通信功能进一步增强。FX3U 系列 PLC 在 FX2N 系列基础上增加了 RS-422 标准接口与网络连接的通信模块，以满足网络连接的需求。同时，通过转换装置，还可以使用 USB 接口连接。

（5）定位控制功能。FX3U 系列 PLC 内置 100kHz 的 6 点高速计数器，用于接收输入口输入的 100kHz 的高速脉冲信号，高速输出口有 3 个，最高输出脉冲频率达 100kHz，可独立控制三轴定位。FX3U 系列 PLC 开发了网络控制定位扩展模块，与三菱公司的 MR-J3 系列伺服驱动器连接，可以直接进行高速定位控制功能。

（6）编程功能。FX3U 系列 PLC 在应用指令上除了全部兼容 FX1S/FX1N/FX2N 系列的所有指令外，还增加了如变频器通信、数据块运算、字符串读取等多条指令，应用指令多达 209 种。在编程软元件上，不但元件数量大大增加，还增加了扩展寄存器 R 和扩展文件寄存器 ER。在应用常数上增加了实数（小数）和字符串的输入，还增加了非常方便应用的字位（字中的位）和缓冲存储器 BFM 直接读写方式。

2. FX3U 系列 PLC 基本单元

（1）基本单元型号。基本单元是构成 PLC 系统的核心部件，FX3U 系列 PLC 基本单元的型号说明如图 4-8 所示。

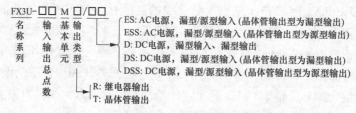

图 4-8　FX3U 系列 PLC 基本单元型号说明

FX3U 系列 PLC 基本单元有 16/32/48/64/80/128 共 6 种规格，每一规格都分为 AC100～240V、DC24V 两种电源类型及继电器、晶体管两种输出类型，开关量输入与晶体管输出均可以使用漏型与源型两种连接方式。

（2）基本单元外部硬件功能。FX3U 系列 PLC 属于整体式结构，现以图 4 - 9 所示 FX3U-32MR/ES 型 PLC 为例对其外观及各部分功能进行简单阐述。

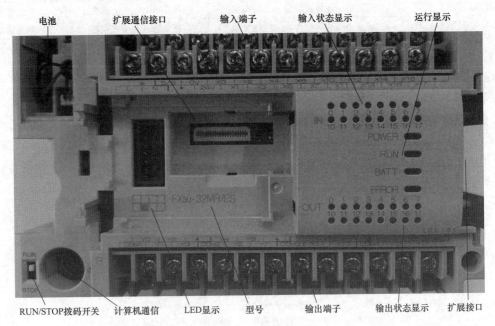

图 4 - 9　FX3U-32MR/ES 型系列 PLC 外部硬件功能图

输入状态显示与输出状态显示由发光二极管在有输入及输出信号的时候发光完成，即有输入信号输入或有输出信号输出时，对应端子的相应指示灯亮，该功能在 PLC 用户程序调试期间有着极其重要的作用。FX3U 系列 PLC 基本单元除了可以使用 FX2N 系列 PLC 的全部特殊功能模块外，还可以使用属于自己系列的专用特殊功能模块（包括通信扩展模块），这些特殊功能模块的功能、能耗及安装位置见表 4 - 1。安装于基本单元右侧的第一个模块通过基本单元右侧的扩展接口连接，安装于基本单元左侧的第一个模块通过基本单元左侧的扩展接口连接，该扩展接口位于基本单元的左侧面，图 4 - 9 所示为俯视图，不可见，因而没有标注出来。

表 4 - 1　　　　　　　　　FX3U 系列 PLC 特殊功能扩展模块一览表

型号	名称及功能	DC 5V 消耗	DC 24V 消耗	安装位置
FX3U-4AD	4 通道模拟量输入扩展模块	消耗 110mA	消耗 90mA	安装于基本单元的右侧
FX3U-4DA	4 通道模拟量输出扩展模块	消耗 120mA	消耗 160mA	
FX3U-20SSC-H	SSCNET-Ⅲ网络控制定位扩展模块	消耗 100mA	消耗 210mA	
FX3U-232ADP	RS-232 通信扩展模块	消耗 30mA	—	安装于基本单元的左侧
FX3U-485ADP	RS-485 通信扩展模块	消耗 20mA	—	
FX3U-4AD-ADP	4 通道模拟量输入扩展模块	消耗 15mA	消耗 150mA	
FX3U-4DA-ADP	4 通道模拟量输出扩展模块	消耗 15mA	消耗 40mA	
FX3U-4AD-PT-ADP	4 通道 Pt100 温度传感器扩展模块	消耗 15mA	消耗 50mA	
FX3U-4DA-TC-ADP	4 通道热电偶温度传感器扩展模块	消耗 15mA	消耗 45mA	

型号	名称及功能	DC 5V 消耗	DC 24V 消耗	安装位置
FX3U-4HSX-ADP	4 通道高速计数器输入扩展模块	消耗 30mA	消耗 30mA	安装于基本
FX3U-2HSX-ADP	2 通道高速计数器输入扩展模块	消耗 30mA	消耗 60mA	单元的左侧

3. 扩展单元和扩展模块

FX3U 系列 PLC 目前还没有自身的 I/O 扩展单元与 I/O 扩展模块，但是可以使用 FX2N 系列 PLC 的全部扩展单元与扩展模块。I/O 扩展单元本身带有外部电源输入端，它不但不消耗基本单元的电源，而且还可以为其他扩展模块、特殊功能模块等提供 DC 24V 与 DC 5V 电源。FX2N 系列 PLC 扩展单元有 32/48 点两种规格，型号说明如图 4-10 所示。按照供电电源、输入形式、输出形式以及点数等要素组合细分，扩展单元有 14 种型号，在此不细讲。

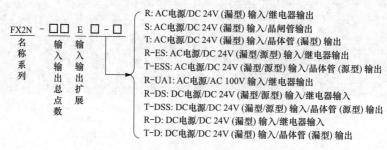

图 4-10　FX2N 系列 PLC 扩展单元型号说明

I/O 扩展模块与 I/O 扩展单元的主要区别是扩展模块没有外部电源输入端，它需要由基本单元或扩展单元提 DC 24V 电源，其型号和扩展单元大同小异，只是型号中 E 的位置有输入扩展模块（EX）、输出扩展模块（EY）、I/O 混合扩展模块（E）以及 DC 5V 输入扩展模块（EXL）五种情况，I/O 点数有 8 点与 16 点两种。

4. 基本单元的接线

FX2N 系列 PLC 的直流输入为漏型（即低电平有效），但是 FX3U 系列 PLC 直流输入可以通过不同的接线选择源型输入或者漏型输入，这无疑为工程设计带来极大的便利。FX3U 系列 PLC 晶体管输出也有漏型和源型两种，在订购设备时根据需要加以确定具体类型。

讲解接线之前需要熟悉一下基本单元的接线端子，以 FX3U-32MR/ES 为例，其端子分布如图 4-11 所示。接线端子上下各两排交错分布，输入端子部分的 DC 24V 是传感器电源，对于 AC 100～240V 交流供电的 PLC 而言，该传感器电源可以作为开关量输入的驱动电源使用；对于 DC 24V 供电的 PLC，由于其传感器电源驱动能力较小，开关量输入的驱动电源和 PLC 的供电电源共用即可。输出端子处粗线是分割线，其将某些输出端子和自己的公共端对应起来，例如，Y0～Y3 的公共端是 COM1，Y4～Y7 的公共端是 COM2。

PLC 供电电源为交流电，将传感器电源输出的 24V 端子与 S/S 端子连接，0V 端子作为开关量输入信号的公共端，这种接法低电平有效，称为漏型接法，如图 4-12（a）所示。0V 端子与 S/S 端子连接，24V 端子作为开关量输入信号的公共端，这种接法高电平有效，叫做源型接法，如图 4-12（b）所示。如果输入信号都是按钮之类的无源输入器件，则采用漏型输入或源型输入都可以。如果输入元器件中有接近开关等有源器件，则必须根据该有源器件是 NPN 型还是 PNP 型来选择采用漏型输入还是源型输入。

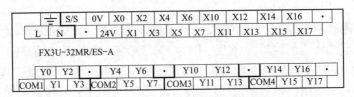

图 4-11　FX3U-32 MR/ES 端子分布图

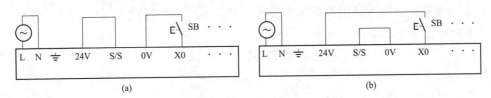

图 4-12　FX3U 输入端接线图

（a）漏型输入；（b）源型输入

　　FX3U 系列 PLC 的继电器输出方式中，由于触点的无极性，负载电源根据负载性质既可以使用交流电源（AC 100～240V）也可以使用直流电源（DC 30V 以下），接线时在输出公共端子和负载公共端之间接上所需电源即可。

　　FX3U 系列 PLC 的晶体管输出方式中，由于晶体管是有极性的，使用的负载电源必须是直流电源（DC 5～30V），晶体管输出型具体又分为漏型输出和源型输出。公共端子接电源负极，电源正极接负载的公共端，当输出为 ON 时，晶体管导通，电流从正极经过负载、输出端子、内部晶体管、COM 端子回到负极形成回路。电流从 PLC 输出端的公共端子输出，称之为漏型输出，如图 4-13（a）所示。FX1S/FX1N/FX2N 系列 PLC 的晶体管输出方式也是这种漏型输出。

　　FX3U/FX3UC/FX3G 系列 PLC 晶体管输出方式中源型输出方式的输出公共端子不用 COM 表示，而是使用＋V 表示。接线时，＋V 接电源的主极，负极接电源的公共端子，当输出为 ON 时，晶体管导通，电流从正极经过＋V、内部晶体管、输出端子、负载回到负极形成回路。电流从 PLC 的输出端子输出，称之为源型输出，如图 4-13（b）所示。

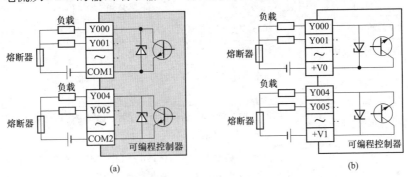

图 4-13　FX3U 系列 PLC 晶体管输出方式接线图

（a）漏型输出；（b）源型输出

二、FX5U 系列 PLC 硬件介绍

1. FX5U 系列 PLC 主要特点

三菱小型可编程控制器 MELSEC iQ-F 系列（FX5U 系列）以其基本性能的提高、与驱动产品的连接、软件环境的改善为亮点，作为 FX3U 系列的升级产品而面世。与 FX3U 系列相比较，FX5U 系列小而精，系统总线速度提高了 150 倍，最大可以扩展 16 个智能扩展模块，内置 2 输入 1 输出模拟量功能、以太网接口以及 4 轴 200kHz 高速定位功能。运用简易运动控制定位模块通过 SSCNET Ⅲ/N 定位控制，可实现丰富的运动控制。在编程方面，GX Works3 编程软件直观的图形化操作，通过 FB 模块精简了程序开发工作。

2. FX5U 基本单元

三菱 PLC iQ-F 系列 FX5 系列包括 FX5U 和 FX5UC 系列。FX5UC 是 FX5U 的紧凑型，各项性能差不多，区别是 FX5UC 采用了插接式端子，结构更加紧凑。FX5U 系列 PLC 外观、各部分名称如图 4-14 所示，各部分功能见表 4-2。

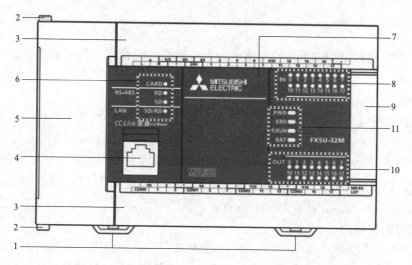

图 4-14　FX5U 系列 PLC 外观及各部分名称

表 4-2　　　　　　　　　　　　　FX5U 系列 PLC 各部分功能

编号	名称	功能
1	DIN 导轨安装用卡扣	用于将 CPU 模块安装在 DIN46277（宽度：35mm）的 DIN 导轨上的卡扣
2	扩展适配器连接用卡扣	连接扩展适配器时，用此卡扣固定
3	端子排盖板	保护端子排的盖板，接线时可打开此盖板作业，运行（通电）时，请关上此盖板
4	内置以太网通信用连接器	用于连接支持以太网的设备的连接器。详细内容请参考 MELSEC iQ-F FX5 用户手册（以太网通信篇）
5	上盖板	保护 SD 存储卡槽、RUN/STOP/RESET 开关等的盖板，内置 RS-485 通信用端子排、内置模拟量输入输出端子排、RUN/STOP/RESET 开关、SD 存储卡槽等位于此盖板下

编号	名称	功能
6	CARD LED	显示 SD 存储卡是否可以使用。 灯亮：可以使用，或不可拆下； 闪烁：准备中； 灯灭：未插入，或可拆下
	RD LED	用内置 RS-485 通信接收数据时灯亮
	SD LED	用内置 RS-485 通信发送数据时灯亮
	SD/RD LED	用内置以太网通信收发数据时灯亮
7	连接扩展板用的连接器盖板	保护连接扩展板用的连接器、电池等的盖板，电池安装在此盖板下
8	输入显示 LED	输入接通时灯亮
9	次段扩展连接器盖板	保护次段扩展连接器的盖板，将扩展模块的扩展电缆连接到位于盖板下的次段扩展连接器上
10	PWR LED	显示 CPU 模块的通电状态。 灯亮：通电中； 灯灭：停电中，或硬件异常
	ERR LED	显示 CPU 模块的错误状态。 灯亮：发生错误中，或硬件异常； 闪烁：出厂状态，发生错误中，硬件异常，或复位中； 灯灭：正常动作中
	P. RUN LED	显示程序的动作状态。 灯亮：正常动作中； 闪烁：PAUSE 状态； 灯灭：停止中，或发生停止错误中
	BAT LED	显示电池的状态。 闪烁：发生电池错误中； 灯灭：正常动作中
11	输出显示 LED	输出接通时灯亮

（1）基本单元型号。FX5U 系列 PLC 基本单元有 32、64、80 点三种点数，每个基本单元都可以通过 I/O 扩展单元扩展到 256 点。型号中 M、E、EX、EY 意义同 FX3U 一致，输入/输出形式中的 R/ES 表示 AC 电源/继电器输出、T/ES 表示 AC 电源/晶体管（漏型）输出、T/ESS 表示 AC 电源/晶体管（源型）输出、R/DS 表示 DC 电源/继电器输出、T/DS 表示 DC 电源/晶体管（漏型）输出。

（2）基本单元外部硬件功能。打开 FX5U 系列 PLC 正面所有能够拆开的盖板，可显示出的各个部分硬件组成，如图 4-15 所示各部分功能见表 4-3。

3. 系统构成

用户以 FX5U 基本单元为核心，根据需要可以扩展各种功能，组成较为复杂的 PLC 系统，如图 4-16 所示。基本单元左侧可以加装模拟量扩展适配器用于连接 FX5-4AD-ADP、

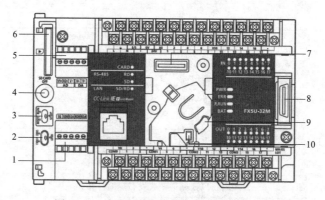

图 4-15　FX5U 系列 PLC 外部硬件组成图

表 4-3　　　　　　　　　　　　　　**FX5U 系列 PLC 外部硬件功能表**

编号	名称	功能
1	内置 RS-485 通信用端子排	用于连接支持 RS-485 的设备的端子排
2	RS-485 终端电阻切换开关	切换内置 RS-485 通信用的终端电阻的开关
3	RUN/STOP/RESET 开关	操作 CPU 模块的动作状态的开关。 RUN：执行程序； STOP：停止程序； RESET：复位 CPU 模块（倒向 RESET 侧保持约 1s）
4	SD 存储卡使用停止开关	拆下 SD 存储卡时停止存储卡访问的开关
5	内置模拟量输入输出端子排	用于使用内置模拟量功能的端子排
6	SD 存储卡槽	安装 SD 存储卡的槽
7	连接扩展板用的连接器	用于连接扩展板的连接器
8	次段扩展连接器	连接扩展模块的扩展电缆的连接器
9	电池座	存放选件电池的支架
10	电池用接口	用于连接选件电池的连接器

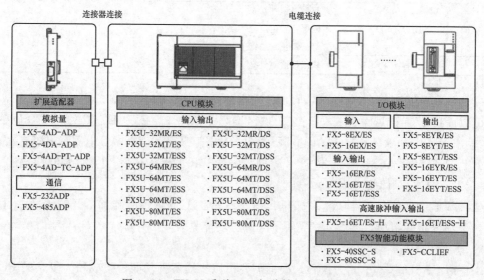

图 4-16　FX5U 系列 PLC 部分扩展功能示意图

FX5-4DA-ADP，也可以加装通信扩展适配器用于连接 FX5-232ADP、FX5-485ADP。右侧既可以加装 FX5 系列的各种 I/O 模块，也可以加装高速脉冲输入输出模块 FX5-16ET/ES-H、FX5-16ET/ESS-H 以及 FX5-40SSC-S 等智能功能模块和 FX5-1PSU-5V 扩展电源模块。通过总线转换模块后，可以加装 FX3 系列的智能功能模块，包括 FX3 系列的模拟量扩展模块、定位模块、高速计数模块和网络模块。系统的构成必须满足最大扩展单元数限制、最大 I/O 点数限制和电源供电电流限制详细可以参考 FX5 产品硬件手册。有关 FX5U 接线事项，和 FX3U 类似，在此不予赘述。

第六节　GX Works2 与 GX Works3 编程软件介绍

PLC 作为一种工业计算机，在具备硬件的基础上还必须有软件程序，PLC 程序分为系统程序和用户程序，前者厂家已经固化在 PLC 内部，后者必须由用户自己使用编程软件设计并下载到 PLC 当中。编程软件是设计、调试用户程序不可或缺的软件。FX3U 系列 PLC 的用户程序编程软件是 GX Works2，FX5U 系列 PLC 的用户程序编程软件是 GX Works3，下面分别加以介绍。

一、GX Works2 编程软件

GX Works2 是三菱电机公司新一代 PLC 的软件，是基于 Windows 运行的用于进行设计、调试、维护的编程软件。与传统的 GX Developer 相比，GX Works2 提高了功能及操作性能，变得更加容易使用。GX Works2 软件具有简单工程与结构化工程两种编程方式，支持梯形图、SFC、ST 及结构化梯形图等编程语言，可以实现编程、参数设定、网络设定、程序监控、调试及在线修改和设置智能功能模块参数等功能，适用于 Q、L、FX 等系列 PLC。

（一）GX Works2 的安装

使用之前首先需要在三菱公司官网下载好 GX Works2 编程软件并进行解压。解压完成后，双击打开 GX Works2 文件夹，然后打开 Disk1 文件夹，双击运行 setup.exe 文件进行安装。安装过程中需要填写姓名和公司名称，产品 ID（P）序列号可以填写 570-986818410 即可，单击"下一步"后系统默认安装在 C:\ProgramFiles(x86)\MELSOFT 路径下，也可以根据自己的需要安装在其他位置。当弹出"GX Works2 已经安装至计算机"对话框后，单击"完成"按钮退出安装向导，至此三菱 GX Works2 软件便安装完成了，计算机桌面上显示的红色背景白色动合触点的图标就是 GX Works2 的编程软件。

（二）GX Works2 的使用

1. 新工程的建立

双击计算机上的 GX Works2 图标，打开编程软件工作界面，在左上角的"工程"菜单栏中单击"新建"选项，出现如图 4-17 所示的界面。

在图 4-17 中，需要选择 PLC 的系列（Q 系列 Q 模式、L 系列、FX 系列、Q 系列 A 模式、CNC）、机型（以 FX 系列为例，包括的机型有 FX0、FX0S、FX0N、FX1、FX1S、FX1N、FX1NC、FXU、FX2C、FX2N、FX2NC、FX3S、FX3G、FX3GC、FX3U、

FX3UC）、工程类型（简单工程、结构化工程）和程序语言（选择简单工程时有梯形图和
SFC，选择结构化工程时有 ST、结构化梯形图/FBD、不指定三个选项）等信息。此处，选
择"FX 系列""FX3U"机型以及梯形图语言并确认后，即可进入图 4-18 的编程界面。

图 4-17　新工程的建立

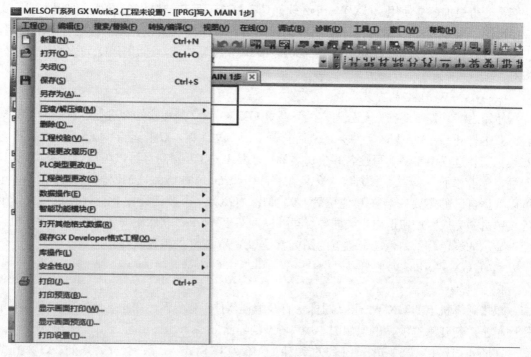

图 4-18　"工程"菜单

　　在图 4-18 的"工程"菜单中，可以进行新建、打开、关闭、保存、另存为等操作。打

开是打开历史项目，保存和另存为是将设计好的程序或未完成的程序存储到指定位置，便于下次查看或修改。设计过程中需要更改 PLC 类型时，如 3G 变换为 3U，可以从 PLC 类型处更改。打开其他数据格式用于打开老版本软件编写的软件。智能功能模块可以添加 AnyWireASLINK 接口模块 FX3U-128ASL-M 以及保存/读取 FX 特殊模块数据。

在"编辑"菜单栏中包括剪切、复制、粘贴等许多操作，其中的行插入、行删除以及梯形图编辑模式中的读取模式、写入模式等功能在用户程序设计及调试中经常用到。搜索/替换菜单栏主要用于软元件、指令、触点线圈、字符串的搜索及软元件、指令、字符串的替换。

"转换/编译"菜单是将设计的程序进行检查，编写的程序必须经过编译无误后，才可以写入 PLC 中。没有编译过的程序底色是灰色的，编译无误后底色变为白色，建议在编写程序过程中及时进行编译操作。

"在线"菜单栏下的"PLC 读取"用于上传 PLC 中已有的程序，"PLC 写入"用于给 PLC 下载已经设计好的程序，"远程操作"用于计算机对 PLC 进行 RUN/STOP 操作。"在线"菜单栏下的"监视"用于下载程序后 PLC 运行时的联机调试程序。而"在线"菜单栏右侧的"调试"菜单栏主要是指在编程软件中脱机模拟运行程序，后者不需要 PLC 实际运行程序。

2. 梯形图的输入

要实践自己的设计思想，必须先输入程序，最常用的是从工具栏输入。首先在菜单栏空白处右击鼠标将出现的"梯形图"打勾，软元件工具栏就会出现在菜单栏下方，如图 4-19 所示。

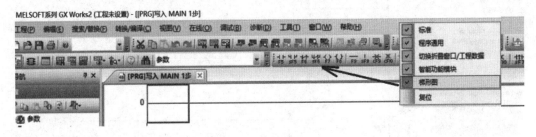

图 4-19　梯形图的输入（一）

想串联或并联地输入动合触点或动断触点，或者想输入线圈，对应选择软元件工具栏按钮即可，假设要输入动合触点 X6，则单击对应的动合触点按钮，在弹出的梯形图输入对话框中输入 X6［见图 4-20（a）］，单击确定后 X6 的动合触点就会出现在相应位置［见图 4-20（b）］。此时的触点是灰色的，当按照设计思路在 X6 动合触点右侧输入相应的线圈或应用指令后，经过编译无误后即可去掉灰色。

与从工具栏输入程序相比，更便捷的是直接双击输入，双击鼠标左键，在弹出的梯形图输入对话框的第一个空白框选择要输入的类型（动合触点、动断触点、线圈、应用指令等），然后在对话框中输入相关信息，单击"确定"按钮即可完成相关的梯形图输入。

3. 注释的添加

比较长的程序不加注释让别人很难读懂，即使设计者自己时间一长有时也很难看懂，无法回想自己当时的设计思路，因此设计时可在比较长的程序处添加注释。注释的添加有软元件注释、声明和注解三种。每一种注释既可以通过"编辑"菜单中的"文档创建"下的"软元件注释编辑""声明编辑""注解编辑"完成，也可以通过菜单栏中对应的软元件"软元件注释编辑""声明编辑""注解编辑"按钮符号完成。三种注释都添加后的梯形图如图 4-21 所示。

图 4-20　梯形图的输入（二）

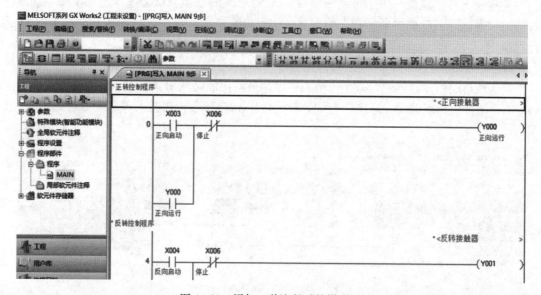

图 4-21　添加三种注释后的梯形图

单击"软元件注释编辑"按钮后，梯形图行间距会变大，双击需要注释的软元件，在弹出的对话框中，输入注释文字，确认后即可。"声明注释"是给一段程序添加注释用的，单击"声明编辑"按钮符号后，在要加注释的程序段的第一个触点连接的左母线外侧双击，在弹出的对话框中输入要注释的内容，确认即可完成。添加声明注释后，所添加的文字会把左母线断开。注解注释是给线圈做注释的，先单击"注解编辑"按钮符号，再双击输出线圈，在弹出的对话框中输入需要注释的内容，确认即可完成。如果后续不需要注释了，可以单击"视图"菜单，将"注释显示""声明显示""注解显示"前面的对号取消，梯形图注释就会消失。

4. 通信测试

设计好的用户程序以梯形图形式输入编程软件后，最终要下载到 PLC 中运行。下载前应确保计算机和 PLC 间通信正常，有且只有这样才能对 PLC 进行写入、监控、修改数据寄存器，或者上载 PLC 的程序。通信测试前需进行 COM 端口查询。首先用编程线将 PLC 和计算机连接起来，然后用鼠标右键依次单击"我的电脑""管理"图标，进入"计算机管理"窗口，在"设备管理器"中单击"端口"，如图 4-22 所示，查询可知连接的端口是 USB-SERIAL CH340（COM3）。

图 4-22　COM 端口查询

查询到端口以后，返回到 PLC 编程软件界面，在左侧导航栏找到当前连接目标，双击该目标后会进入连接目标设置界面，如图 4-23 所示。出现在"计算机测 I/F"中的 Serial SUB 的 COM 端口系统默认是"COM1"，双击"Serial USB"的图标，在弹出的对话框中选择"COM3"，然后确定即可完成 COM 端口的更改。

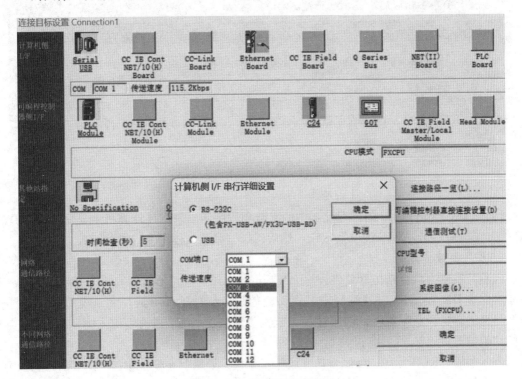

图 4-23　COM 端口的更改

更改 COM 端口后，单击"通信测试"按钮会出现"已成功与 FX3U/FX3UCCPU 连接"的对话框，单击确认后，表明测试完成，后续即可写入用户程序。

5. 写入与读取

PLC 写入是将编写好的用户程序写入到 PLC 的存储器中。在"在线"菜单栏中单击红色的"PLC 写入"按钮（或直接单击工具栏中的红色"PLC 写入"按钮），再选择"参数＋程序"，最后单击"执行"按钮即可，如图 4-24 所示。如果原来的 PLC 处于运行状态，执行下载后会弹出对话框以便远程将 PLC 停止（下载程序必须是 PLC 处于 STOP 状态），下载完成后还会弹出一个对话框以便将 PLC 远程设置为 RUN 状态。

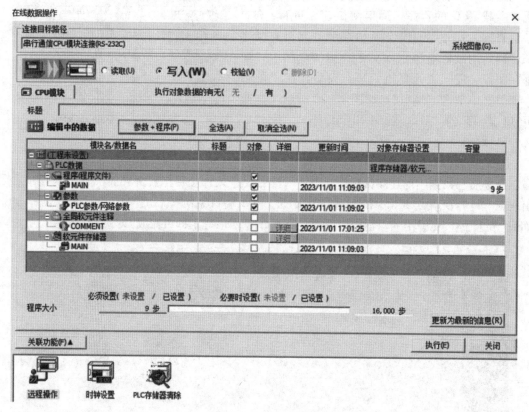

图 4-24 PLC 程序的写入

PLC 读取是指将 PLC 内部存储器中的参数和程序读出来，在计算机上显示。在工具栏"在线"菜单中单击"PLC 读取"按钮，然后选择"参数＋程序"，执行即可。

6. 程序模拟仿真

三菱开发了一款可选仿真软件程序 GX Simulator2，但它不能脱离 GX Works2 独立运行。在安装 GX Works2 时若选择安装该仿真软件，编程软件工具栏的"模拟开始/停止"按钮是亮的，这样意味着可以使用仿真功能。使用该功能时，单击菜单栏中"调试"按钮下的"模拟开始/停止"，随机开始 PLC 写入过程，如图 4-25 所示。写入完成后，GX Simulator2 的"RUN"亮，程序自动变成监视模式。如果要在模拟中接通 X003，则先用鼠标单击该触点使其底色变蓝，按下 Shift 键，然后按下回车键，则 X003 的状态反转。在按下 Shift 键的情况下，按一次回车键，则状态反转一次。

菜单栏"在线"下的"PLC 存储器操作"用来内存清除、"口令/关键字"用来密码设置等功能以及菜单栏"搜索/替换"中的软元件搜索与替换功能也都非常有用，只是使用起来比较简单，就不在此一一叙述了。

二、GX Works3 编程软件

GX Works3 是三菱电机新一代的 PLC 编程软件，是用于对 MELSEC iQ-R 系列、

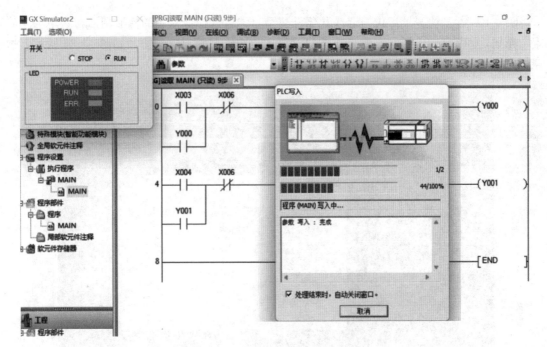

图 4 - 25 用户程序的模拟仿真

MELSEC iQ-L 系列、MELSEC iQ-F 系列等可编程控制器进行设置、编程、调试以及维护的工程工具。虽然它被称为 GX Works3，但它并不是 GX Works2 的升级版，并没有任何传承关系。

（一）软件特点

（1）可通过模块配置图中的直观操作进行系统设计。通过装载模块配置图功能（Navigator 功能）进行视觉直观的设置；通过启动以模块配置图为起点的各模块参数设置画面进行直观的操作。

（2）只需通过选择就可进行简单编程。通过模块标签/模块 FB 的自动生成来缩短编程所需的准备时间；通过拖拽程序部件使编程简单化。

（3）伴随着库的充实和扩大，编程工时将大幅减少。

（4）能够快速查找故障。将计算机连接到发生异常的 CPU 上时将自动显示模块的诊断画面，通过错误代码指定原因与对策，并可以保存能够诊断故障的事件履历信息。

（5）整合顺序控制与驱动控制以降低成本。

（6）通过支持多国语言来加速全球发展。

（7）通过有效利用已存在的 Q 系列工程资产以减少客户的开发成本。现有的 Q 系列 PLC 工程文件可简单地转换并引用到 GX Works3 中。

（二）GX Works3 的使用

1. 新项目的建立

双击计算机桌面上的 GX Works3 图标，打开编程软件工作界面，单击工具栏的最左边的"新建"按钮，在弹出的对话框中选择 PLC 系列（RCPU、LHCPU、FX5CPU、QCPU、LCPU、FXCPU、NCCPU），此处选择"FX5CPU"系列，该系列下的 PLC 机型有 FX5U、

FX5UJ、FX5S 三种型号，我们选择 FX5U 机型，语言选择最常用的梯形图语言，单击"确定"按钮，如图 4 - 26 所示。在弹出的对话框中也单击"确定"按钮，如图 4 - 27 所示，这样就完成了新项目建立的工作。

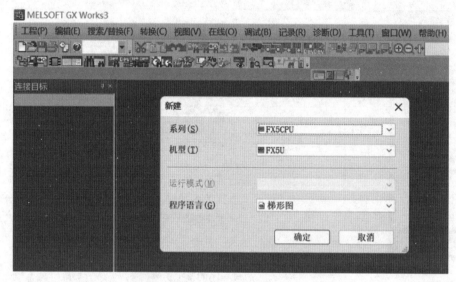

图 4 - 26　新建项目

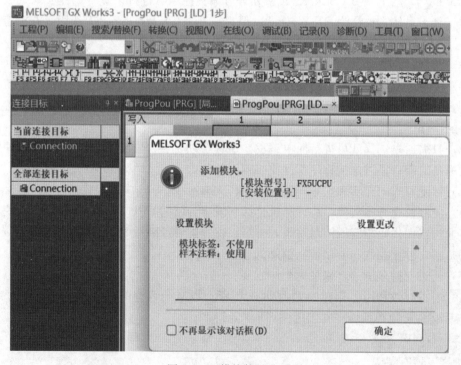

图 4 - 27　模块使用选项

2. 通信的连接

双击编程软件左侧"当前连接目标"下的"Connection"，在弹出的"简易连接目标设置"对话框中选择以太网，适配器选择"Realtek PCIe GbE Family Controller"，如图 4-28 所示。单击"通信测试"按钮，可以显示一个 MELSOFT GX Works3 的对话框，框中有 "已成功与 FX5UCPU 连接"的提示语，单击"确定"即可完成通信的连接。

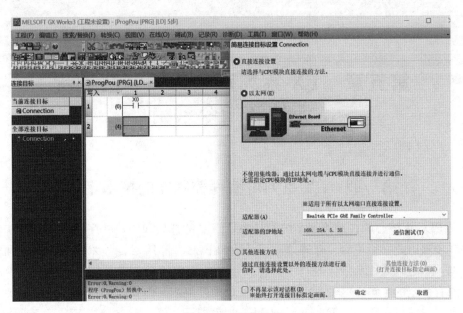

图 4-28 通信连接

GX Works3 编程软件中程序的编写、程序写入、添加注释、模拟仿真等常用功能与 GX Works2 编程软件区别不大，在此就不做过多介绍了。

4-1 简述可编程控制器的定义，与继电控制、微机控制相比较，其主要优点是什么？

4-2 可编程控制器由哪几部分组成？各部分的作用是什么？

4-3 可编程控制器有哪些主要特点？主要应用在哪些领域？

4-4 可编程控制器以什么方式执行用户程序？其输入/输出响应延迟是怎样产生的？

4-5 可编程控制器有哪几种输出形式？各有什么特点？

4-6 与 FX3U 系列 PLC 相比，FX5U 系列 PLC 具有哪些优势？

第五章 FX 系列可编程控制器编程
元件及指令系统

第一节 FX 系列可编程控制器的技术指标

在以 PLC 为核心的自动控制系统设计中，PLC 的选型和用户程序的设计是系统设计成败的关键步骤因此必须正确、合理地选用合适的 PLC，而 PLC 的技术指标是选型和使用的重要依据。总之，对技术指标的基本内容和每一项内容的含义以及每一项在设计中的重要程度应该有一定的了解。尽管 FX2N 系列 PLC 现已停产，但是市面上仍有部分相关产品在使用。本节先简单介绍一下 FX2N 系列 PLC 技术指标，然后重点介绍 FX3U 系列与 FX5U 系列 PLC 的相关技术指标。

一、FX2N 系列 PLC 的技术指标

FX2N 系列 PLC 每条基本指令执行时间为 $0.08\mu s$。其具有 27 条基本指令、2 条步进指令和 128 种功能指令。有 3072 点辅助继电器、1000 点状态继电器、256 点定时器、235 点计数器、8000 多点 16 位数据寄存器、128 点跳步指针和 15 点中断指针。内附 8K 步 RAM（RUN 过程中可更改程序），最大可达 16K（包括注释），最大可扩展到 256 个 I/O 点。

FX2N 系列 PLC 既可以选择在内部安装一块 FX2N-232-BD 通信用功能扩展板，用于与各种 RS-232C 设备通信，又可以内部安装一块 FX2N-422-BD 通信用功能扩展板，用于与 RS-422 通信，还可以内部安装一块 FX2N-485-BD 通信用功能扩展板，用于 RS-485 通信。安装在内部的模拟量设定功能扩展板 FX2N-8AV-BD，其上有 8 个电位器，PLC 能够将模拟量转换为 8 位二进制数字后存入存储器，然后用模拟量功能扩展板读出指令 VRRD（Variable Resistor Read）读出作为定时器或计数器的设定值。FX2N 系列 PLC 拥有大量适用于特殊用途的选件，如用于模拟控制的 FX2N-4AD 和 FX2N-4DA、用于定位控制的 FX2N-1PG、用于高速计数的 FX2N-1HC 和用于数字通信的 FX2N-232IF。尽管功能很多，但与 FX2 系列 PLC 相比，FX2N 系列 PLC 的面积、体积小 50%。

总之，FX2N 是 FX 系列中比 FX0S、FX0N 等系列功能强许多的可编程控制器，但是通过后续的介绍及比较可以发现，FX2N 系列各方面又远远不及 FX3U 系列和 FX5U 系列。

二、FX3U 系列 PLC 的技术指标

1. 一般技术指标

一般技术指标主要是指 PLC 在保证正常工作情况下，对外部条件的要求指标和自身的一些物理指标，如温度、湿度和绝缘电阻等。

由于 PLC 是工业用的计算机，其最大的特点就是可靠性高，即 PLC 能够在较恶劣的环境长期稳定地工作。但环境的恶劣程度不可能是无限度的，每种产品的设计和考核都应该符合有关的硬件标准。各种 PLC 的硬件指标相差不是很大，故在选型时考虑较少，而在安装使用时应给予足够的注意。FX3U 系列 PLC 的一般技术指标见表 5-1。表中的指标都是比较保守的，某些指标的实测结果远高于这些标准。随着元器件水平的提高，这些指标还在不断提高。

表 5-1　　　　　　　　　　　　FX3U 系列 PLC 的一般技术指标

项目	规格		
环境温度	运行时：0～55℃；存储时：-25～75℃		
相对湿度	运行时：5%～95%RH（不结露）		
耐振动	DIN 导轨	10～57Hz，单振幅 0.035mm；57～150Hz，加速度 4.9m/s	3 轴各 10 次（共 80mm）
	直接安装	10～57Hz，单振幅 0.075mm；57～150Hz，加速度 9.8m/s	
耐冲击	147m/s，作用时间 11ms，正弦半波脉冲下 3 轴方向各 3 次		
抗噪声	采用噪声电压 1000V（峰-峰值），噪声宽度 1μs，上升沿 1ns，30～100Hz 的噪声模拟器		
绝缘耐压	AC1500V，1min（接地端与其他端子之间）		
绝缘电阻	5MΩ 以上（DC500V 兆欧表测量，接地端与其他端子之间）		
接地	专用接地或是共同接地，接地电阻 100Ω 以下；如接地有困难，可以不接地		
使用环境	无腐蚀性、可燃性气体，导电性尘埃不严重		

2. 电源及输入输出技术指标

电源相关的技术指标包括规格、耗电量及供电电流等指标，输入输出指标包括输入电流及带载能力等，具体见表 5-2。

表 5-2　　　　　　　　　　　　FX3U 系列 PLC 电源及输入输出技术指标

项目	规格
电源规格	AC 电源型：AC 100～240V（允许范围 AC85～264V），50/60Hz；DC 电源型：DC 24V（允许范围 DC16.8～28.8）
耗电量	AC 电源型：30W（16M），35W（32W），40W（48M），45W（64M），50W（80M），65W（128M）； DC 电源型：25W（16M），30W（32M），35W（48M），40W（64M），45W（80M）
冲击电流	AC 电源型：30A 5ms 以下/AC 100V，45A 5ms 以下/AC 200V
24V 供电电流	DC 电源型：400mA 以下（16M，32M）；600mA 以下（48M，64M，80M，128M）
输入规格	DC 24V，5～7mA
输出规格	继电器输出型：2A/1 点、8A/4 点 COM、8A/8 点 COM，AC 250V、DC 30V 以下
输入输出扩展	可以连接 FX2N 系列的扩展设备

3. 软件性能指标

软件性能指标包括运行方式、速度、程序容量、指令类型、元件种类和数量等。不同的 PLC 机型，这些指标相差悬殊，它们反映了 PLC 的运算规模。FX3U 系列 PLC 的软件性能指标见表 5-3。

表 5-3   FX3U 系列 PLC 软件性能指标

项目	性能
程序存储器	内置 64000 步 RAM（电池支持）； 选件：64000 步闪存存储器（有程序传送功能/无程序传送功能），16000 步闪存存储器（无程序传送功能）
时钟功能	内置实时时钟（有闰年修正功能），月误差±45s/25℃
指令	基本指令 29 个、步进梯形图指令 2 个、应用指令 209 种（486 个）
运算处理速度	基本指令：0.065μs/指令；应用指令：0.642μs～数百毫秒/指令
高速处理	输入输出刷新指令、输入滤波调整指令、输入中断功能、定时中断功能、高速计数中断指令和脉冲捕捉功能
最大输入输出点数	384 点（基本单元、扩展设备的 I/O 点数以及远程 I/O 点数的总和）
辅助继电器/定时器	辅助继电器：7680 点；定时器：512 点
计数器	16 位计数器：200 点；32 位计数器：35 点；高速 32 位计数器：100kHz 一相 6 点、10kHz 两相 2 点（可设定 4 倍）
数据寄存器	一般用 8000 点、扩展寄存器 32768 点、扩展文件寄存器 32768 点、变址用 16 点

三、FX5U PLC 的技术指标

1. 一般技术指标

相对于 FX3U 来说，FX5U 的一般技术指标总体变化不大，但是运行时允许的温度范围、耐振动等指标还是有所变化，详见表 5-4。由此可见，对环境而言，FX5U 硬件可靠性相比较 FX3U 有一定程度的提高。

表 5-4   FX5U 系列 PLC 的一般技术指标

项目	规格		
环境温度	运行时：−20～55℃；存储时：−25～75℃		
相对湿度	运行及存储时：5％～95％RH（不结露）		
耐振动	DIN 导轨	5～8.4Hz，单振幅 1.75mm；8.4～150Hz，加速度 4.9m/s；	3 轴各 10 次
	直接安装	5～8.4Hz，单振幅 3.5mm；8.4～150Hz，加速度 9.8m/s	（共 80mm）
耐冲击	147m/s，作用时间 11ms，正选半波脉冲下 3 轴方向各 3 次		
抗噪声	采用噪声电压 1000V（峰-峰值），噪声宽度 1μs，上升沿 1ns，30～100Hz 的噪声模拟器		
过电压类别	Ⅱ 以下		
绝缘电阻	5MΩ 以上（DC 500V 兆欧表测量，接地端与其他端子之间）		
接地	D 类接地（接地电阻：100Ω 以下），不允许与强电系统共同接地		
使用环境	无腐蚀性、可燃性气体，导电性尘埃不严重		
污染度	2 以下		

2. 电源技术指标

FX5U系列PLC的电源技术指标与FX3U一样，包括电源规格、耗电量、冲击电流等，具体见表5-5。与FX3U系列PLC的电源技术指标相比较，FX5U的耗电量减少、冲击电流高，24V供电电流也有所提高。

表5-5　　　　　　　　　　　　　　FX5U系列PLC电源技术指标

项目		规格
电源规格		同FX3U
耗电	FX5U-32M□/E□，FX5U-32M□/D□	30W
	FX5U-64M□/E□，FX5U-64M□/D□	40W
	FX5U-80M□/E□，FX5U-80M□/D□	45W
冲击电流	FX5U-32M□/E□	25A 5ms以下/AC100V
		50A 5ms以下/AC200V
	FX5U-64M□/E□	30A 5ms以下/AC100V
	FX5U-80M□/E□	60A 5ms以下/AC200V
	FX5U-32M□/D□	50A 0.5ms以下/DC24V
	FX5U-64M□/D□，FX5U-80M□/D□	65A 2.0ms以下/DC24V
电源容量	DC24V供给电源容量	FX5U-32M□/E□	400mA（CPU模块输入回路使用供给电源时的容量）
			480mA（CPU模块输入回路使用外部电源时的容量）
		FX5U-64M□/E□	600mA（CPU模块输入回路使用供给电源时的容量）
			740mA（CPU模块输入回路使用外部电源时的容量）
		FX5U-80M□/E□	600mA（CPU模块输入回路使用供给电源时的容量）
			770mA（CPU模块输入回路使用外部电源时的容量）
	DC24V内置电源容量	FX5U-32M□/D□	480mA
		FX5U-64M□/D□	740mA
		FX5U-80M□/D□	770mA

3. 输入技术指标

在PLC的使用过程中，输入技术指标对于确保PLC输入回路的正确接线以及后续可靠运行至关重要。例如，开关量输入信号必须可靠接通或断开，可靠接通是指接通后的电流必须大于输入ON灵敏度电流，可靠断开是指断开后的电流必须小于输入OFF灵敏度电流。依靠硬触点接通的开关量信号，硬触点的接触电阻不可过大，以确保接通后的电流一定大于输入ON灵敏度电流。同样，电子类低压电器触点的断开是指截止状态，漏电流要确保低于端口对应的输入OFF灵敏度电流。FX5U系列PLC的输入技术指标见表5-6。

表5-6　　　　　　　　　　　　　　FX5U系列PLC的输入技术指标

项目	规格
输入形式	漏型（NPN集电极开路型晶体管）/源型（PNP集电极开路型晶体管）
输入信号电压	DC 24V　+20%、-15%
输入信号电流	X0~X17，5.3mA/DC 24V；X20~Xn，4.0mA/DC 24V
输入阻抗	X0~X17，4.3kΩ；X20以后，5.6kΩ

续表

项目	规格
输入 ON 灵敏度电流	X0～X17，3.5mA 以上；X20 以后，3.0mA 以上
输入 OFF 灵敏度电流	1.5mA 以下
输入信号形式	无电压触点输入
输入回路绝缘	光耦绝缘
输入动作显示	输入接通时 LED 灯亮

4. 输出技术指标

输出技术指标主要是指 PLC 的带载能力，这些因素考虑不周会导致 PLC 损坏。FX5U系列继电器输出与晶体管输出的技术指标分别见表 5-7、表 5-8 所示。

表 5-7　　　　　　　　　　　FX5U 系列 PLC 的继电器输出技术指标

项目	规格
外部电源	DC 30V 以下；AC 240V 以下（不符合 CE、UL、cUL 规格时为 AC 250V 以下）
最大负载	① 2A/1 点； ② 8A 以下/每个公共端合计负载电流
最小负载	DC 5V 2mA
开路漏电流	—
响应时间	① OFF→ON 约 10ms； ② ON→OFF 约 10ms
回路绝缘	机械隔离
输出动作显示	输出接通时 LED 灯亮

表 5-8　　　　　　　　　　　FX5U 系列 PLC 的晶体管输出技术指标

项目	规格
输出种类	FX5U-MT/S：晶体管/漏型输出；FX5U-MT/SS：晶体管/源型输出
外部电源	DC 5～30V
最大负载	① 0.5A/1 点； ② 0.8A 以下/输出 4 点公共端合计负载电流； ③ 1.6A 以下/输出 8 点公共端合计负载电流
开路漏电流	0.1mA 以下/DC 30V
ON 时压降	① 1.0V 以下/Y0～Y3； ② 1.5V 以下/Y4～Yn
响应时间	① 2.5μs 以下/10mA 以上（DC 5～24V），Y0～Y3； ② 0.2ms 以下/200mA 以上（DC 24V），Y4～Yn
回路绝缘	光耦绝缘
输出动作显示	输出接通时 LED 灯亮

输出指标是设计 PLC 控制系统时必须重视的一项指标。PLC 能够直接驱动负载，但它的驱动能力是有一定限制的，必须根据负载的性质选取合适的输出形式，核算负载值以保证不损坏输出电路。例如，线圈额定电压为交流 380V 的接触器，PLC 就不能直接对其控制，因为由表 5-7 可知外部电源为交流时需小于 240V。在实践中要么更换为线圈额定电压

为交流 220V 的同样额定电流的接触器，要么用中间继电器将能配置的电压等级放大。

5. 性能指标及软元件点数（见表 5-9 和表 5-10）

表 5-9　　　　　　　　　　　　　FX5U 系列 PLC 的性能指标

项目		规格
控制方式		存储程序反复运算
输入输出控制方式		刷新方式（根据指定可进行直接访问输入输出）
编程规格	编程语言	梯形图（LD）、结构化文本（ST）、功能块图/梯形图（FBD/LD）
	编程扩展功能	功能块（FB）、功能（FUN）、标签编程（局部/全局）
	恒定扫描	0.2～2000ms（可以 0.1ms 为单位设置）
	固定周期中断	1～60000ms（可以 1ms 为单位设置）
	定时器性能规格	100、10、1ms
	程序执行数量	32 个
	FB 文件数量	16 个（用户使用的文件最多 15 个）
存储器容量	程序容量	64K 步（128KB、快闪存储器）
	SD 存储卡	存储卡容量部分（SD/SDHC 存储卡：最大 16GB）
	软元件/标签存储器	120KB
	数据存储器/标准 ROM	5MB
快闪存储器（闪存）写入次数		最大 2 万次
时钟功能	显示信息	年、月、日、时、分、秒、星期（自动判断闰年）
	精确度	月差±45s/25（TYP）
停电保持	保持方法	大容量电容器
	保持时间	10 日（环境温度：25）
输入输出点数	① 输入输出点数	256 点以下
	② 远程 I/O 点数	384 点以下
	①和②的合计点数	512 点以下

表 5-10　　　　　　　　　　　　FX5U 系列 PLC 的软元件点数

项目		进制	最大点数	
输入继电器（X）		8	1024 点	分配到输入输出的 X、Y 合计为最大 256 点
输出继电器（Y）		8	1024 点	
内部继电器（M）		10	32768 点（可通过参数更改）	
锁存继电器（L）		10	32768 点（可通过参数更改）	
链接继电器（B）		16	32768 点（可通过参数更改）	
报警器（F）		10	32768 点（可通过参数更改）	
链接特殊继电器（SB）		16	32768 点（可通过参数更改）	
步进继电器（S）		10	4096 点（固定）	
定时器类	定时器（T）	10	1024 点（可通过参数更改）	
累计定时器类	累计定时器（ST）	10	1024 点（可通过参数更改）	
计数器类	计数器（C）	10	1024 点（可通过参数更改）	
	长计数器（LC）	10	1024 点（可通过参数更改）	
数据寄存器（D）		10	8000 点（可通过参数更改）	

续表

项目		进制	最大点数
链接寄存器（W）		16	32768 点（可通过参数更改）
链接特殊寄存器（SW）		16	32768 点（可通过参数更改）
模块访问软元件	智能功能模块软元件	10	65536 点
变址寄存器点数	变址寄存器（Z）	10	24 点
	超长变址寄存器（LZ）	10	12 点
嵌套点数	嵌套（N）	10	15 点（固定）
指针点数	指针（P）	10	4096 点
	中断指针（I）	10	178 点（固定）

第二节　FX 系列可编程控制器的编程元件

继电接触控制系统用到了各种具体的电器元件，通过它们的硬接线来实现控制功能。而可编程控制器是通过运行用户程序来实现控制功能。用户程序的编写有多种语言，其中梯形图是使用得最多的图形编程语言。梯形图程序设计中有许多逻辑器件和运算器件，它们是由可编程控制器内部的电子电路和一个个存储单元所构成。从编程的角度出发，可以不管它们具体的物理实现，仅仅关心它们的功能，统一称之为编程元件。按功能不同给每种元件一个名称，如辅助继电器、计数器、定时器等。同类元件有许多，每个元件给一个编号，以便于区分。下面以 FX 系列中具有很高性能价格比的 FX3U 系列可编程控制器为例，详细介绍编程元件的名称、用途及使用方法。

一、输入继电器和输出继电器

1. 输入继电器（X）

输入继电器的作用是接收并存储（对应某一位输入映像寄存器）外部输入的开关量信号，它和对应的输入端子相连，同时提供无数的常开和常闭软触点用于编程。图 5-1 为输入、输出继电器的等效电路图。

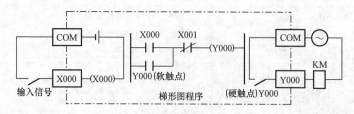

图 5-1　输入继电器 X 和输出继电器 Y 的等效电路图

FX 系列可编程控制器输入继电器采用八进制编码，基本单元输入继电器最大范围为 X0～X77，共 64 点，扩展后系统可达 X0～X267，共 184 点。

输入继电器在梯形图编程中有以下特点：因为它的"0/1"状态（相当于继电器中的"通电/断电"）只能由外部信号决定，而不能受用户程序控制，但它能够影响其他编程元件的状态，所以在梯形图中只能出现其触点而不能出现输入继电器的线圈。

2. 输出继电器（Y）

输出继电器的作用是它具有一动合硬触点用于向外部负载发送信号（对应某一位输出映像寄存器），每一输出继电器的动合硬触点（或输出管）与可编程控制器的一个输出点相连直接驱动负载，它也提供了无数的动合和动断软触点用于编程。

FX系列可编程控制器输出继电器也采用八进制编码，基本单元输出继电器最大范围为Y0～Y77，共64点，扩展后系统可达Y0～Y267，共184点。

输出继电器在梯形图编程中有以下特点：因为它的"0/1"状态（相当于继电器中的"通电/断电"）只能由用户程序决定，而不能受外部信号控制，同时它也能够影响其他编程元件的状态，所以在梯形图中，既能出现其触点又能出现其线圈。输入继电器X和输出继电器Y的等效电路如图5-1所示。

二、辅助继电器

辅助继电器M是用软件来实现的，用于状态暂存、移位辅助运算及赋予特殊功能的一类编程元件，它们既不能接收外部的输入信号，也不能直接驱动外部负载，其作用类似于继电接触控制系统中的中间继电器。它们同样能提供无数的动合和动断触点用于内部编程，除某些特殊辅助继电器线圈由系统程序驱动外，绝大多数继电器线圈由用户程序驱动。

1. 通用辅助继电器

通用辅助继电器为M0～M499，共500点，无断电保持功能。

2. 断电保持辅助继电器

断电保持辅助继电器为M500～M3071，其中的M500～M1023可以用软件来设定使其变为非断电保持辅助继电器。它们能利用可编程控制器内部的锂电池来记忆失电瞬间的状态，也就是说重新通电后的第一个周期能维持断电时各自的状态。如果来电后要自动一直维持断电前的ON状态，可采用图5-2所示的断电自保电路来实现。

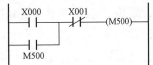

图5-2 断电自保电路

3. 特殊辅助继电器

特殊辅助继电器为M8000～M8255，共256点。它们用来表示可编程控制器的某些状态、设定计数器为加计数或减计数及提供功能指令中的标志等。它分为以下两种：

（1）触点利用型特殊辅助继电器。其线圈由可编程控制器的系统程序来驱动，用户编程时可直接使用其触点。最常用的有以下几个：

M8000 运行监视继电器。可编程控制器处于RUN状态时它为ON；反之，它为OFF。

M8002 初始化脉冲继电器。它能在RUN状态的第一个周期产生一个脉宽为扫描周期的脉冲，可以用它来对某些有断电保持功能的编程元件进行复位和清零。

M8005 锂电池电压降低继电器。锂电池电压低于规定值时动作，它的触点接通可编程控制器面板上的指示灯，提醒工程技术人员更换锂电池。

M8011、M8012、M8013、M8014继电器分别提供10ms、100ms、1s和1min的时钟脉冲，可用于延时的扩展等。

（2）线圈驱动型特殊辅助继电器。其线圈由用户程序驱动后可编程控制器完成特定的操作，例如：

M8030，其线圈"通电"时，使锂电池欠电压指示灯熄灭。

M8033，其线圈"通电"时，如果可编程控制器由 RUN 状态转入 STOP 状态，则映像寄存器和数据寄存器中的内容保持不变，即可编程控制器输出保持。

M8034，其线圈"通电"时，禁止全部输出。

M8039，其线圈"通电"时，可编程控制器以 D8039 中指定的扫描时间工作。

三、状态器 S

状态器 S 与步进梯形指令 STL 一起使用，用于顺序控制的程序编制。当不对 S 使用 STL 指令时，其作用相当于普通辅助继电器 M。

无断电保持功能的通用状态器为 S0～S499，共 500 点。其中，S0～S9 用于顺序功能图的初始状态；S10～S19 用于自动回原点程序的顺序功能图；S20～S499 为通用状态器。有断电保持功能的通用状态器为 S500～S899，共 400 点。状态器 S900～S999 用于外部故障诊断的输出（又称为报警器）。

四、定时器 T

可编程控制器的定时器 T 的作用相当于继电接触控制中的通电延时型时间继电器。

定时器 T 有一个设定值寄存器、一个当前值寄存器和一个用来存储其"0/1"状态的元件映像寄存器，这三个存储单元使用同一个元件号。可编程控制器内部定时器是根据时钟脉冲累计计时的，不同类型的定时器有不同脉宽的时钟脉冲，反映了定时器的定时精确度。计时时钟脉冲有 0.001s、0.01s、0.1s 三种。定时器可以用用户程序存储器内的常数 K 作为设定值，也可以用数据寄存器（D）的内容作为设定值，它们都存放在设定值寄存器中。应该注意的是，它们实质上设置的是定时器所应计的时钟脉冲的个数，所以定时器所定时间应为设定值与此定时器计时时钟脉冲的周期之积。计时条件满足后，当前值计数器从零开始，对时钟脉冲进行累加计数。当当前值等于设定值时，对应的元件映像寄存器为"1"，对此用继电器的术语说定时器的动合触点接通，动断触点断开。

1. 定时器的两种形式

（1）通用定时器为 T0～T245。T0～T199 共 200 点，是 100ms 定时器，定时范围为 0.1～3276.7s，其中，T192～T199 为子程序和中断服务程序专用定时器。T200～T245 共 46 点，是 10ms 定时器，定时范围为 0.01～327.67s。

通用定时器的特点是在计时过程中，如果计时条件由满足变为不满足时，则当前值恢复为零。也就是说，通用定时器所计的时间必须一次达到设定的时间，否则定时器元件映像寄存器不会为"1"，定时器不会动作，如图 5-3 所示。

（2）积算定时器 T246～T255。T246～T249 共 4 点，是 1ms 定时器，定时范围为 0.001s～32.767s；T250～T255 共 6 点，是 100ms 定时器，定时范围为 0.1s～3276.7s。

积算定时器的特点是设定时间，以计时条件满足时间的累加为定时时间。也就是说，在计时过程中，如果计时条件由满足变为不满足时，则当前值并不恢复为零，而是保持原当前值不变，下一次计时条件满足时，当前值在原有值的基础上继续累计增加，直到与设定值相等，当前值只有在复位指令有效时才变为零，且复位信号优先，如图5-4所示。

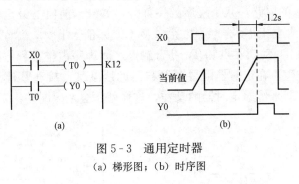

图5-3 通用定时器
(a) 梯形图；(b) 时序图

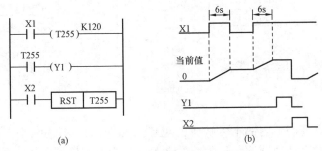

图5-4 积算定时器
(a) 梯形图；(b) 时序图

2. 定时器的瞬动触点

可编程控制器的定时器本身没有瞬动触点，如果编程需要，可以在定时器线圈两端并联一个辅助继电器的线圈，把这个辅助继电器的触点当成定时器本身的瞬动触点来使用。

3. 延时断开电路

定时器只能提供其线圈"通电"后延迟动作的触点，如果需要输出信号在输入信号停止后一定时间才停止（相当于继电接触控制系统中的断电延时型时间继电器），可采用图5-5所示电路。

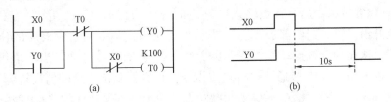

图5-5 延时断开电路
(a) 梯形图；(b) 时序图

4. 定时器编程特点

可编程控制器的程序执行是以扫描方式，从第一步到END步不断重复执行。定时器定时条件满足后就开始工作，每隔0.001s（或0.01s，或0.1s）当前值自动加1，而与程序执行无关。不论程序正运行到哪一步，只要当前值与设定值相等，对应的元件映像寄存器为

"1"，动合触点接通，动断触点断开。由于定时器有上述工作特点，如果编程不当，可能会发生误动作。

假设图 5-6 所示的电路是某个程序的一部分，如果当前值与设定值相等时，程序正执行到 T0 动断触点之前或 T0 动合触点之后，则 C0 就不会计数，从而发生漏计数情况。这种错误发生的概率与 T0 动断触点和 T0 动合触点之间程序占整个程序的百分比有关。为彻底避免这种情况的发生，在定时器既要断开自己的线圈又要接通其他元件的电路中，应引入一个通用辅助继电器来传递定时器的动作，这样就不会发生漏动作，如图 5-7 所示。

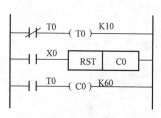

图 5-6　不合适的编程

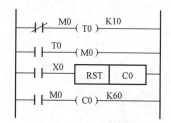

图 5-7　合适的编程

五、计数器 C

计数器是可编程控制器内部不可缺少的重要软元件，它由一系列电子电路组成，主要用来记录脉冲的个数。计数器按所计脉冲的来源可分为内部信号计数器和高速计数器。

1. 内部信号计数器

可编程控制器在执行扫描操作时，对内部编程器件的通断状态进行计数的计数器称为内部信号计数器。为避免漏计数的发生，被计信号的接通和断开时间应该大于可编程控制器的扫描时间。内部信号计数器根据当前值和设定值所存放的数据寄存器位数以及计数的方向又分为以下两种类型。

(1) 16 位加计数器。C0～C99 共 100 点，为无断电保持计数器，C100～C199 共 100点，为断电保持计数器。它们的计数设定值可用常数 K 设定，范围为 1～32767，也可以通过数据寄存器 D 设定。图 5-8 所示为 16 位加计数器的工作过程，在复位指令有效（X10 为"1"）的情况下，计数输入信号 X11 即使提供输入脉冲，计数器当前值也保持零不变。X10 为"0"解除复位指令后，计数输入电路由断开变为接通（X11 由"0"变为"1"，即计数脉冲的上升沿）时，当前值加 1。C1 当前值等于设定值 5 时，它对应的位存储单元的内容被置"1"，从而动合触点动作，使 Y1 成为 ON。再有计数脉冲，当前值仍保持设定值不变。当复位输入信号 X10 接通，执行复位指令，计数器复位，当前值被置为"0"。

(2) 32 位双向计数器。C200～C219 共 20 点，为无断电保持计数器；C220～C234 共 15点，为断电保持计数器（可累计计数）。它们计数设定值可用常数 K 设定，范围为 −2147483648～+2147483647，也可以通过数据寄存器 D 设定，32 位设定值存放在元件号相连的两个数据寄存器中。例如，指定的是 D0，那么设定值存放在 D1 和 D0 中。计数方向由特殊辅助继电器 M8200～M8234 设定。对于 32 位双向计数器 C□□□，当 M8□□□接通时为减计数器，断开时为加计数器。

32 位双向计数器编程及执行波形图如 5-9 所示。X10 为计数方向设定信号，X11 为计

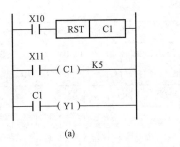
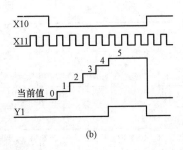

图 5-8 16 位加计数器的工作过程

(a) 梯形图；(b) 时序图

数复位信号，X12 为计数输入信号。C210 的设定值为 5，在加计数时，如果计数器的当前值由 4→5 时，计数器 C210 的动合触点接通，Y1 有输出；当前值大于 5 时，C210 动合触点仍接通。在减计数时，如果计数器的当前值由 5→4 时，计数器 C210 的动合触点断开，Y1 停止输出；当前值小于 4 时，C210 动合触点仍断开。X11 动合触点接通时，C210 被复位，当前值被置为 0。如果双向计数器从 +2147483647 起再进行加计数，当前值就变成 −2147483648；同理，从 −2147483648 再减，当前值就变成 +2147483647，这称为循环计数。

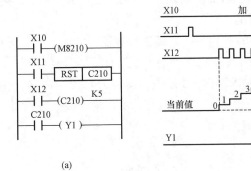
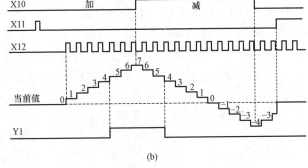

图 5-9 32 位双向计数器工作过程

(a) 梯形图；(b) 时序图

2. 高速计数器

高速计数器又称为中断计数器，它的计数不受扫描周期的影响，但最高计数频率受输入响应速度和全部高速计数器处理速度这两个因素限制，后者影响更大，因此高速计数器用得越少，计数频率就越高。计数信号来自可编程控制器的外部。

各种高速计数器均为 32 位双向计数器，表 5-11 给出了各高速计数器对应的输入端子的元件号。表中，U 为加输入，D 为减输入，R 为复位输入，S 为启动输入，A、B 分别为 A、B 相输入。高速计数器共 21 点分为下述四种类型。

表 5-11 　　　　　　　　　　　　高 速 计 数 器

中断输入	一相一计数输入（无 S/R）						一相一计数输入（有 S/R）					一相双向计数输入					两相双向计数输入				
	C235	C236	C237	C238	C239	C240	C241	C242	C243	C244	C245	C246	C247	C248	C249	C250	C251	C252	C253	C254	C255
X000	U/D						U/D					U/D	U	U		U	A	A		A	

169

续表

中断输入	一相一计数输入（无S/R）						一相一计数输入（有S/R）					一相双向计数输入					两相双向计数输入				
	C235	C236	C237	C238	C239	C240	C241	C242	C243	C244	C245	C246	C247	C248	C249	C250	C251	C252	C253	C254	C255
X001		U/D					R			R		D	D		D		B	B		B	
X002			U/D					U/D			U/D		R		R			R		R	
X003				U/D				R			R			U		U			A		A
X004					U/D				U/D					D		D			B		B
X005						U/D			R					R		R			R		R
X006										S					S					S	
X007											S					S					S
最高频率(kHz)	60	60	10	10	10	10	10	10	10	10	10	60	10	10	10	10	30	5	5	5	5

（1）C235～C240 为无启动/复位输入端的一相一计数高速计数器。它对一相脉冲计数，故只有一个脉冲输入端，计数方向由程序决定。如图 5 - 10 所示，M8235 为 ON 时，减计数；M8235 为 OFF 时，加计数；X11 接通时，C235 当前值立即复位至 0；当 X12 接通后，C235 开始对 X000 端子输入的信号上升沿计数。

（2）C241～C245 为带启动/复位输入端的一相一计数高速计数器。如图 5 - 11 所示，利用 M8245，可以设置 C245 为加计数或减计数；X11 接通时，C245 立即复位至 0，因为 C245 带有复位输入端，故也可以通过外部输入端 X003 复位；又因为 C245 带有启动输入端 X007，所以需不仅 X12 为 ON，并且 X007 也为 ON 的情况下才开始计数，计数输入端为 X002，设定值由数据寄存器 D0 和 D1 的内容来指定。

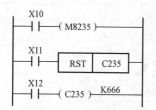

图 5 - 10　一相无 S/R 高速计数器

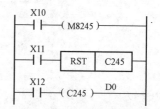

图 5 - 11　一相带 S/R 高速计数器

（3）C246～C250 为一相双向计数的高速计数器。这种计数器固定可编程控制器的一个输入端用于加计数，固定可编程控制器的另一个输入端用于减计数，其中几个计数器还有启动端和复位端。在图 5 - 12（a）中，X10 接通后，C246 像一般 32 位计数器那样复位；X10 断开、X11 接通情况下，如果输入脉冲信号从 X000 输入端输入，当 X000 从 OFF→ON 时，C246 当前值加 1；反之，如果输入脉冲信号从 X001 输入端输入，当 X001 从 OFF→ON 时，C246 当前值减 1。在图 5 - 12（b）中，X005 接通计数器复位；X005 断开情况下，X007、X11 全接通后，C250 对 X003 输入端输入的上升沿加计数，对 X004 输入端输入的上升沿减计数。C246～C250 的计数方向可以由监视相应的特殊辅助继电器 M8□□□状态得到（可以由 M8□□□的动合触点控制某 Y△△△实现）。

170

（4）C251～C255为两相（A-B相型）双计数输入高速计数器。这种计数器的计数方向由A相脉冲信号与B相脉冲信号的相位关系决定。在A相输入接通期间，如果B相输入由断开变为接通，则计数器为加计数；反之，A相输入接通期间，如果B相输入由接通变为断开，则计数器为减计数，如图5-13所示。

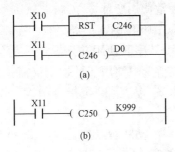

图5-12　一相双向计数的计数器

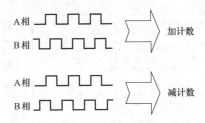

图5-13　两相双计数计数器的计数方向

图5-14中，X11为ON且X7也为ON，C255通过中断对X3输入的A相信号和X4输入的B相信号的上升沿计数。X10或X5为ON时C255被复位。当前值大于等于设定值时，Y0接通。Y1为ON时，减计数；Y1为OFF时，加计数。可以在电动机的旋转轴上安装A-B相型的旋转编码器，程序中使用C251～C255两相双计数输入计数器，从而实现旋转轴正向转动时自动加计数，反向转动时自动减计数。

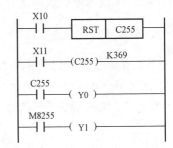

图5-14　两相双计数输入高速计数器

六、数据寄存器 D

可编程控制器在模拟量检测与控制以及位置控制等许多场合都需要数据寄存器来存储数据和参数。每个数据寄存器都为16位，最高位为符号位，两个数据寄存器串联起来可存放32位数据，最高位仍为符号位。FX系列可编程控制器的数据寄存器有以下四种。

（1）通用数据寄存器为D0～D199，共200点。可编程控制器状态由运行转到停止时，这类数据寄存器全部清零。但当特殊辅助继电器M8033为ON情况下，状态由RUN→STOP时，这类数据寄存器中的内容可以保持。

（2）断电保持数据寄存器为D200～D7999，共7800点。数据寄存器为D200～D511，共312点，其中的数据在可编程控制器停止状态或断电情况都可以保持。通过改变外部设备的参数设定，可以改变通用数据寄存器与此类数据寄存器的分配。其中D490～D509用于两台可编程控制器之间的点对点通信。D512～D7999的断电保持功能不能用软件改变，可以用RST、ZRST或FMOV将断电保持数据寄存器复位。

以500点为单位，可将D1000～D7999设为文件寄存器，用于存储大量的数据，如多组控制参数、统计计算数据等。文件寄存器占用用户程序存储器的某一存储区间，参数设置时，可以用编程软件来设定或修改，然后传送到可编程控制器中。

（3）特殊数据寄存器为D8000～D8255，共256点。它用来监控可编程控制器的运行状态，如电池电压、扫描时间、正在动作的状态的编号等，其在电源接通时被清零，随后被系统程序写入初始值。例如，D8000 用来存放监视时钟的时间，此时间是由系统设定，也可以使用传送指令 MOV 将目的时间送给 D8000 对其内容加以改变。可编程控制器转入停止状态时，D800 中的内容不会改变。未经定义的特殊数据寄存器，用户不能使用。

（4）变址寄存器为 V0～V7 和 Z0～Z7。在传送指令、比较指令中，变址寄存器 V、Z 中的内容用来修改操作对象的元件号，在循环程序中经常使用变址寄存器。

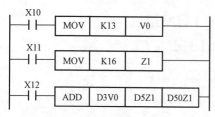

图 5-15　变址寄存器的使用

V 和 Z 都是 16 位的数据寄存器，在 32 位操作时，可以将 V、Z 串联使用并且规定 Z 为低位，V 为高位。32 位指令中使用变址指令仅需指定 Z，Z 就代表了 V 和 Z，因为 32 位指令中 V、Z 自动配对使用。

图 5-15 中，动断触点接通时，13→V0，16→Z1，从而 D3V0 = D16，D5Z1 = D21，D50Z1 = D66，因此 ADD 指令完成的运算为(D16)＋(D21)→(D66)。

七、指针 P/I

指针包括分支用指针 P 和中断用指针 I 两种。

1. 分支指令用指针 P（共 128 点）

P0～P127 用来指示跳转指令 CJ 的跳转目标和子程序调用指令 CALL 调用的子程序入口地址。

在图 5-16 (a) 中，当 X10 为 ON 时，程序跳到标号 P6 处，不执行被跳过的那部分指令，从而减少了扫描时间。一个标号只能出现一次，否则会出错。根据需要，标号也可以出现在跳转指令之前，但反复跳转的时间不能超过监控定时器设定的时间，否则也会出错。

在图 5-16 (b) 中，当 X16 为 ON 时，程序跳转到标号 P9 处，执行从 P9 开始的子程序，执行到子程序返回指令 SRET 时返回到主程序中 CALL P9 下面一条指令。标号应写在主程序结束指令 FEND 之后，同一标号只能出现一次。跳转指令用过的标号不能再用。不同位置的子程序调用指令可以调用同一标号的子程序。

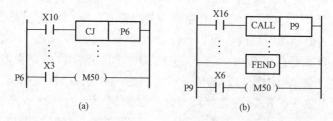

图 5-16　分支指令用指针
(a) CJ 指令用指针；(b) CALL 指令用指针

2. 中断用指针 I（共 15 点）

可编程控制器在执行程序过程中，任何时刻，只要符合中断条件，就停止正在进行的程序转而去执行中断程序，执行到中断返回指令 IRET 时返回到原来的中断点。这个过程和计算机中用到的中断是一致的。中断用指针用来指明某一中断源的中断程序入口标号。

FX系列有三种中断方式。

（1）输入中断。FX系列具有6个与X0~X5对应的中断输入点，用来接收特定的输入地址号的输入信号，马上执行对应的中断服务程序，由于不受扫描工作方式的影响，因此能够使可编程控制器迅速响应特定的外部输入信号。输入中断指针为I□0□，最低位为0，表示下降沿中断；最低位为1，表示上升沿中断。最高位与X0~X5的元件号相对应。例如，I301为输入X3从OFF→ON变化时，执行该指针作为标号后面的中断程序，执行到IRET时返回主程序。

（2）定时器中断。FX系列具有3点定时器中断，能够使可编程控制器以指定的周期定时执行中断程序，定时处理某些任务，时间不受扫描周期的限制。

3点定时器中断指针为I6□□、I7□□、I8□□，低两位是定时时间，范围为10~99ms。例如，I866即为每隔66ms就执行该指针作为标号后面的中断程序，执行到IRET时返回主程序。

（3）计数器中断。FX系列具有6点计数器中断，用于可编程控制器的高速计数器，根据当前值与设定值的关系确定是否执行相应的中断服务子程序。6点计数器中断指针为I010~I060，与高速计数器比较置位指令HSCS成对使用。

第三节　FX系列可编程控制器的基本逻辑指令

梯形图是可编程控制器程序设计者使用得最多的图形编程语言，利用厂家提供的编程软件可以直接将梯形图写入可编程序控制器。但是，如果身边只有简易编程器，则必须将梯形图转换成指令表才能写入可编程控制器。下面以FX系列中最具代表性的FX3U系列为例，介绍可编程控制器的基本逻辑指令。FX3U系列可编程控制器共有29条基本逻辑指令。只利用这些基本逻辑指令，就可以编制出任何开关量控制系统的用户程序，现对此逐一介绍。

一、LD、LDI、OUT指令

（1）LD（Load）为动合触点与左母线连接的指令。

（2）LDI（Load Inverse）为动断触点与左母线连接的指令。

（3）OUT（Out）为驱动线圈输出的指令。

LD、LDI操作对象为X、Y、M、S、T、C，这两个指令也与ORB、ANB指令配合用于分支电路的起点。OUT操作对象为Y、M、S、T、C，绝对不能用于X（因为X不能由程序驱动，只能由外部电路驱动）。OUT指令根据需要可以连续使用若干次，形式上相当于线圈的并联（见图5-17指令表的第3步和第4步）。

二、AND、ANI、OR、ORI指令

（1）AND（And）为单个动断触点的串联连接指令。

（2）ANI（And Inverse）为单个动合触点的串联连接指令。

（3）OR（Or）为单个动断触点的并联连接指令。

（4）ORI（Or Inverse）为单个动合触点的并联连接指令。

上述指令的操作元件为 X、Y、M、S、T、C。单个或几个触点与一线圈串联后和上面的单个线圈并联的情况，称为连续输出，此时这几个触点应使用 AND/ANI 指令（见图 5-17 指令表的第 5 步和第 6 步）。使用 OR/ORI 指令时，并联触点的左端应接到 LD 点上，右端与前一条指令对应的触点的右端相连接（见图 5-17 指令表的第 10 步和第 12 步）。

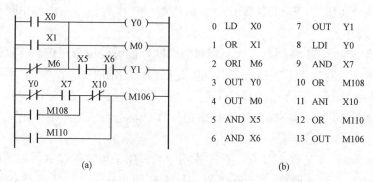

图 5-17 LD/LDI/OUT/AND/ANI/OR/ORI 指令
(a) 梯形图；(b) 指令表

三、LDP、LDF、ANDP、ANDF、ORP、ORF 指令

（1）LDP、ANDP、ORP 为上升沿检测的触点指令，仅在指定位元件由 OFF→ON 时接通一个扫描周期。

（2）LDF、ANDF、ORF 为下降沿检测的触点指令，仅在指定位元件由 ON→OFF 时接通一个扫描周期。

上述指令的操作元件为 X、Y、M、S、T 和 C。图 5-18 中，在 X0 上升沿或 X1 下降沿，Y0 接通一个扫描周期。M6 接通情况下，T9 由 OFF→ON 时 M0 接通一个周期。

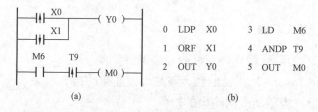

图 5-18 边沿检测触点指令
(a) 梯形图；(b) 指令表

四、ORB、ANB 指令

（1）ORB（Or Block）为串联电路块（两个以上的触点串联而成）的并联连接指令。每个串联电路块的起点都要使用 LD/LDI 指令，串联电路块结束后，用 ORB 指令与前面电路并联（见图 5-19 的第 4 步）。

（2）ANB（And Block）为并联电路块（两个或两个以上的触点并联而成）的串联连接指令。每个并联电路块的起点都要使用 LD/LDI 指令，并联电路块结束后，用 ANB 指令与前面电路串联（见图 5-19 的第 8 步）。

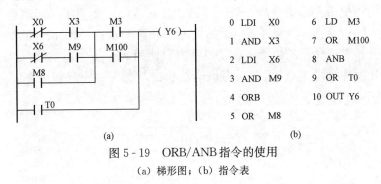

图 5-19 ORB/ANB 指令的使用

(a) 梯形图；(b) 指令表

五、MPS、MRD、MPP 指令

在 FX 系列可编程控制器中设计有 11 个存储中间运算结果的存储器，称为栈存储器，利用上述三个指令可以将连接点的逻辑运算结果先存储起来，在需要的时候再取出来，用于多重输出电路，故这三个指令又统称为多重输出指令。

(1) MPS（Push）为进栈指令，其功能是将连接点的逻辑运算结果送入栈存储器。使用一次 MPS 指令，当时的逻辑运算结果被推入栈存储器的第一层，栈中原来的数据依次向下一层推移。

(2) MRD（Read）为读栈指令，用来读出最上层的数据，栈内的数据不会上移或下移。

(3) MPP（Pop）为出栈指令，使最上层的数据在读取后从栈内消失，并用来使其余各层的数据向上移动一层。需要注意的是 MPS、MPP 必须成对使用，而且连续使用应小于 11 次。

多重输出指令的一层栈应用例子如图 5-20 所示。

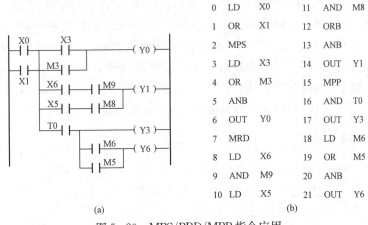

图 5-20 MPS/PRD/MPP 指令应用

(a) 梯形图；(b) 指令表

六、MC、MCR 指令

MC（Master Control）为主控指令，用于公共触点的串联。使用主控指令的触点称为

主控触点，主控触点只有动合触点，在梯形图的左母线中垂直放置，作用相当于是一组电路的总开关。因为使用 MC 指令后，母线移到主控触点的后面去了，所以与主控触点相连的触点必须用 LD/LDI 指令（见图 5 - 21 的第 4 步和第 6 步）。MC 指令的操作元件由两部分组成：一部分是 MC 使用的嵌套（MC 指令内再使用 MC 指令）层数（N0～N7）；另一部分是具体操作元件（M 或 Y）。在没有嵌套结构的情况下，一般使用 N0 编程，N0 的使用次数没有限制。

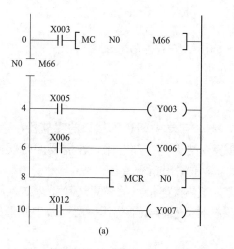

图 5 - 21   MC/MCR 指令应用
(a) 梯形图；(b) 指令表

MCR（Master Control Reset）为主控复位指令，其作用是使母线（LD 点）回到原来的位置，它的操作元件只有 N0～N7，但一定要和 MC 指令中嵌套层数一致。它与 MC 必须成对使用，即 MC 指令之后一定要用 MCR 指令来返回母线。

使用 MC/MCR 指令的例子如图 5 - 21 所示。图中，X3 动合触点接通时，执行从 MC 到 MCR 的指令。图 5 - 21 所示的梯形图是使用 GX Works2 软件编程针对 FX3U PLC 而编写。主控及主控复位指令输入转换后，梯形图中不会马上显示主控触点，单击"编辑"中的"梯形图读取模式"后左母线的主控触点 M66 就可以看到了。GX Works2 编程软件没有指令表界面，梯形图需要转换成指令表时，鼠标右键点击程序中的"MAIN"，在弹出的对话框中选择"写入至 CSV 文件"，与该梯形图程序对应的指令表会自动存到一个 csv 文件中去。

七、SET、RST 指令

SET（Set）为置位指令，使元件状态为 ON 并保持，该指令可用于 Y、M、S。

RST（Reset）为复位指令，使位元件状态为 OFF 并保持或对字元件清零。该指令可用于 Y、M、S、T、C、D、V 和 Z。

对同一元件可多次使用 SET/RST 指令，前后顺序根据用户需要可随意放置，但最后执行的一条指令才有效。SET、RST 指令的使用如图 5 - 22 所示。

八、PLS、PLF 指令

PLS（Pulse）为上升沿微分输出指令。

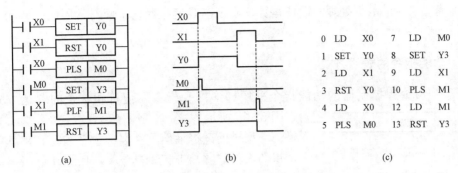

图 5 - 22　SET、RST 与 PLS、PLF 指令应用

(a) 梯形图；(b) 时序图；(c) 指令表

PLF（Pulse Fall）为下降沿微分输出指令。

PLS/PLF 指令的操作元件为 Y 和 M，特殊辅助继电器除外。当检测到输入信号的上升沿（对应于PLS）或下降沿（对应于 PLF）时，被操作的元件

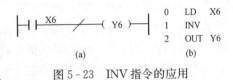

图 5 - 23　INV 指令的应用

产生一个脉宽为一个扫描周期的脉冲输出信号。PLS、PLF 指令的使用如图 5 - 22 所示。

九、INV 指令

INV（Inverse）为取反指令，即将执行该指令之前的运算结果取反。在图 5 - 23 中，如果 X6 为 ON，则 Y6 为 OFF；如果 X6 为 OFF，则 Y0 为 ON。

十、NOP、END 指令

三菱 PLC 指令 NOP 为空操作指令，主要用于程序调试时使用。在程序中增加一些空操作指令后，对逻辑运算结果没有影响，但在以后更改程序时，用其他指令取代空操作指令，可以减少程序号的改变。梯形图编程无法输入 NOP 空操作指令，只有指令表编程时才能输入 NOP 空操作指令。

END（End）为程序结束指令。可编程控制器从第一步执行用户程序到 END 这一步后，开始进行输出处理。由此可见，将 END 指令放在程序结束处，可以缩短扫描周期。三菱公司 FX 系列 PLC 的编程软件 GX Works2 和 GX Works3 中用户程序的最后会自动出现END 指令，用户不必惦记。

上面介绍了 FX3U 系列 PLC 的基本逻辑指令，利用它们可以对替代继电器控制系统的所有梯形图编写指令。由于指令表程序与梯形图程序比较起来比较难阅读，其中的逻辑关系很难一眼看出，因而设计时一般使用梯形图语言，如果有必要再将其转换成指令表。其实，编程软件能够自动将梯形图程序转换为指令表程序。

第四节　FX 系列可编程控制器的功能指令

FX3U 系列 PLC 除了具有 29 个基本逻辑指令和 2 个步进指令外，还具有 209 种（486个）功能指令。功能指令实际上是执行一个个功能不同的子程序调用，它既能简化程序设

计，又能完成复杂的数据处理、数值运算，实现高难度控制。下面对常用的一些功能指令加以介绍。

一、功能指令的表示方式

FX 系列可编程控制器的功能指令采用梯形图和指令助记符相结合的表达方式，如

```
┤├──┤├──┤ 助记符 │ 操作元件 ├──┤
```
图 5-24　功能指令的基本形式

图 5-24 所示。

指令助记符采用英文名称或其缩写，稍具英语知识的人都能够马上识别其意义，所以功能指令的表达方式具有简单易懂的特点。指令助记符前面有 D 表示该功能指令处理 32 位操作数，因为数据寄存器为 16 位，这时相邻的两个元件组成元件对，为避免出现错误，这种情况下尽可能使用偶数为首地址的操作数，表示低 16 位元件，而下一个元件即为高 16 位元件。没有 D 这个符号，表示该功能指令处理 16 位数据。指令助记符后面有 P 表示指令的执行条件由 OFF→ON 时指令执行一次，即该指令脉冲执行。如果助记符后面没有 P 这个符号，在执行条件为 ON 的每一个扫描周期该指令都要被执行，即该指令连续执行。

操作元件由 1 到 4 个操作数组成，用［S］表示源（Source）操作数，［D］表示目标（Destination）操作数。如果使用变址功能，则表示为［S·］、［D·］。用 m、n 表示常数作为［S·］和［D·］的补充说明，常数前的 K 表示十进制，H 表示十六进制。

操作元件分为字元件和位元件。处理数据的元件称为字元件，如 T、C、D 等。只有 ON/OFF 状态的元件称为位元件。每相邻的 4 个位元件组成一个单元，Kn 加首位元件号表示 n 组单元。例如，K2M0 表示 M0～M7 组成的两个位元件组，M0 为数据的最低位；K4S10 表示由 S10～S25 组成的 16 位数据，S10 为最低位。为避免混乱，被组合的位元件的首位元件号建议采用以 0 结尾的元件，如 X0、X10、M0、S10 等。

每一条功能指令都有一个编号（如 MOV 的编号为 12），用手持编程器输入功能指令时，需先按 FNC 键，然后输入功能指令编号。图 5-25 所示为 SWOPC-FXGP/WIN-C 个人计算机编程软件中功能指令的表现形式。从图中可以看出，梯形图和指令表中体现不出功能指令的编号。在此软件的梯形图中，功能指令的助记符和操作元件写在一个方括号内，之间用空格隔开。为明了起见，本书仍用方框把助记符和每个操作数框住来表示功能指令（见图 5-24）。

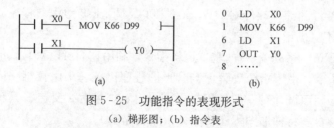

图 5-25　功能指令的表现形式
(a) 梯形图；(b) 指令表

二、FX 系列可编程控制器功能指令

（一）程序流向控制功能指令（FNC00～FNC09）

1. 条件跳转指令

条件跳转指令 CJ（Conditional Jump）（FNC00）的操作数为指针 P0～P127（可以变址修

改)，表示跳转目标，P63 表示跳转到 END 步，无须标记。该指令占 3 步，指针标号占 1 步。

CJ 指令用于在某种条件下跳过 CJ 指令和指针标号之间的程序，以减少扫描时间。

在程序中，同一个标号只能出现一次，但一个标号可以被两条跳转指令使用。标号也可以出现在跳转指令之前，但反复跳转的时间不能超过监控定时器的设定时间。

执行跳步指令期间，被跳过的 Y、M、S 线圈仍旧保持跳步前的状态，不论执行条件是否满足。若跳步前定时器、计时器正在计时、计数，则立即中断工作，直到跳转结束后再继续工作。但正在工作的 T63 和高速计数器不受跳步的影响，仍可继续工作。

在图 5-26 中，当自动/手动切换的转换开关 X0 为 ON 时，跳步指令 CJ P0 执行条件满足，程序跳到 P0 标号处，而跳步指令 CJ P1 条件不满足，程序不跳转，执行手动程序。反之，X0 为 OFF 时，执行自动程序。

2. 子程序相关指令

子程序调用指令 CALL (Subroutine Call)(FNC01) 的操作数为指针标号 P0～P127 (不包括 P63，允许变址修改)，表示子程序的入口，该指令占 3 步，指针标号占 1 步。子程序返回指令 SRET (Subroutine Return)(FNC02) 无操作数，占用一个程序步。

CALL 指令用于一定条件下调用并执行子程序。使用 SRET 指令回到原跳转点下一条指令继续执行主程序。子程序可以嵌套调用，最多嵌套 5 级。

图 5-27 中 X3 为 ON 时，CALL 指令使程序跳到标号 P9 处，子程序被执行，执行完 SRET 指令后返回到 106 步继续执行主程序。

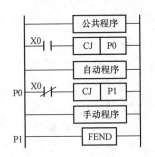

图 5-26　自动/手动的切换

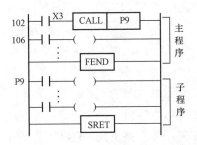

图 5-27　CALL、SRET 指令的应用

子程序标号应该写在主程序结束指令 FEND 之后，且同一标号只能出现一次，CJ 指令用过的标号不能再用。CALL 指令必须和 FEND 指令、SRET 指令结合在一起使用。CALL 指令调用的子程序应放在 FEND 之后。

3. 中断相关指令

中断返回指令 IRET (Interruption Return)、允许中断指令 EI (Interruption Enable)、禁止中断指令 DI (Interruption Disable) 的功能指令编号分别为 FNC03、FNC04 和 FNC05。它们均无操作数，分别占用一个程序步。

FX3U 系列 PLC 具有 6 个和 X0～X5 对应的中断输入点，中断指针为 I□0△，其中□=0～5，对应 X0～X5；△=0，下降沿中断；△=1，上升沿中断。

FX3U 系列 PLC 有 3 点定时器中断，中断指针为 I6△△～I8△△，低两位是以 ms 为单位的定时时间。定时器中断用于高速处理或间隔一定时间执行的程序。

输入中断和定时中断的指针统一格式为 I□△△ (□=0～8)，当特殊辅助继电器 M805

□为 ON 时，禁止执行相应的中断。

FX3U 系列还有 6 点计数器中断，中断指针为 I0△0，其中△＝1～6。计数器中断与高速计数器比较置位指令 HSCS 配合使用，由高速计数器当前值产生中断。特殊辅助继电器 M8059 为 ON 时，关闭所有的计时器中断。

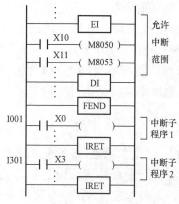

图 5-28　中断指令的应用

EI 和 DI 之间的程序段为允许中断的区间，当程序执行到该区间时，如果出现中断信号，则停止执行主程序，转而去执行相应的中断子程序，执行到中断返回指令 IRET 时，返回原中断点，继续执行原来的主程序。表示中断服务程序首地址的中断指针应该编在 FEND 指令的后面。

图 5-28 中，当程序执行到允许中断的区间时，如果 X10、X11 没有接通，而中断信号输入 X0 或 X3 接通，则转去处理相应的中断子程序 1 或 2。

同时发生多个中断信号，中断指针标号小的优先。如果有多个中断信号依次发出，则发生越早的优先级越高。中断程序中可实现 2 级嵌套。如果中断信号产生在禁止中断区，这个中断信号被储存，并在 EI 指令之后被执行。

4. 主程序结束指令 FEND

主程序结束指令 FEND（First End）（FNC06）无操作数，占一个程序步，表示主程序结束。程序执行到这条指令时进行输出处理、输入处理和监控定时器的刷新，全部完成后返回到程序的第 0 步。使用多条 FEND 指令时，中断程序应放在最后的 FEND 和 END 之间。

5. 监控定时器指令 WDT

监控定时器指令 WDT（Watch Dog Timer）（FNC07）无操作数，占用一个程序步。监控定时器俗称看门狗，在执行 FEND 或 END 指令时，监控定时器被刷新。如果可编程控制器从 0 步到 FEND 或 END 的执行时间小于它的设定时间，则正常工作；反之，可编程控制器可能已偏离正常的程序执行时间，从而停止运行，CPU－E 发光二极管亮。监控定时器定时时间的缺省设定值为 200ms，如果想使扫描时间超过 200ms 的大程序能顺利通过，可以通过 M8002 的动合触点控制数据传送指令 MOV，将需要值写入特殊数据寄存器 D8000 来实现。

6. 循环指令

FOR（FNC08）为表示循环开始的指令，占 3 个程序步，操作数表示循环次数 N，N＝1～32767。

NEXT（FNC09）为循环结束的指令，占 1 个程序步，无操作数。

FOR 和 NEXT 之间的程序被反复执行，次数由 N 决定。执行完后，再执行 NEXT 指令后的程序。FOR 和 NEXT 指令必须成对使用，且 FOR 在前，NEXT 在后。NEXT 指令也不允许写在 END 和 FEND 指令之后。

FOR、NEXT 指令内允许嵌套使用，最多允许 5 级嵌套。图 5-29 中，每执行一次程序 B，就要执行 8 次程序 A，A 程序一共要执行 48 次。

（二）数据比较与传送指令（FNC10～FNC19）

1. 比较指令

（1）数据比较指令 CMP（Compare）（FNC10），它将两个源操作数进行代数比较，并将结果送到指定的三个连续目标操作数中，目标操作数〔D·〕中存放的是目标操作数的首址。图 5-30 中，X3 为 OFF 时不进行比较，M0、M1、M2 的状态保持不变。X3 为 ON 时进行比较，由图 5-30 所示的比较结果决定 M0、M1、M2 的状态。

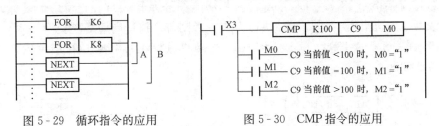

图 5-29　循环指令的应用　　　　　图 5-30　CMP 指令的应用

（2）区间比较指令 ZCP（Zone Compare）（FNC11），它将一个源数据与数据区间进行比较，比较结果由三个连续目标位元件的状态表示，〔D·〕中存放位元件的首址。图 5-31 中，X3 为 ON 时，执行 ZCP 指令，将 T3 的当前值与常数 100 和 120 相比较，由图 5-31 所示的比较结果决定 M2、M3、M4 的状态。

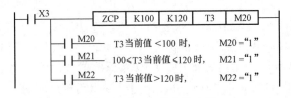

图 5-31　ZCP 指令的应用

2. 传送指令

（1）传送指令 MOV（Move）。其功能编号为 FNC12，它将源数据传送到指定目标。图 5-32 中 X3 为 ON 时，常数 100 被传送到数据寄存器 D10 中，并自动转换成二进制数。

（2）移位传送指令 SMOV（Shift Move）。其功能编号为 FNC13，它将 16 位二进制源数据自动转换成 4 位 BCD 码，然后由源数据的指定位传送到目标操作数的指定位，其他位不受移位指令的影响。图 5-33 中，X3 为 ON 时，D1 中的 16 位二进制数被转换成 4 位 BCD 码，D1 右起的第 4 位开始的 2 位 BCD 码（4 位和 3 位）移到 D2 右起第 3 位和第 2 位，D2 中的第 1 位和第 4 位不受影响，然后 D2 中的 BCD 码自动转换成二进制码。

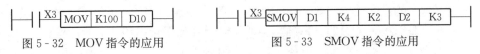

图 5-32　MOV 指令的应用　　　　　图 5-33　SMOV 指令的应用

（3）取反传送指令 CML（Complement）。其功能编号为 FNC14，它将源元件中的数据逐位取反（1→0，0→1）并传送到指定目标元件。如果源数据为常数 K，该数据在指令执行时会自动转换成二进制数。图 5-34 中，X3 接通时 D1 中的低四位取反后传送到 Y3、Y2、Y1、Y0 中。

（4）块传送指令 BMOV（Block Move）。其功能编号为 FNC15，它将源操作数指定的元件开始的 n 个数据组成的数据块传送到指定的目标。图 5-35 中，X0 接通时，D6、D7、D8 中三个数据寄存器的内容对应传送到 D9、D10、D11 三个目标数据寄存器中。

（5）多点传送指令 FMOV（Fill Move）。其功能编号为 FNC16，它将源元件中的数据传送到指定范围的 n 个元件中，指令执行完毕后 n 个元件中的数据完全相同。图 5-36 中，X0 接通时将常数 0 传送到 D6 开始的 10 个数据寄存器（即 D6～D15）中。

（6）数据交换指令 XCH（Exchange）。其功能编号为 FNC17，它将两个目标元件中的数据进行交换。一般该指令采用脉冲执行方式，否则每个执行周期都要交换一次。图 5-37 中的 X0 接通前（D0）＝30，（D5）＝530。当 X0 接通 XCH 指令执行结束后，（D0）＝530，（D5）＝30。

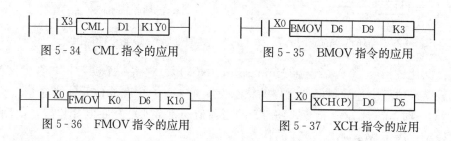

图 5-34 CML 指令的应用   图 5-35 BMOV 指令的应用

图 5-36 FMOV 指令的应用   图 5-37 XCH 指令的应用

3. 数据变换指令

（1）BCD（Binary Code to Decimal）变换指令，其功能编号为 FNC18，它将源元件中的二进制数转换为 BCD 码并送到指定目标元件中。该指令用于将 PLC 中二进制数变换成 BCD 码输出以驱动 7 段显示。图 5-38 中，D10 为源数据寄存器，它里面存的是二进制数。目标输出元件为 2 个 BCD 数，即 Y0～Y7，它们可以驱动相对应的 7 段译码显示器。

（2）BIN（Binary）变换指令，其功能编号为 FNC19，它将源元件中的 BCD 码转换为二进制数并送到指定目标元件中。该指令用于将 PLC 接口 BCD 数字开关提供的设定值输入到 PLC 中。图 5-39 中，X0～X7 中的数据必须是 BCD 码，否则程序就会出错。X0 为 ON 指令执行完毕后，X0～X7 中的 BCD 码转换成二进制数并传送到源数据寄存器 D12 中。

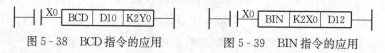

图 5-38 BCD 指令的应用   图 5-39 BIN 指令的应用

（三）运算功能指令（FNC20～FNC 29）

1. 算术运算指令

（1）ADD（Addition）加法指令，其功能编号为 FNC20，它将源元件中的二进制数相加，结果送到指定的目标元件。图 5-40 中，X0 为 ON 执行完指令后，所进行的操作可表示为（D0）＋（D10）→（D12）。另外，源数据和目标数据可用相同的元件号。

（2）SUB（Subtraction）减法指令，其功能编号为 FNC21，它将源元件中的二进制数相减，结果送到指定的目标元件。图 5-41 中，X0 为 ON 时执行（D0）－（D6）→（D8）。

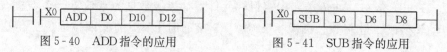

图 5-40 ADD 指令的应用   图 5-41 SUB 指令的应用

加法和减法指令使用的数据的最高位是符号位（0 表示正，1 表示负），所以加减运算为代数运算。如果运算结果为 0，则零标志特殊辅助继电器 M8020 置 1；如果运算结果小于－32767（16 位运算）或者－2147483647（32 位运算），则借位标志特殊辅助继电器 M8021 置 1；如果运算结果大于 32767（16 位运算）或者 2147483647（32 位运算），则进位标志特殊辅助继电器 M8022 置 1；浮点操作标志特殊辅助继电器 M8023 被 SET 指令驱动后，随后进行的加法运算或减法运算为浮点值之间运算。另外，浮点运算完毕后应用 RST 将 M8023 复位，且浮点运算必须为 32 位运算。

（3）MUL（Multiplication）乘法指令，其功能编号为 FNC22，它将指定的 16 位二进制源操作数相乘，结果以 32 位的形式送到指定的目标操作元件中。图 5-42 中，若 (D0)＝9，(D2)＝8，则 X0 为 ON 时，执行(D0)×(D2)→(D6)，即相乘的结果 72 存入 (D7,D6)，乘积的低位字送到 D6，高位字送到 D7。如果执行的是 32 位乘法运算指令 (D) MUL，则执行(D1,D0)×(D3,D2)→(D9,D8,D7,D6)，运算结果为 64 位。32 位乘法运算中如用位元件作目标元件（如 KnM，n＝1～8）则最多只能得到乘积的低 32 位，高 32 位丢失。在这种情况下应先将数据移入字元件再进行运算。用字元件作目标元件时不可能同时监视 64 位数据内容，只能通过分别监视运算结果的高 32 位和低 32 位并利用下式计算 64 位运算结果

$$64 \text{ 位运算结果} ＝ （\text{高 32 位数据}）× 232 ＋ \text{低 32 位数据}$$

（4）DIV（Division）除法指令，其功能编号为 FNC23，它指定前边的源操作数为被除数，后边的源操作数为除数，运算后所得商送到指定的目标元件中，余数送到目标元件的下一个元件。图 5-43 中 X3 为 ON 时，则执行 (D1, D0) ÷ (D3, D2)，其商是 32 位数据，被送到 (D5, D4,) 中，余数也是 32 位数据，被送到 (D7, D6) 中。

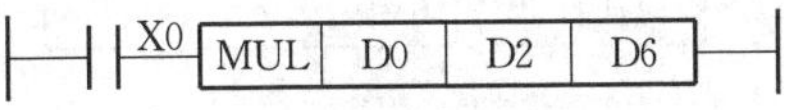

$$\dashv\vdash^{X0} \boxed{\text{MUL}\ |\ \text{D0}\ |\ \text{D2}\ |\ \text{D6}}$$

图 5-42　MUL 指令的应用

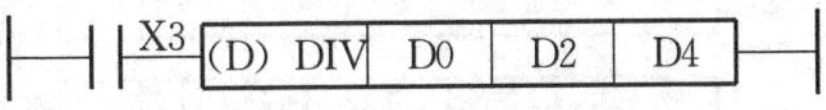

$$\dashv\vdash^{X3} \boxed{\text{(D) DIV}\ |\ \text{D0}\ |\ \text{D2}\ |\ \text{D4}}$$

图 5-43　DIV 指令的应用

在 16 位乘除运算中，不能将变址寄存器 V 作为目标操作元件，在 32 位乘除运算中，变址寄存器 V 和 Z 都不能作为目标操作元件。

2. 加 1 指令和减 1 指令

（1）INC（Increment）加 1 指令，其功能编号为 FNC24，它将指定的目标操作元件中的二进制数据自动加 1。

（2）DEC（Decrement）减 1 指令，其功能编号为 FNC25，它将指定的目标操作元件中的二进制数据自动减 1。

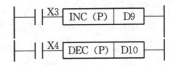

图 5-44　INC、DEC 指令的应用

图 5-44 中，由于加 1 指令和减 1 指令采用的是脉冲指令，X3（或 X4）每次由 OFF 变为 ON 时 D9（或 D10）中的数自动加（或减）1。反之，若用连续指令，X3（或 X4）为 ON 期间的每一个扫描周期 D9（或 D10）中的数都要自动加（或减）1。

在加 1 或减 1 的 16 位数据运算中，到＋32767 再加 1 就变为－32768，而－32768 再减 1 就变为＋32767，但标志特殊辅助继电器不会置位。32 位数据运算时，＋2147483647 再加 1 就会变为－2147483648，而－2147483648 再减 1 就变为＋2147483647，但标志特殊辅助继电器也不置位。

3. 字逻辑运算指令

字逻辑与指令 WAND、字逻辑或指令 WOR、字逻辑异或（Exclusive Or）指令 WX-OR 的功能指令编号分别为 FNC26～FNC28，它们各自将指定的两个源数据以位为单位做相应的逻辑运算，结果存放到目标元件中。

求补指令 NEG 功能编号为 FNC29，它将目标元件指定的数的每一位取反后该数再加 1，结果存于同一元件。求补指令实际是绝对值不变的变号操作。

（四）循环移位与移位功能指令（FNC30～FNC39）

1. 循环移位指令

ROR（Rotation Right）、ROL（Rotation Left）分别为右循环移位指令和左循环移位指令，功能指令编号为 FNC30 和 FNC31。其功能是将目标元件的数据向右（或向左）循环移动 n 位，最后一次移出的那一位同时存入进位标志特殊辅助继电器 M8022。图 5 - 45 中，X3 由 OFF 变为 ON 时，D6 中的数据向右循环移动 3 位，最右边最后一次移出的是 1，所以 M8022 被置 1。ROL 指令的应用与 ROR 指令类同，仅仅移动方向不同而已。

2. 进位的循环移位指令

RCR（Rotation Right with Carry）、RCL（Rotation Left with Carry）分别为带进位的右、左循环移位指令，功能指令编号为 FNC32 和 FNC33。其功能是将目标元件的数据连同 M8022 的数据一起向右（或向左）循环移动 n 位。RCR 指令的使用说明如图 5 - 46 所示。RCL 指令的应用与 RCR 指令类同，亦仅仅移动方向不同而已。

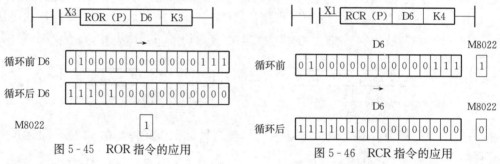

图 5 - 45 ROR 指令的应用　　　　　图 5 - 46 RCR 指令的应用

3. 位移位指令

SFTR（Shift Right）、SFTL（Shift Right）分别为位右移、位左移指令，功能指令编号为 FNC34 和 FNC35。其功能是将位元件中的状态成组地向右或向左移动。位元件组的长度由 n1 指定，目标元件 [D·] 可取 Y、M、S，指定的是位元件组的首位。n2 指定的是移动的位数。源操作数 [S·] 可取 X、Y、M、S。图 5 - 47 中，X3 由 OFF 变为 ON 时，M2～M0 的数据溢出，M5～M3→M2～M0，M8～M6→M5～M3，X2～X0→M8～M6。SFTL 指令的应用与 SFTR 指令类同，亦仅仅移动方向不同而已。

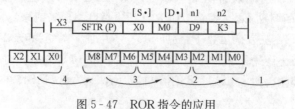

图 5 - 47 ROR 指令的应用

4. 字移位指令

WSFR（Word Shift Right）、WSFL（Word Shift Left）分别为字右移、字左移指令，功能指令编号为 FNC36 和 FNC37。它们的功能与位右移、位左移指令一样，所不同的是它们的源操作数可取 KnX、KnY、KnM、KnS、T、C 和 D，目标操作数可取 KnY、KnM、KnS、T、C 和 D。

5. FIFO 写入与读出指令

SFWR（Shift Register Write）、SFRD（Shift Register Read）分别为先进先出（First in First out，简为 FIFO）写入、读出指令，功能指令编号为 FNC38 和 FNC39。它们的功能都是源操作数中的数据依次送到目标操作数，所不同的是写入指令 n 指定的是目标操作数的个数而读出指令 n 指定的是源操作数的个数。写入指令目标元件和读出指令源元件的首址元件数据反映了写入和读出的次数，只不过写入为加而读出为减。

图 5-48 中，X3 第一次由 OFF 变为 ON 时，源元件 D0 中数据写入 D3，同时 D2 置 1（D2 必须先被清 0）；第二次 X3 由 OFF 变为 ON 时 D0 中的数据写入 D4，D2 的数据变为 2。依次类推，源元件 D0 中的数据依次写入数据寄存器中，写入的次数存入 D2 中。D2 中的数达到 $n-1$ 后不再执行上述处理，进位标志特殊辅助继电器 M8022 置 1。

图 5-49 中，X3 第一次由 OFF 变为 ON 时，源元件 D3 中数据送到 D20，同时 D2 的值减 1，D4～D9 的数据向右移一个字。数据总是从源元件 D3 读出，而其余数据右移；此过程中 D9 的数据保持不变。当 D2 为 0 时，不再执行上述处理，零标志特殊辅助继电器 M8020 置 1。

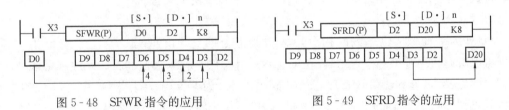

图 5-48　SFWR 指令的应用　　　　　　图 5-49　SFRD 指令的应用

（五）数据处理指令

1. 区间复位指令

ZRST（Zone Reset）为区间复位指令，其功能指令编号为 FNC40，它是将［D1·］、［D2·］指定的元件号范围内的同类元件成批复位。目标操作元件可取 T，C 和 D（字元件）或 Y，M 和 S（位元件）。［D1·］、［D2·］指定的元件必须为同一类元件，且［D1·］指定的元件号必须小于［D2·］指定的元件号。ZRST 指令其实可以说是 RST 指令的集成。图 5-50 中，在第一个周期将字元件 C235～C255 成批复位。

2. 解码指令和编码指令

（1）DECO（Decode）为解码指令，其功能指令编号为 FNC41。它将目标元件的某一位置"1"，其他位置"0"，置"1"位的位置由源操作数［S1·］为首址的 n 位连续位元件或数据寄存器所示的十进制码决定。若［D1·］指定的是字元件 T，C，D，$n=1\sim4$。若［D1·］指定的是位元件 Y，M，S，$n=1\sim8$。

图 5-50　BCD 指令的应用

图 5 - 51 (a) 中，X3～X0 组成的 4 位（$n=4$）二进制数相当于十进制数 6，则以 M0 为首址的目标元件的第 6 位（M0 为第 0 位）M6 被置 1，其他位被置 0。利用解码指令，还可以用数据寄存器中的数值来控制位元件的 ON/OFF。图 5 - 51 (b) 中，D200 的低 3 位（$n=3$）二进制数相当于十进制数 4，则以 M0 为首址的目标元件的第 4 位 M4 被置 1，其他位被置 0。

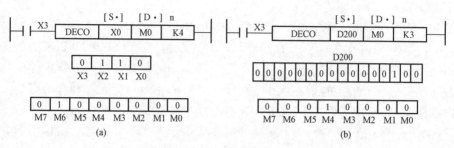

图 5 - 51 DECO 指令的应用
(a) 源元件为位元件；(b) 源元件为字元件

（2）ENCO（Encode）为编码指令，其功能指令编号为 FNC42，它把源元件中为"1"的最高位的位置转化为二进制数并送到目标元件的低 n 位中。当源元件是字元件 T、C、D、V 和 Z 时，应使 $n=1～4$，当源元件是位元件 X、Y、M 和 S 时，应使 $n=1～8$。目标元件可取 T、C、D、V 和 Z。图 5 - 52，源元件中为 1 的位不止一个，只有最高位 M4 有效，位数 4 编码为二进制的 0100 并送到目标元件 D10 的低 4 位。

3. 求 ON 位总数的指令

SUM 为求置 ON 位总数的指令，其功能指令编号为 FNC43。它用于统计指定源元件（可取所有数据类型）中置"1"位的总数，并将结果存入指定的目标元件（可取 T、D、C、V、Z、KnY、KnM 和 KnS）。图 5 - 53 中，X0 为 ON 时统计得 D3 中 ON 位的总数，并将其送到 D6 中。如果 D3 各位均为"0"，则零标志特殊辅助继电器 M8020 置"1"。

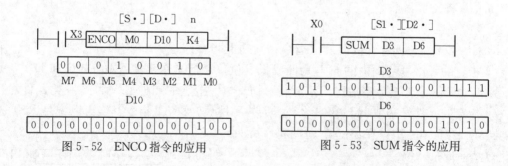

图 5 - 52 ENCO 指令的应用   图 5 - 53 SUM 指令的应用

4. ON 位判别指令

BON（Bit ON Check）为 ON 位判别指令，功能指令编号为 FNC44。它用于判断源元件第 n 位的状态，如果该位为"1"则目标位元件（可取 Y、M 和 S）置"1"，反之置"0"。n 表示相对源元件首址的偏移量，如 $n=0$ 判断第 1 位，$n=9$ 判断第 10 位。显然，16 位运算 $n=0～15$，32 位运算 $n=0～31$。图 5 - 54 中 X3 为 ON 时由于 D6 的第 9 位为 ON，则指令执行的结果为 M0 被置 ON。

5. 平均值指令

MEAN 为平均值指令，功能指令编号为 FNC45。它用于计算以指定源操作数为首址的 n 个连续源操作数的平均值，结果送到指定的目标元件，余数略去。图 5-55 中 X0 为 ON 时 D6、D7、D8 的代数和除以 3，结果送到 D10。

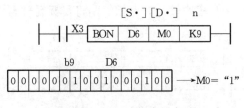

图 5-54　BON 指令的应用

6. 报警器置位和复位指令

(1) ANS (Annunciator Set) 为报警器置位指令，功能指令编号为 FNC46，源操作数为 T0～T199 (100ms 定时器)，目标操作数为 S900～S999 (报警用状态)，$n=1～32767$。它用于启动定时器，时间到 $n×100ms$ 时指定目标元件状态置 ON。图 5-56 中，X0 为 ON 的时间超过 10ms 时，S900 置 "1"。S900 为 ON 后，若 X0 变为 OFF，定时器复位而 S900 仍保持为 ON。

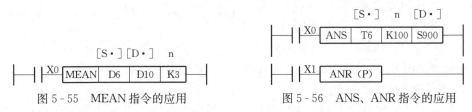

图 5-55　MEAN 指令的应用　　　　图 5-56　ANS、ANR 指令的应用

(2) ANR (Annunciator Reset) 为报警器复位指令，功能指令编号为 FNC47，无源操作数。它用于将 S900～S999 之间被置 ON 的报警器依次复位。图 5-56 中，X1 由 OFF 变为 ON 时，S900～S999 之间被置 "1" 的报警器复位。如果被置 "1" 的报警器超过 1 个，则元件号最低的那个报警器被复位。X1 再次闭合时，则下一个元件号最低的被置 "1" 的报警器被复位。

7. 其他有关指令

SQR (Square Root) 二进制平方根指令、FLT (Float) 二进制整数转换为二进制浮点指令和 SWAP 高低字节交换指令功能指令编号分别为 FNC48、FNC49、FNC147，在此就不介绍了。

(六) 高速处理指令

高速处理指令的功能指令编号为 FNC50～59，包括输入输出刷新指令 REF (Refresh)、刷新和滤波时间常数调整指令 REEF (Refresh And Filter Adjust)、矩阵输入指令 MTR (Matrix)、高速计数器比较置位指令 HSCS (Set by High Speed Counter)、高速计数器比较复位指令 HSCR (Reset by High Speed Counter)、高速计数器区间比较指令 HSZ (Zone compare for High Speed Counter)、速度检测指令 SPD (Speed Detect)、脉冲输出指令 PLSY (Pulse Output)、脉宽调制指令 PWM (Pulse Width Modulation)、带加减速功能的脉冲输出指令 PLSR (Pulse R)。此处仅简单介绍其中常用的 4 条高速处理指令。

1. 高速计数器比较置位指令

高速计数器比较置位指令 HSCS 的功能指令编号为 FNC53，因高速计数器均为 32 位加/减计数器，故 HSCS 指令只有 32 位操作。它用于将指定的高速计数器当前值与源操作数

[S1·] 相比较，如果相等则将目标元件置 "1"。[S1·] 可取所有的数据类型，[S2·] 为高速计数器 C235～C255，[D·] 可取 Y、M 和 S。

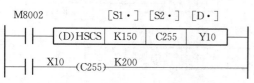

图 5-57　HSCS 指令的应用

图 5-57 中，如果 X10 为 ON，并且 X7（C255 的置位输入端）也为 ON，C255 立即开始通过中断对 X3 输入的 A 相信号和 X4 输入的 B 相信号的动作计数，当 C255 的当前值由 149 变为 150 或由 151 变为 150 时，Y10 立即置 "1"，不受扫描周期的影响；而 C255 的当前值达到 200 时，C255 对应的位存储单元的内容才被置 "1"，其动合触点接通，动断触点断开。

2. 高速计数器比较复位指令

高速计数器比较复位指令 HSCR 的功能指令编号为 FNC54，同 HSCS 一样 HSCR 指令也只有 32 位操作。它用于将指定的高速计数器当前值与源操作数 [S1·] 相比较，如果相等则将目标元件置 "0"。[D·] 除可取 Y、M 和 S 外，还可取 C。图 5-58 中，C255 的当前值达到 200 时其输出触点

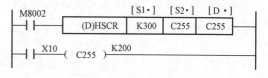

图 5-58　HSCR 指令的应用

接通，达到 300 时 C255 立即复位，其当前值变为 0，输出触点断开。

3. 高速计数器区间比较指令

高速计数器区间比较指令 HSZ 的功能指令编号为 FNC55。它用于将指定的高速计数器的当前值与指定的数据区间进行比较，结果驱动以目标元件 [D·] 为首址的连续三个元件。其工作方式与 ZCP（FNC11）指令相同。

图 5-59 中，X11 对应的端口接一转换开关，开关处于断开位置（对应系统的停止）时 X11 为 OFF，Y11、Y12、Y13 和 C251 被复位。当转换开关接通，X11 为 ON 后，C251 可以通过中断对 X0 输入的 A 相信号和 X1 输入的 B 相信号的动作计数，C251 当前值＜1000 时，Y11 为 ON，Y12、Y13 为 OFF；1000≤C251 当前值≤2000 时，Y12 为 ON，Y11、Y13 为 OFF；C251 当前值＞2000 时，Y13 为 ON，Y11、Y12 为 OFF。由于 HSZ 计数、比较和目标的置位只在脉冲输入时通过中断进行，所以 X11 接通为 ON 到有计数脉冲输入期间，梯形图中如果只有 HSZ 指令而无 ZCP 指令，那么这个期间（显然 C251 当前值＜1000）Y11 不会被置 ON。ZCP 指令的使用确保了 X11 为 ON 到最初计数脉冲来临之前 Y11 为 ON。

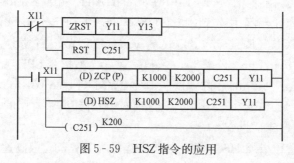

图 5-59　HSZ 指令的应用

188

4. 速度检测指令

速度检测指令 SPD 的功能指令编号为 FNC56。它用来检测在给定时间内从编码器输入的脉冲个数，从而反映了速度的大小。具体功能是在 [S2・] 设定的时间（单位为 ms）内，对 [S1・]（X0～X5）输入脉冲计数，指定时间内计数结果存入 [D・] 中，计数当前值、当前计数剩余时间分别存入 [D・] 的后两个连续元件。图 5-60 中，D7 对编码器从 X3 输入的

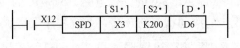

图 5-60　SPD 指令的应用

脉冲上升沿计数，200ms 后计数结果送到 D6，D7 的当前值复位重新开始计数。

（七）方便指令

方便指令的功能指令编号为 FNC60～69，包括状态初始化指令 IST（Initial State）、数据搜索指令 SER（Data Search）、绝对值式凸轮顺控指令 ABSD（Absolute Drum）、增量式凸轮顺控指令 INCD（Increment Drum）、示教定时器指令 TTMR（Teaching Timer）、特殊定时器指令 STMR（Special Timer）、交替输出指令 ALT（Alternate）、斜坡信号输出指令 RAMP、旋转工作台控制指令 ROTC、数据排序指令 SORT（sort）。此处仅简单介绍其中常用的 2 条方便指令。

1. 状态初始化指令

状态初始化指令 IST 的功能指令编号为 FNC60。它与 STL 指令一起使用，专门用来自动设置具有多种工作方式的控制系统的初始状态和设置有关特殊辅助继电器的状态。IST 指令在程序中只能使用一次，放在 STL 之前编程，它的使用大大简化了复杂顺序控制的设计工作。

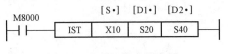

图 5-61　IST 指令的应用

IST 指令的使用情况如图 5-61 所示，简述如下：

（1）IST 指令的源操作数可取 X、Y 和 M，用来指定与工作方式有关的首地址，它实际指定了从首址开始的 8 个连续号的同类元件具有的意义，具体如下：

X10：手动；	X14：连续运行（全自动）；
X11：回原点；	X15：回原点启动；
X12：单步运行；	X16：自动运行启动；
X13：单周运行（半自动）；	X17：停止。

X10～X14 对应了系统的 5 种工作方式，每时每刻只能有一个为 ON，故外部接线图中对应的输入端口必须使用选择开关。

（2）IST 指令的目标操作数 [D1・] 和 [D2・] 用来指定在自动操作中用到的状态元件的最低和最高元件号，可取 S20～S899。

（3）IST 指令执行条件满足时，S0、S1、S2 和下列特殊辅助继电器被自动设定为以下功能，若以后执行条件变为 OFF，这些元件的功能仍然保持不变。

S0：手动操作初始状态；	M8040：禁止转移；	M8047：STL 步进指令监控有效。
S1：回原点初始状态；	M8041：开始转移；	
S2：自动操作初始状态；	M8042：启动脉冲。	

IST 指令的执行自动设置了 8 个源元件及 S0～S2 和某些特殊辅助继电器的特定功能，

这就意味着系统的手动、回原点、步进、单周和连续这 5 种工作方式的切换是由系统程序自动完成的。下面从四个特殊辅助继电器的等效电路入手，来简述系统程序所规定的它们之间的逻辑关系。

（1）M8040 的等效电路。M8040 为禁止转移特殊辅助继电器，即 M8040 为 ON 时，禁止步的活动状态的转移，系统程序规定了在手动工作方式下（本例中，X10 为 ON）M8040 一直为 ON；在回原点或单周工作方式下（X11 为 ON 或 X13 为 ON），按一下停止按钮（X17 为 ON 一下）能启动 M8040 为 ON 并且自保，以保证当前步完成后系统状态不转移使其停止，但当按动回原点启动（X15 为 ON 一下）或按动自动运行启动（X16 为 ON 一下），系统产生的启动脉冲 M8042 就能解除 M8040 的自保使其为 OFF，从而允许状态转移，系统继续进行回原点或单周程序的剩余部分；在单步工作方式（X12 为 ON）下 M8020 一直为 ON，只有在当前步完成后按动启动按钮（X16）产生启动脉冲 M8042 才能使 M8040 为 OFF 一个扫描周期；在连续工作方式下（转换开关在 X14 处，运行后 X10～X13 任何一个都 OFF），STOP→RUN 时 M8040 依靠初始化脉冲 M8002 为 ON 并自保，启动时靠启动脉冲 M8042 来使其为 OFF，允许转换。综上所述，M8040 和各种工作方式的逻辑关系可用图 5-62 所示的等效梯形图电路来表示。应该注意的是，此电路的功能是由系统程序自动完成的，不可用户输入，用户只需写入 IST 指令即可。

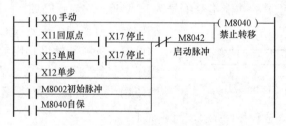

图 5-62　特殊辅助继电器 M8040 的等效电路

（2）M8041 的等效电路。M8041 为开始转移特殊辅助继电器，是自动操作程序（包括单步、单周和连续）的初始状态 S2 到下一状态的转换条件之一。在手动或回原点工作方式时，M8041 不起任何作用。在连续工作方式下（X14 为 ON），按动启动按钮（X16 为 ON）M8041 变为 ON 并自保，按动停止按钮（X17 为 ON）解除自保，保证了连续工作方式的正常运行。在单周或单步工作方式，系统在初始状态向下一步转移，必须再按一下启动按钮，使 M8041 为 ON（但不自保），系统进行下一步的工作。M8041 的功能可用图 5-63 所示的等效梯形图电路来表示，同 M8041 一样，也不必用户输入。

（3）M8042 的等效电路。M8042 为启动脉冲特殊辅助继电器。在非手动工作方式下，不论按回原点启动还是按自动操作启动（单步、单周或连续），M8042 都接通一个扫描周期，用于使 M8040 禁止转移特殊辅助继电器为 OFF。图 5-64 所示为特殊辅助继电器 M8042 功能的等效电路图，同样用户不可输入。

（4）与 IST 指令相关的其他特殊辅助继电器。上述 M8040～M8042 特殊辅助继电器的功能是由 IST 指令自动控制的，和 IST 指令有关的特殊辅助继电器还有一类是由用户程序控制的，如 M8043～M8047。

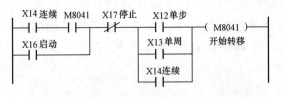

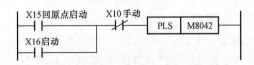

图 5-63　特殊辅助继电器 M8041 的等效电路　　　图 5-64　特殊辅助继电器 M8042 的等效电路

M8043 是回原点完成特殊辅助继电器，在系统返回原点时通过用户程序用 SET 指令将其置位。如果选择开关在回原点完成之前（即 M8043 置"1"之前）改变运行方式，则由于 IST 的作用，所有的输出将变为 OFF。

M8044 是原点条件特殊辅助继电器，在系统满足原点条件时为 ON。

M8045 是禁止全部输出特殊辅助继电器，在手动方式向自动工作方式（单步、单周或连续）切换时，如果系统不在原点位置，将所有的输出和处于 ON 的状态复位。

M8047 是 STL 监控有效特殊辅助继电器。在 M8047 线圈"通电"时，状态继电器 S0～S899 中正在动作的状态继电器的元件号从最低号开始，按顺序存入特殊数据寄存器 D8040～D8047 中，最多可监控 8 个状态器对应的元件号。如果有任何一个状态器 ON，则特殊辅助继电器 M8046 将为 ON。IST 指令指定在自动操作程序用到的状态元件为 S20～S899，回原点程序则必须用 S10～S19。如果不用 IST 指令，S10～S19 可用通用状态，S0～S2 仍用于初始化，S3～S9 可自由使用。

2. 交替输出指令

ALT 为交替输出指令，功能指令编号为 FNC66，其功能是把目标元件的状态取反，[D·] 可取 Y、M 和 S，只有 16 位运算。

图 5-65 中，X0 由 OFF 变为 ON 时，Y0 的状态就改变一次。使用 ALT 指令可以实现单按钮控制负载的运行与停止，从而节省一个输入点数。

图 5-65　ALT 指令的应用

（八）外部 I/O 设备指令

外部 I/O 设备指令的功能指令编号为 FNC70～FNC79，包括十键输入指令 TKY（Ten Key）、十六键输入指令 HKY（Hex Decimal Key）、数字开关指令 DSW（Digital Switch）、七段译码指令 SEGD（Seven Segment Decoder）、带锁存的七段显示指令 SEGL（Seven Segment with Latch）、方向开关指令 ARWS（Arrow Switch）、ASCII 码转换指令 ASC（ASCII Code）、ASCII 码打印指令 PR（Print）和读、写特殊功能模块指令 FROM、TO。

（九）外部设备指令

外部设备指令的功能指令编号为 FNC80～FNC89，串行通信指令 RS（RS232C）、八进制数据传送指令 PRUN、HEX→ASCII 码转换指令 ASCII、ASCII→HEX 转换指令 HEX、校验码指令 CCD（Check Code）、读模拟量功能扩展板指令（Variable Resistor Read）、模拟量功能扩展板开关设定指令 VRSC（Variable Resistor Scale）、回路运算指令 PID。

（十）浮点数运算指令

浮点数运算指令包括二进制浮点数比较指令 ECMP、二进制浮点数区间比较指令

EZCP、二进制浮点数转换为十进制浮点数指令 EBCD、十进制浮点数转换为二进制浮点数指令 EBIN、二进制浮点数转换为二进制整数指令 INT、二进制浮点数的四则运算指令（EADD、ESUB、EMUL、EDIV）、二进制浮点数的开平方根与三角函数运算指令。

（十一）时钟运算与格雷码变换指令

时钟运算与格雷码变换指令包括时钟数据比较指令 TCMP（Time Compare）、时钟数据区间比较指令 TZCP（Time Zone Compare）、时钟数据加法指令 TADD（Time Addition）、时钟数据减法指令 TSUB（Time Subtraction）、时钟数据读出指令 TRD（Time Read）、时钟数据写入指令 TWR（Time Write）和格雷码变换指令 GRY（Gray Code）。

第五节　FX5U 与 FX3U 不同之处

前几节介绍的编程元件及指令都是基于 FX3U 系列 PLC 进行的讲解，而 FX5U 系列 PLC 在这些方面与 FX3U 系列 PLC 有些不同之处。对于这些不同之处，下面仅针对常使用的一些知识点进行介绍。

一、特殊继电器

特殊继电器是 PLC 内部具有某些特殊功能的继电器，用于存储 PLC 的系统状态、控制参数和信息。FX3U 系列 PLC 的特殊辅助继电器为 M8000～M8255，共 256 点。其中 M8000 为运行监视继电器，M8011、M8012、M8013、M8014 为 10ms、100ms、1s 和 1min 时钟脉冲继电器。FX5U 系列 PLC 的特殊继电器（SM）表达方式稍有不同，基本指令编程时常用的几种特殊继电器见表 5-12。

表 5-12　　　　　　　　FX5U 系列 PLC 的部分常用特殊继电器（SM）功能

编号		功能描述
SM400	SM8000	RUN 监视、动合触点；OFF：STOP 时；ON：RUN 时
SM401	SM8001	RUN 监视、动断触点；OFF：RUN 时；ON：STOP 时
SM402	SM8002	初始脉冲，动合触点，RUN 后第 1 个扫描周期为 ON
SM0	SM8004	发生出错；OFF：无出错；ON：有出错
SM52	SM8005	电池电压过低；OFF：电池正常；ON：电池电压过低
SM409	SM8011	10ms 时钟脉冲
SM410	SM8012	100ms 时钟脉冲
SM412	SM8013	1s 时钟脉冲
SM413	—	2s 时钟脉冲
	SM8014	1min 时钟脉冲
	SM8020	零标志位；加减运算结果为零时置位
	SM8021	借位标志位；减运算结果小于最小负数值时置位
SM700	SM8022	进位标志位；加运算有进位或结果溢出时置位

二、特殊寄存器

特殊寄存器是 PLC 内部确定的、具有特殊用途的寄存器，不能像普通的数据寄存器那样用于程序中，但是可以根据需要写入某些数据以控制 CPU 模块。FX3U 系列 PLC 的特殊寄存器为 D8000～D8255，共 256 点。FX5U 系列 PLC 的特殊寄存器（SD）表达方式也有所不同，部分常用的 SD 见表 5-13，其中 R/W 为读/写性能。

表 5-13　　　　　　　　FX5U 系列 PLC 的部分常用特殊寄存器（SD）功能

编号	功能描述	R/W
SD200	存储 CPU 开关状态（0：RUN；1：STOP）	R
SD201	存储 LED 状态（b2：ERR 灯亮，b3：ERR 闪烁…b9：BAT 闪烁）	R
SD203	存储 CPU 动作状态（0：RUN；2：STOP；3：PAUSE）	R
SD210	时钟数据（年）将被存储（公历）	R/W
SD211	时钟数据（月）将被存储（公历）	R/W
SD212	时钟数据（日）将被存储（公历）	R/W
SD213	时钟数据（时）将被存储（公历）	R/W
SD214	时钟数据（分）将被存储（公历）	R/W
SD215	时钟数据（秒）将被存储（公历）	R/W
SD216	时钟数据（星期）将被存储（公历）	R/W
SD218	参数中设置的时区设置值以"分"为单位被存储	R
SD260	当前设置的位软元件 X 点数（低位）被存储	R
SD261	当前设置的位软元件 X 点数（高位）被存储	R
SD262	当前设置的位软元件 Y 点数（低位）被存储	R
SD263	当前设置的位软元件 Y 点数（高位）被存储	R
SD264	当前设置的位软元件 M 点数（低位）被存储	R
SD265	当前设置的位软元件 M 点数（高位）被存储	R

三、脉冲否定运算开始、脉冲否定串联连接、脉冲否定并联连接指令

FX5U 系列 PLC 的脉冲否定指令包括上升沿触点指令和下降沿触点指令，作为触点可使用的位软元件有 X、Y、M、L（锁存继电器）、SM、F（报警器）、B（链接继电器）、SB（特殊链接继电器）、S 等。与上升沿有关的脉冲否定指令除上升沿（OFF→ON）外，在位元件为 OFF、ON、下降沿（ON→OFF）时导通。与下降沿有关的脉冲否定指令除下升沿（ON→OFF）外，在位元件为 OFF、ON、上降沿（OFF→ON）时导通。各指令的表示方法见表 5-14。FX3U 系列 PLC 没有相关的指令。

表 5-14　　　　　　　　　　　　脉冲否定指令

指令符号	处理内容	梯形图表示
LDPI	上升沿脉冲否定运算开始	X6
ANDPI	上升沿脉冲否定串联连接	X6

续表

指令符号	处理内容	梯形图表示
ORPI	上升沿脉冲否定并联连接	
LDFI	下升沿脉冲否定运算开始	
ANDFI	下升沿脉冲否定串联连接	
ORFI	下升沿脉冲否定并联连接	

四、定时器指令

前面介绍的 FX3U 系列 PLC 定时器分为通用定时器（T0～T245）和积算定时器（T246～T255），它们依靠编号区分类型，包括分辨率的区分也是依靠编号区分。FX5U 系列 PLC 的定时器也分为通用定时器（T0～T511）和累计（积算）定时器（ST0～T15），但是它们指令有所不同，编号都是从 0 开始使用。默认情况下，通用定时器的个数为 512 个，累计定时器的个数为 16 个。分辨率则使用定时器输出指令 OUT、OUTH 和 OUTHS 指令来区分。例如，对于同一 T0，采用 OUT T0 时为低速定时器（分辨率 100ms），采用 OUTH T0 时为普通定时器（分辨率 10ms），采用 OUTHS T0 时为高速定时器（分辨率 1ms）。累计定时器使用方式相同。定时器输出功能指令、表示方法见表 5 - 15。

表 5 - 15　　　　　　　　　　　　　定时器输出指令

指令符号	功能	定时范围（s）	梯形图表示
OUT T	低速定时器	0.1～3276.7	OUT　T0　K666
OUT ST	低速累计定时器		OUT　ST0　K369
OUTH T	普通定时器	0.01～327.67	OUTH　T0　K666
OUTH ST	累计定时器		OUTH　ST0　K369
OUTHS T	高速定时器	0.001～32.767	OUTHS　T0　K666
OUTHS ST	高速累计定时器		OUTHS　ST0　K369

194

五、计数器指令

FX5U系列PLC的计数器分为16位计数器和32位超长计数器，它们之间不像FX3U系列PLC的计数器那样依靠编号区分，它们对应的输出指令分别为OUT C和OUT LC。默认情况下，计数器个数为256个，对应编号为C0～C255；超长计数器个数为64个，对应的编号为LC0～LC63。

计数器没有断电保持功能，当PLC断电后会自动复位，恢复供电后将重新开始计数。超长计数器（32位）的使用方法同计数器（16位），只是计数的范围由0～32767增加到0～4294967295。

六、BSET、BRST指令

FX5U系列PLC除了具有同FX3U系列PLC一样的SET、RST指令外，还具有用于对字软元件的指定位置1的BSET指令和用于对字软元件的指定位置0的BRST指令。各指令的功能、表示方法见表5-16。表中梯形图的执行条件如果满足，指令会执行一个扫描周期，将D6的b6位置1或置0。即使执行条件不满足了，b6仍然会保持原来的状态。

表5-16　　　　　　　　　　　　BSET、BRST指令

指令符号	功能	梯形图表示
BSET	输出动作保持为1。其中BSETP是脉冲输出指令	├──┤├──[BSETP　　D6　　　K6]
BSETP		
BRST	输出动作复位。其中BRSTP是脉冲输出指令	├──┤├──[BRSTP　　D6　　　K6]
BRSTP		

七、位元件输出取反指令

位元件输出取反指令包括FF、ALT及ALTP指令，用于对指定的位元件状态取反。其实，ALT就是第四节功能指令中所讲的交替输出指令，该指令为连续执行指令，可能会导致输出状态的不确定。ALT指令加P后的ALTP指令为脉冲执行型指令，该指令只有在导通条件由OFF变为ON时对位元件取反一次。

FF指令只有FX5U系列PLC中有，FX3U系列PLC中没有。FF指令为上升沿执行指令，当指令输入端接通时，对指令中指定的位软元件的当前值状态取反；该指令在输入端信号由OFF变为ON，即上升沿时动作，仅执行一次。由此可见，在输入相同的情况下，FF指令和ALTP指令的输出波形是一样的。

习　　　题

5-1　FX系列可编程控制器的编程元件有哪几种？说明它们的用途及使用方法。

5-2　FX系列可编程控制器中断事件可分为哪三大类？

5-3　图5-66给出的两个梯形图程序是否完全等效？为什么？

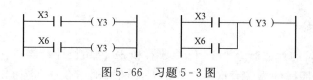

图 5-66　习题 5-3 图

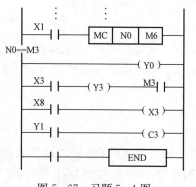

图 5-67　习题 5-4 图

5-4　指出图 5-67 所示梯形图中的错误。

5-5　试说明下述说法是否正确：

（1）高速计数器 C238 的计数输入端为 X3，故梯形图中 X3 的动合触点应控制 C238 的线圈。

（2）高速计数器 C253 的计数方向由 M8253 的状态决定。

（3）C6 和 C213 的当前值不可能大于它们的设定值。

（4）假设 C216 的设定值为 -6，则其当前值为 -10 时 C216 的元件映像寄存器为 ON。

（5）若 C219 的当前值已经为 +2147483647，则再继续加 1 计数后，当前值会变为 +2147483648。

（6）假设 T0 和 T200 的设定值都为 63，则表示这两个定时器设定的时间为 63s。

（7）T9 定时器的复位必须使用 RST 指令。

（8）与主控触点下端相连的所有触点都使用 LD 或 LDI 指令。

5-6　写出图 5-68 所示梯形图的指令表程序。

5-7　写出图 5-69 所示梯形图的指令表程序。

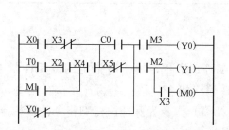

图 5-68　习题 5-6 图

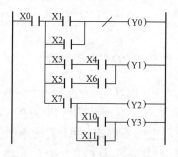

图 5-69　习题 5-7 图

5-8　绘出下面的指令表程序对应的梯形图程序。

0 LD X0	4 AND X2	8 OUT Y1	12 AND X5	16 OUT Y3
1 MPS	5 OUT Y0	9 MPP	13 OUT Y2	
2 AND X1	6 MPP	10 AND X4	14 MPP	
3 MPS	7 AND X3	11 MPS	15 AND X6	

5-9　绘出下面的指令表程序对应的梯形图程序。

0 LD X0	4 ORB	8 ANI X7	12 AND M1	16 END
1 AND X1	5 LD X4	9 ORB	13 ORB	
2 LD X2	6 AND X5	10 ANB	14 AND M2	

3 ANI X3　　　　　7 LD X6　　　　　11 LD M0　　　　　15 OUT Y4

5-10　画出图5-70中M3、M6、M9和Y6的时序图。

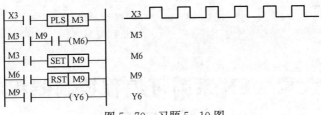

图5-70　习题5-10图

5-11　画出图5-71中Y0的时序图。

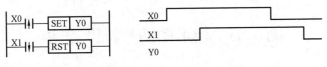

图5-71　习题5-11图

5-12　说明FX5U-64MT/DS型号中64、M、T、DS的意义。

5-13　何谓字元件和位元件？何谓连续执行型功能指令和脉冲执行型功能指令？

5-14　填空：

（1）FX5U系列PLC按照输入回路电流的方向可以分为_____输入接线和_____输入接线方式。

（2）操作数K2Y20表示____组位元件，即由_____组成的_____位数据。

（3）图5-72中的功能指令在X0_____时，将____中的____位数据传送到____。

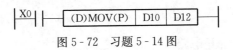

图5-72　习题5-14图

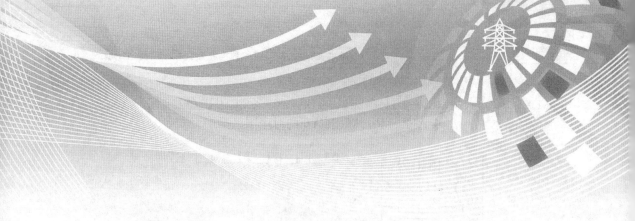

第六章 FX系列可编程控制器程序设计方法

第一节 梯形图的分析设计法

梯形图是使用最多的可编程控制器图形编程语言。我们经常将梯形图称为电路或程序，将设计梯形图称为编程。梯形图的分析设计法是根据控制要求选择相关联的基本控制环节或经验证正确的成熟程序，对其进行补充和修改，最终综合形成满足控制要求的完整程序。假如找不到现成的相关联程序，只能根据控制要求一边分析一边设计，随时增加或减少元件以及改变触点的组合方式，经过反复修改最终得到理想的程序。由上可知，要能够熟练地使用这种设计方法，必须掌握许多常用的基本控制程序并具备一定的读图分析能力，所以这种方法又称为经验设计法。其特点是无固定的设计步骤，方法简单易学；缺点是最终设计结果未必是最佳的。

本节首先介绍梯形图的一些基本控制环节，然后介绍一些和继电控制基本环节相对应的PLC梯形图程序。

一、延时接通、延时断开电路

图6-1所示为延时接通、延时断开电路。电路中，X0为ON后T0开始计时，6s后T0动合触点接通，Y0为ON。X0为OFF后T6开始计时，9s后T6动断触点断开，使Y0为OFF，T6亦被复位。

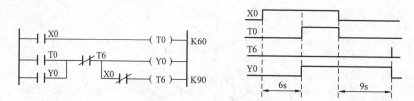

图6-1 延时接通、延时断开电路

二、振荡电路

图6-2所示为振荡电路，电路中，X0动合触点接通后，T0的线圈开始"通电"；8s后T0动合触点接通，从而Y0为ON，T1也开始"通电"计时。9s以后，T1动断触点断

开，使 T0 "断电"复位，其动合触点断开使 T1 复位、Y0 为 OFF，T1 的复位使 T1 的动断触点闭合导致 T0 又开始"通电"计时。以后 Y0 将这样循环地"OFF"和"ON"，"OFF"的时间为 T0 的设定值，"ON"的时间为 T1 的设定值。

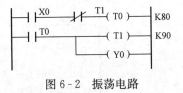

图 6-2 振荡电路

三、长延时电路

FX 系列可编程控制器的定时器最长定时时间为 3276.7s，如果要设定更长的时间，就需要用户自己设计一个长延时电路。由于利用经验设计法的设计结果不是唯一的，从而就存在着优化程度高低的问题，这也反映了程序设计的多样性。

1. 定时器"接力"电路

通常用定时器及自身触点组成一个脉冲信号发生器，再用计数器对此脉冲进行计数，从而得到一个长延时电路。此电路比较简单，在此就不作介绍。

我们可以用 N 个定时器串级"接力"延时，达到长延时的目的。此类电路总的延时时间为各个定时器设定值之和，所能达到的最大延时时间为 3276.7s×N。图 6-3 中，X0 用于启动延时电路，M0 为 ON，经过 2000+1600＝3600(s)＝1(h)后 Y0 为 ON。要提高电路的计时精度，可使用 10ms 定时器 T200～T245。

2. 计数器串级电路

我们还可以利用多级计数器来对时钟脉冲进行计数，从而得到长延时电路。图 6-4 所示为两级计数器串级延时电路。M8012 和 C0 组成一个 4000×0.1＝400(s) 的定时器。由于 C0 的动合触点控制 C0 的复位指令，所以 C0 的动合触点每隔 400s 闭合一个扫描周期。C1 对 C0 动合触点闭合的次数计数，累计到 81 个后 C1 动合触点接通，使 Y0 为 ON。X0 为启动延时电路的信号，所以 X0 为 ON，400×81＝32400(s)＝9(h) 后，输出继电器 Y0 为 ON。X1 为停止信号。这个电路最长的延时时间为 32767×0.1×32767＝107367628.9(s)≈1242.68(天)≈3.4(年)。

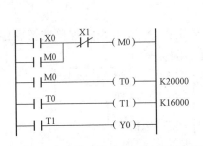

图 6-3 定时器"接力"延时控制电路

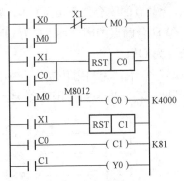

图 6-4 两级计数器串级延时电路

四、分频电路

图 6-5 所示为分频电路。此电路中，在 X0 为 ON 的第一个周期中，M0、M1、Y0 为 ON，M2 为 OFF；而在 X0 为 ON 的第二个周期中，由于 M1 动断触点的断开，M0 为

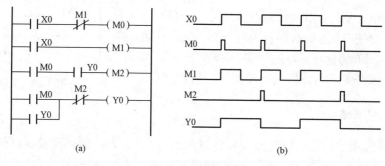

图 6-5　分频电路
(a) 梯形图；(b) 时序图

OFF，M1 继续为 ON，M2 继续为 OFF，Y0 自保为 ON。以后 X0 为 OFF，Y0 仍然为 ON。下次 X0 为 ON 时，M0 仍然产生一个单脉冲，但由于上个周期 Y0 为 ON，所以导致 M2 为 ON，致使 Y0 为 OFF。由于 Y0 的频率为 X0 的一半，故此电路又叫二分频电路。梯形图中 X0 和 M0 的关系也可以用 PLS 指令加以简化。

五、单按钮启动、停止电路

在 PLC 的设计过程中，有时为了减少输入点数，需要用一个按钮来实现启动和停止两种控制。在 PLC 的 X0 输入端口接一个动合按钮，利用上述的分频电路就可以实现对 Y0 输出端口所接执行元件的单按钮启停控制。除分频电路能够实现单按钮控制外，还可以通过下面三种电路达到同一目的。

图 6-6 (a) 所示为利用计数器实现单按钮控制的电路。X0 第一次为 ON，M0 接通一个周期，使 C0 当前值为 1，Y0 为 ON 且自保；下次 X0 为 ON、M0 接通一个周期，使 C0 当前值为 2，C0 动断触点断开，使 Y0 为 OFF，下个周期 C0 动合触点的闭合使 C0 复位，当前值变为 0，等待下一次启动。

图 6-6 (b) 中，X0 第一次接通时，M0 接通一个周期，此周期中 Y0 通过自身动断触点和 M0 动合触点的闭合使 Y0 为 ON；紧接着下一个周期，M0 为 OFF，Y0 通过 M0 的动断触点和 Y0 动合触点的闭合使 Y0 为 ON 自保。下次 X0 为 ON 时，M0 动断触点断开，打开自保，Y0 为 OFF。

图 6-6 (c) 中，为利用功能指令中的交替输出指令 ALT 来实现单按钮启停控制的电路。由此可见，功能指令的使用可以大大简化梯形图程序。

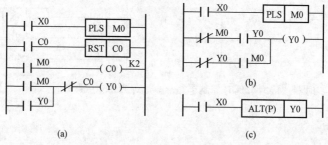

图 6-6　单按钮启停控制电路
(a) 利用计数器实现；(b) 利用基本逻辑指令实现；(c) 利用功能指令实现

六、三相异步电动机启动、保持和停止电路

图 6-7 所示的梯形图是可编程控制器中应用极为广泛的启动、保持和停止电路（下面均称启保停电路）。在前面的几个梯形图基本环节中，也用到了启保停电路。尽管其功能可以用 SET、RST 指令简化等效替代，但由于其外形和继电器控制中的自锁电路一致，因而人们在许多场合仍旧习惯性地大量使用它。由于启保停电路非常重要，在此再着重予以说明。

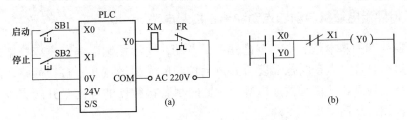

图 6-7　三相异步电动机启保停电路
(a) 接线图；(b) 梯形图

启动按钮 SB1 闭合以后，X0 为 ON，其动合触点接通；而此时停止按钮 SB2 未动，X1 仍旧为 OFF，其动断触点闭合，所以 Y0 的"线圈"通电。如果 Y0 接口所接的 KM 主触点控制的是三相异步电动机，那么电动机就会运行。当松开 SB1，X0 变为 OFF 后，其动合触点断开，但由于程序的执行是先上后下、先左后右，从输出映像寄存器 Y0 "读入"的是上一个周期输出指令执行的 ON 的结果，所以 Y0 线圈通过 Y0 动合触点的闭合和 X1 动断触点仍然能够"通电"，这就是所谓的"自保持"，简称为"自保"。SB2 按钮接通后，X1 为 ON，其动断触点断开，导致 Y0 "线圈"断电，Y0 动合触点断开，当松开 SB2、X1 动断触点接通，Y0 的线圈仍然"断电"。此电路也简称为启保停电路。

七、三相异步电动机正反转控制电路

图 6-8 所示为三相异步电动机正反转 PLC 控制系统的接线图和梯形图电路，系统的主电路省略未画。主电路中，KM1 的三个动合主触点控制电动机的正向运转，KM2 的三个动合主触点控制电动机的反向运转。为节省输入点数，图 6-8 (a) 中把热继电器 FR 的动断触点串联于输出电路中而未作为输入信号处理。为避免接触器线圈断电后触点由于熔焊仍然接通情况下另一个接触器得电吸合，在输出电路中设置了接触器辅助动断触点的互锁。

图 6-8 (b) 所示梯形图采用了两个自保停电路的组合，并像继电器控制那样采用了 Y0、Y1 动断触点串于对方进行"电气互锁"。为了能达到正反转的直接转换，

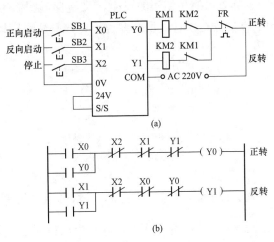

图 6-8　三相异步电动机正反转控制程序
(a) 接线图；(b) 梯形图

201

将各自启动按钮对应的输入继电器的动断触点串于对方，进行了"按钮互锁"。

通过启保停电路以及正反转控制电路可以看出，梯形图电路和继电器控制中的控制电路有很大的相似性，这正是熟悉继电器控制的工程技术人员可以很容易学习可编程控制器的原因。但这并不能说明继电控制系统的控制电路和梯形图有着绝对的对应关系，毕竟一个是并行工作方式，一个是串行工作方式，二者有着本质的不同，我们不应被这种表面现象所迷惑。下面的例子很能说明这一点。

八、三相异步电动机启动、点动和停止控制电路

在继电器控制的基本环节中，有这样一个点动、连续控制电路：连续控制依靠接触器的自锁触点进行自锁；点动时依靠复合式点动按钮的常闭触点断开自锁回路，随后其常开触点接通接触器线圈，使接触器通电吸合，此时尽管接触器的辅助常开触点也闭合，但并未起到自锁作用，从而实现了点动。

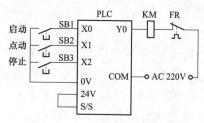

图 6-9　三相异步电动机启动、
点动和停止控制外部接线图

图 6-9 所示为三相异步电动机启动、点动和停止 PLC 控制的外部接线图，图 6-10 所示为与此接线图相对应的和上述继电控制形式上完全对应的梯形图程序。Y0、X0 的动合触点及 X2 的动断触点仍旧组成启保停电路，所以 SB1 按钮实现连续启动毫无问题。但 X1 的常闭触点与 Y0 的动合触点串联，X1 的动合触点用于接通 Y0 线圈却不能实现点动。因为 SB2 按钮按下后，X1 动合触点闭合接通 Y0，松手后在输入处理

阶段 X1 即为 OFF；在程序处理阶段，读取的 Y0 状态是上个周期输出处理阶段 Y0 的状态，仍为 ON，故 Y0 动合触点闭合、X1 动断触点也闭合，所以 Y0 仍旧为 ON；在输出处理阶段 Y0 继续接通，从而 KM 继续得电吸合。总之，图 6-10 仿继电梯形图程序不能实现电动机的点动。

解决的办法是与图 6-11 类似，借助辅助继电器 M0，把点动和连续的控制逻辑完全分开，这样既可避免错误的发生，又使梯形图简单明了，思路清晰。由上可见，对继电器线路的 PLC 改造设计，没必要也不应该完全对应地进行"翻译"。

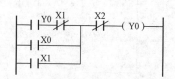

图 6-10　仿继电的启动、点动和停止
控制电路梯形图程序

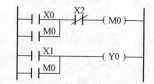

图 6-11　异步电动机启动、点动和停止
控制电路梯形图程序

九、三相异步电动机星形-三角形启动控制电路

图 6-12 所示为三相笼型异步电动机 Y-△启动控制的 PLC 外部接线图。主电路省略未画，可参阅其他教材。主电路中，KM1、KM3 控制电动机 Y 接法启动运转，KM1、KM2 控制电动机的△接法正常运转。为避免 KM2、KM3 同时动作，在接线图中用动断触点进

行了互锁。

图 6 - 13 所示为对应的梯形图程序。在梯形图程序中，T0 的作用是设定星形启动延时的时间。T1 的作用是设定 Y-△切换的延时，以从软件上确保 KM2 和 KM3 不会同时得电。

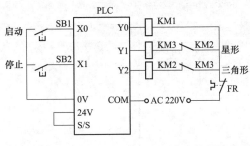

图 6 - 12　电动机 Y-△降压启动 PLC 控制接线图

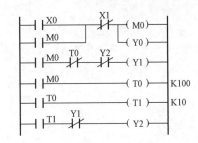

图 6 - 13　Y-△降压启动的梯形图程序

由于接触器质量问题，KM2 接触器主触点可能被断电时产生的电弧熔焊而黏结。如果发生这种情况，下次按下 SB1 启动时，M0 自保，Y0 为 ON，KM1 立即为 ON，电动机就会马上三角形直接启动。从这个角度出发，把 KM2 的辅助动合触点与 SB1 启动按钮串联，可以避免全压启动的发生。

十、三速异步电动机控制电路

已知某三速异步电动机启动和自动加速的继电器控制电路，现用可编程控制器来实现。因为无意对继电器电路进行对应翻译，故此处省略了主电路及继电器控制电路，只要知道启动及自动加速的对应顺序为 KM1→KM2→KM3 即可。

共有启动及停止两个输入信号，对应三个接触器的三个输出信号，三个接触器在硬件上进行互锁，从而得到图 6 - 14 所示的 PLC 外部接线图。在梯形图中，用 Y0、Y1、Y2 中的任意两个动断触点去互锁另一个的线圈，以保证它们不会同时为 ON。X1 动断触点串于 Y0、Y1、Y2 的线圈回路中，以确保启动后随时可以停止。用定时器的动合触点接通一个辅助继电器，由此辅助继电器的动断触点来断开定时器线圈，由此辅助继电器的动合触点来接通下一个线圈，以确保定时器能可靠启动下一个电路。

工作过程简述如下：点动 SB1 启动按钮，X0 为 ON，X1、M0、Y1、Y2 为 OFF，所以 Y0 为 ON，电动机低速启动运行；下个周期即使 X0 为 OFF，Y0 也能通过 Y0 动合触点的闭合进行自保。Y0 为 ON 的同时，T0 进行计时，计够 6s 后，T0 动合触点接通，Y1 动断触点处于闭合状态，所以这个周期 M0 为 ON，但这个周期 M0 动合触点闭合并不能使 Y1 为 ON，因为这个周期 Y0 动断触点是断开的。下个周期，M0 动断触点的断开使 Y0、T0 为 OFF，这个周期 T0 动合触点断开，如果不给 T0 的动合触点并联 M0 的动合触点，则这个周期 M0 将为 OFF，从而 M0 动合触点不能启动 Y1、T1，所以 M0 的自保触点很重要，它确保这个周期里 M0 仍为 ON，而这个周期里 Y0 的动断触点已经闭合，结果能使 Y1、T1 为 ON，电动机转入中速运行。紧接着下个周期里，Y1 的动断触点断开，使 M0 为 OFF，但 Y1 已能够利用自己的动合触点自保了。中速转入高速的情况与上述类同，在此不再分析。

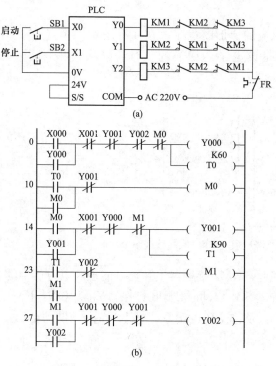

图 6-14　三速电动机控制程序

(a) 接线图；(b) 梯形图

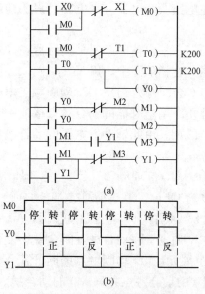

(a)

(b)

图 6-15　洗衣机控制电路

(a) 梯形图；(b) 时序图

如果将 T0 线圈和 M0 动断触点与 Y0 线圈的串联进行并联（为优化起见，上下颠倒位置为好），则与 T0 动合触点并联的 M0 自保触点即可省略。M1 自保触点也是一样的情况。这一点留给读者自行分析。

十一、洗衣机控制电路

在图 6-15 所示的洗衣机电路的梯形图和时序图中，PLC 的 Y0 输出端口控制电动机的转动和停止，Y1 输出端口控制电动机的正转和反转。点动 X0 输入端口的常开按钮后，电动机停止 20s、正转 20s、停止 20s、反转 20s……停止的时间由 T0 设定，转动的时间由 T1 设定。分析如下。

这是一个典型的用经验设计法设计的程序。它由几个基本环节有机组合而成。最上面是一个自保停电路，该电路的输出 M0 作为下面振荡电路的输入信号，也就是说 M0 为 ON 后 Y0 开始振荡，而 Y0 决定了电动机的转动与否。Y0 作为输入信号而 Y1 作为输出信号的下面电路为分频电路，Y1 为 ON 电动机正转，反之，电动机反转。由此可见，经验设计法需要扎实的基础知识。由此设计法设计的程序灵活性比较差，比如说这个电路一个周期内正反转动的时间一样长，两次停顿的时间一样长，无法改变。如果要改变，则需要使用下面介绍的其他方法重新设计一个新的电路。

第二节　梯形图的时序设计法

用经验设计法设计系统的梯形图时，没有一套固定的方法和步骤可以遵循，试探性和随意性很大。也可能经过长时间的努力，也无法得到一个非常满意的结果。而且采用过这种方法设计出的梯形图，需要对程序改进时存在着较大困难，因为其中复杂的逻辑关系除设计者以外的任何人分析起来都会很困难。我们应该而且必须掌握一些有章可循的设计方法。

对于输出的变化完全是时间原则的系统，可以用多个定时器的"接力赛"来实现其功能，此法称之为时序设计法。它有规律可循，现举两例予以说明。

一、洗衣机电路设计

（1）了解控制要求。此电路要求为在 M0 为 ON 期间，Y0、Y1 变化时序如图 6-16（a）所示。

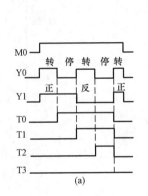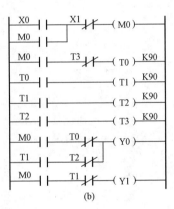

图 6-16　洗衣机控制时序图及梯形图
(a) 时序图；(b) 梯形图

（2）设置定时器。在一个周期之内，从最初状态开始，综合考虑所有的输出继电器状态，一有变化，就设置一个定时器，在变化处使其为 ON，周期内最后一处变化的定时器只产生一个单脉冲，用来断开第一个定时器的线圈，以便开始下一个新的周期，考虑完一个完整的周期为止。此处共设置了 T0~T3 四个定时器。

（3）根据上述时序图设计输出继电器的表达式。

一个周期内，Y0 的时序图由 2 个为 ON 的时序图组成，前一个时序波形对应的 M0 为 ON，T0 为 OFF，故表达式为 $M0 \cdot \overline{T0}$；后一个波形对应的 T1 为 ON，T2 为 OFF，故表达式为 $T1 \cdot \overline{T2}$；这两个表达式为或的关系，所以 $Y0 = M0 \cdot \overline{T0} + T1 \cdot \overline{T2}$。Y1 时序图对应的 M0 为 ON，T1 为 OFF，故表达式为 $Y1 = M0 \cdot \overline{T1}$（其实对于洗衣机电路来说，$Y1 = M0 \cdot \overline{T0}$ 更加合理）。

（4）设计梯形图。X0、X1 启停 M0，组成自保电路。由时序图可得，M0 动合触点控制 T0 线圈，T0 动合触点控制 T1 线圈，依次类推，最后 T2 动合触点控制 T3 线圈，就像"接力赛"那样。为了能够一直循环下去，T3 动断触点应该控制 T0 线圈，以确保"循环接力赛"！$Y0 = M0 \cdot \overline{T0} + T1 \cdot \overline{T2}$，用 M0 动合触点、T0 动断触点的串联和 T1 动合触点、T2 动断触点的串联进行并联来控制 Y0 的线圈。$Y1 = M0 \cdot \overline{T1}$，用 M0 动合触点、T1 动断触点（其实用 T0 的动断触点更加合理）的串联来控制 Y1 的线圈。综上所述可得图 6 - 16 所示的梯形图，图中 T0 的设定值规定了正向转动的时间，T1 的设定值规定了正向转动后停顿的时间，T2 的设定值规定了反向转动的时间，T3 的设定值规定了反向转动后停顿的时间。

与经验设计法设计的程序比较，时序设计法思路清晰，规律性强，程序灵活性大，调试、维修及改进时都很方便。但时序设计法的使用场合受到一定的限制。

二、简易交通灯电路设计

（1）了解控制要求。Y0、Y1、Y2 分别控制红灯、绿灯和黄灯。要求 X0 接通一个脉冲后，Y0～Y2 按图 6 - 17（a）所示的时序变化，10h 后所有灯自动熄灭。试设计相应的梯形图程序。

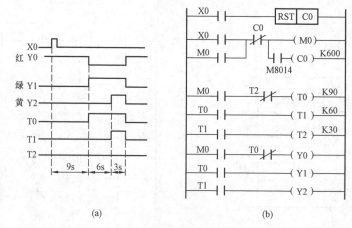

图 6 - 17　简易交通灯时序图及梯形图电路
(a) 时序图；(b) 梯形图

（2）设置定时器。一个周期内根据输出继电器的变化情况，应该需要三个定时器。图中画出了 T0、T1、T2 三个定时器一个周期内对应的时序图。

（3）根据上述时序图设计输出继电器的表达式。一个周期内，$Y0 = M0 \cdot \overline{T0}$，$Y1 = T0$，$Y2 = T1$。

（4）设计梯形图。X0 信号启动 M0 自保停电路，由 M0 发出定时器"接力赛"的命令。在 M0 为 ON 期间，总有定时器在计时，交通灯一直在工作。10h 后自动停止工作，需要一个长延时电路进行计时并及时使 M0 为 OFF。M8014 为 1min 时钟脉冲，用 C0 对其上升沿进行计数，计够 600 个脉冲 $[600 \times 1 = 600 \text{（min）} = 10 \text{（h）}]$ 后，C0 动断触点断开，M0 为 OFF，所有输出继电器为 OFF，交通灯停止工作。如果要提高计时精度，可采用其他的长延时电路。在使用过程中，如果按一下启动按钮，则延时电路重新计时。如需要随时停止运行，给 C0 动断触点串一输入继电器的动断触点即可。

第三节　顺序功能图的设计

在工业控制中，往往需要多个执行机构按生产工艺预先规定好的顺序自动而有序地工作。对此类控制系统，由于各编程元件之间的关系极为复杂，如果直接用梯形图语言进行设计，难度会很大，需要经验丰富的设计者才能担此重任，且设计出的程序即使设计者加了注释可读性仍旧很差，这不利于其他工程技术人员对系统进行维修和改进。如果采用 IEC 1131-3 中的顺序功能图图形语言（Sequential Function Chart，SFC），初学者也能对此类复杂的控制系统进行编程设计。所以，国际电工委员会 1994 年 5 月公布的可编程控制器标准 IEC 1131 中，将 SFC 确定为可编程控制器位居首位的编程语言。

一、顺序功能图的组成

顺序功能图可用于设计执行机构自动有顺序工作的控制系统，此类系统的动作是循环的动作。这种图形语言将一个动作周期按动作的不同及顺序划分为若干相连的阶段，每个阶段称为一步，用状态器 S 或辅助继电器 M 表示。动作的顺序进行对语言来说意味着状态的顺序转移，故顺序功能图又习惯上称为状态转移图。顺序功能图主要由步、有向连线、转换条件和所驱动的负载几部分组成。

1. 步

在顺序功能图中，步对应状态，用矩形方框表示。方框内用 S 或 M 连同其编号进行注释。系统正处于某一步所在的阶段时，此步称为活动步。与系统初始状态对应的步称为初始步，用双线的方框表示，根据系统的实际情况，它用初始条件来驱动，或者用 M8002 来驱动。用状态器 S 编程时，S0～S9 为初始步专用状态器。

2. 有向连线

将各步对应的方框按它们成为活动步的顺序用有向连线连接起来，使图成为一个整体。有向连线的方向代表了系统动作的顺序。顺序功能图中，从上到下、从左到右的方向，有向连线代表方向的箭头可以省略。

3. 转换条件

当活动步对应的动作完成后，系统就应该转入下一个动作，即活动步应该转入下一步。活动步的转换与否，需要一个条件。完成信号或相关条件的逻辑组合可以用作转换条件，它既是本状态的结束信号，又是下一步对应状态的启动信号。转换条件一般用文字语言、布尔代数表达式或图形符号标注在与有向连线垂直相交的短线旁边。

4. 驱动的负载

驱动的负载是指每一步对应的工作内容，也用方框表示，它直接与相应步的矩形方框相连。有的步根据需要可以不驱动任何负载，通常称之为等待步。

二、顺序功能图的基本结构

1. 单序列顺序功能图

由一系列相继成为活动步的步组成，每一步后面仅有一个转换条件，每一个转换条件后面只有一个步，如图 6-18 所示。

2. 选择序列顺序功能图

如果某一步的转换条件需要超过一个，每个转换条件都有自己的后续步，而转换条件每时每刻只能有一个满足，这就存在选择的问题了。图 6-19 中，X0、X1、X2 同时只能有一个为 ON。选择的开始称为分支，选择的结束称为合并。分支、合并处的转换条件应该标在分支序列上。

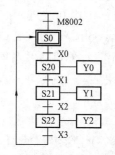

图 6-18 单序列顺序功能图

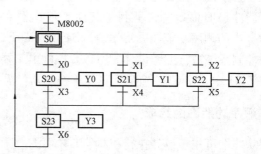

图 6-19 选择序列顺序功能图

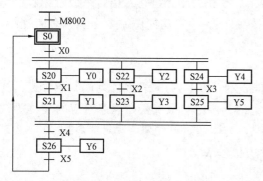

图 6-20 并行序列顺序功能图

3. 并行序列顺序功能图

如果某步的转换条件满足时，该步被置 0 的同时，根据需要应该将几个序列同时激活，即需要几个状态同时工作，这就存在并行的问题了。在并行序列的开始处（亦称为分支），几个分支序列的首步是同时被置为活动步的，为了强调转换的同步实现，水平连线用双线表示，转换条件应该标注在双线之上，并且只允许有一个条件。如图 6-20 所示，S0 为活动步且 X0 为 ON 时，S20、S22、S24 同时为 ON，而同时 S0 变为不活动步。各并行分支序列中活动步的进展是相互独立的。在并行序列的结束处（亦称为合并），当所有的并行分支序列最后一步都成为活动步且转换条件满足时，所有的并行分支序列最后一步同时变为不活动步，为了表示同步实现，合并处也用水平双线表示。图中，S21、S23、S25 皆为活动步且 X4 为 ON 时，S26 被置为活动步，而同时 S21、S23、S25 成为不活动步。

三、设计顺序功能图时应该注意的问题

（1）两个步之间必须有转换条件。如果没有，则应该将这两步合为一步处理。

（2）从生产实际考虑，顺序功能图必须设置初始步，否则，系统没有停止状态。

（3）完成生产工艺的一个全过程以后，最后一步必须有条件地返回到初始步，这是单周期工作方式，也是一种回原点式的停止。如果系统还具有连续工作方式，还应该将最后一步有条件地返回到第一步。总之，顺序功能图应该是一个或两个由方框和有向线段组成的闭环。

（4）要使能够正确地按顺序功能图顺序运行，必须用适当的方式将初始步置为活动步。

一般用初始化脉冲 M8002 的动合触点作为转换条件，将初始步置为活动步。在手动工作方式转入自动工作方式时，也应该用一个适当的信号将初始步置为活动步。

（5）在个人计算机上使用支持 SFC 的编程软件进行编程时，顺序功能图可以自动生成梯形图或指令表。如果编程软件不支持 SFC 语言，则需要将设计好的顺序功能图转化为梯形图程序，然后再写入可编程控制器。

四、顺序功能图编程实例

1. 利用单序列顺序功能图设计三相异步电动机 Y-△降压启动控制程序

本章第一节介绍了用经验设计法对 Y-△降压启动控制的编程，其实它也可以看成一个简单的步进控制，这也体现了可编程控制器编程方法的多样性。

在可编程控制器的接线电路图中，同上节一样继续用常开按钮在 X0、X1 端口控制启动和停止，Y0、Y1、Y2 端口分别控制电源接触器、星形接触器及三角形接触器。

获得启动信号后，进入第一步。此步 Y0、Y1 应该为 ON，电动机按星形接法启动，同时定时器 T0 开始计时，时间到后转入第二步。

在第二步中，Y0 应该继续为 ON，Y1 应该为 OFF，并启动定时器 T1 开始计时（Y-△切换的时间），时间到后转入第三步。

在第三步中，Y0 应该继续为 ON，Y2 也应该为 ON，电动机按三角形接法正常工作。停止信号 X1 为 ON 后，返回到初始步。

根据上述思路，可设计得到图 6-21 所示的单序列顺序功能图。S0 为初始等待步，S20～S22 代表一个周期的三步。

现介绍如何将图 6-21 所示的顺序功能图转换为梯形图

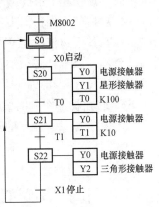

图 6-21　电动机 Y-△降压启动顺序功能图

和指令表程序。在用状态器 S 编制的顺序功能图中，S 在梯形图中对应的触点只有动合触点，称之为步进梯形触点，在指令表中对应的是 STL 指令（Step Ladder Instruction），所以步进梯形触点也称为 STL 触点。当某步成为活动步时，该步对应的 STL 触点接通，此步对应的负载即被驱动。当此步后面的转换条件满足时，后续步被 SET 指令置为活动步，同时原活动步自动被系统程序复位。STL 指令除具有上述特点外，还具有以下几个特点：

（1）STL 触点后直接相连的触点必须使用 LD 或 LDI 指令。使用 STL 指令相当于另设了一条子母线，连续使用 STL 指令后，最终必须使用使 STL 指令复位的 RET 指令使 LD 点回到原来的母线。这一点和 MC、MCR 指令颇为相似。正因为如此，STL 触点驱动的电路块中，不能使用主控及主控复位指令。

（2）因为可编程控制器只执行活动步对应的程序，所以不同的 STL 触点可以驱动同一个编程元件的线圈。也就是说，STL 指令对应的梯形图是允许双线圈输出的。

（3）中断程序以及子程序内，不能使用 STL 指令。因为过于复杂，STL 触点后的电路中尽可能不要使用跳步指令。

（4）在最后一步返回初始步时，既可以对初始状态器使用 OUT 指令，也可以使用 SET 指令。

（5）在转换过程中，后续步和本步同时为一个周期，设计时应特别注意。

根据以上特点，可得到图 6-22 所示的梯形图。在运行程序的第一个周期里，M8002 接通，将 S0 置为活动步。启动按钮按下后，X0 为 ON，转换条件满足，S20 成为活动步，系统程序将 S0 变为不活动步。S20 成为活动步期间，Y0、Y1 为 ON，电动机按星形接法运转，同时 T0 开始计时；时间到后，T0 常开触点接通，将后续步 S21 置为活动步，S20 自动成为不活动步；S21 为活动步期间，Y0 继续为 ON，但 Y1 为 OFF，此时 Y2 也为 OFF，这阶段为星角转换的停顿时间；0.1s 后，T1 常开触点接通将 S22 置为活动步，S21 自动变为不活动步；S22 为活动步期间，Y0、Y2 为 ON，这阶段电动机为三角形接法正常运行；等到有停止信号 X1 后，S0 成为活动步，S22 自动成为不活动步，系统回到初始状态，等待下一次的启动信号。最后一步编写完成后，千万记住使用 RET 步进复位指令。

FX 以前版本的编程软件能够像图 6-22（a）所示的一样显示出步进触点，当某一步为活动步时，该步所带的负载由其动合的步进触点驱动即可，比较直观，容易理解。GX Works2 软件显示的梯形图如图 6-22（b）所示，其步进触点是以 STLS 的形式出现，该步所带负载在其下边依次出现即可。需要注意的是其下的第一个线圈可以直接连接左母线，后边的就不可以了，必须加上 M8000 才可以，否则系统出错。图 6-22（b）所示程序经过了 PLC 实际运行，正确无误，没有任何问题。为了方便讲授，更加容易理解，后边讲解过程中 SFC 转化梯形图的时候，仍然使用 6-22（a）所示方法。值得注意的是，实际使用过程中一定得按 6-22（b）的形式输入。

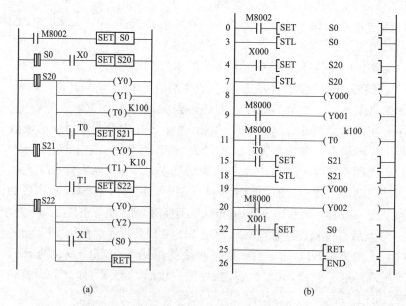

图 6-22 Y-△顺序功能图对应的梯形图
(a) 较为直观的梯形图；(b) GX Works2 软件显示的梯形图

2. 利用并行序列顺序功能图设计某专用钻床的控制程序

此钻床为同时在工件上钻大、小两个孔的专用机床，一个周期在工件上钻 6 个孔，间隔均匀分布（见图 6-23）。具体控制要求如下：

（1）人工放好工件后，按下启动按钮 X0，Y0 为 ON 夹紧工件。

（2）夹紧后压力继电器 X1 为 ON，Y1、Y3 为 ON 使大小两个钻头同时开始下行进行钻孔。

（3）大小两个钻头分别钻到由限位开关 X2 和 X4 设定的深度时停止下行，两个钻头全停以后 Y2、Y4 为 ON 使两个钻头同时上行。

（4）大小两个钻头分别升到由限位开关 X3、X5 设定的起始位置时停止上行，两个都到位后，Y5 为 ON 使工件旋转 120°。

（5）旋转到位时，X6 为 ON，设定值为 3 的计数器 C0 的当前值加 1，系统开始下一个周期的钻孔工作。

（6）6 个孔钻完后，C0 的当前值等于设定值 3，Y6 为 ON 使工件松开。

（7）松开到位时，限位开关 X7 为 ON，系统返回到初始状态。

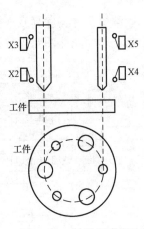

图6-23 钻孔示意图

系统要求两个钻头同时下行，同时上行，而每个钻头又有自己的移动限位开关，这种既有同时性又有独立性的特点符合并行序列的特点，故图 6-24 所设计的系统顺序功能图采用了两个并行序列。钻头下行到自己对应的下限位开关时停止，而两个钻头绝对不可能同时压下自己下限位开关，也就是说两个钻头在下行过程中不可能同时停止，但系统要求全停止后同时上升，所以先到下限位开关停止的钻头必须等待另一个钻头停止的到来，因此第一个并行序列的合并处采用了两个等待步 S22、S32 来满足上述控制要求。同样，系统要求两钻头上升都到位后工件才开始旋转，也存在一个钻头等待另一个钻头的问题，因此在第二个并行序列的合并处也采用了两个等待步 S42、S52。

顺序功能图中转换条件"1"表示转换条件总是满足的。只要 S22、S32 都是活动步，就会发生转换，S41、S51 被同时置为活动步，S22、S32 自动被系统程序变为不活动步；同理，只要 S42、S52 都是活动步，就会发生转换，S60 被置为活动步，同时 S42、S52 自动被系统程序变为不活动步。

在执行程序的第一个周期，M8002 将初始步 M0 置为活动步，同时将 C0 复位，当前值置为 0。当钻孔完毕，工件旋转到位后 X6 为 ON，将 S61 置为活动步，这步的任务是将 C0 的当前值加 1，执行结果如果是当前值等于设定值 3，则 C0 状态变为 ON，C0 动合触点接通，将后续步 S62 置为活动步，松开工件后，系统回到

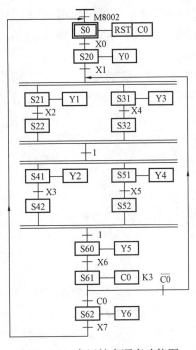

图6-24 专用钻床顺序功能图

初始状态，等待下一次启动信号；执行结果如果是当前值不等于设定值 3，则 C0 状态仍为 OFF，C0 动断触点接通，将后续步 S21、S31 置为活动步，钻头继续下行工作，这种转换的方向与"主序列"中的有向连线的方向相反，称为逆向跳步。S61 有两个后续步，对应每个后续步的转换条件只能有一个满足，所以说逆向跳步是选择序列的一种特殊情况。

掌握了并行序列及逆向跳步的顺序功能图编程方式，就不难设计出图 6-25 所示的与专用钻床顺序功能图对应的梯形图程序。

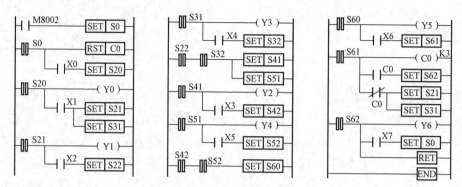

图 6-25　专用钻床控制系统梯形图

顺序功能图中步 S20 之后是并行序列的分支，S20 为活动步的情况下 X1 接通应将 S21、S31 同时变为活动步，梯形图中在 S20 的 STL 触点后经 X1 动合触点用 SET 指令将 S21、S31 同时置位。

第一个并行序列的合并处有两个前级步 S22、S32，当它们均为活动步时应实现合并，将两个后续步（即另一个并行序列的分支）S41、S51 变为活动步，而同时由系统程序将 S22、S32 变为不活动步。梯形图中由 S22、S32 的 STL 触点串联控制 SET 指令使 S41、S51 同时为 ON。

S21、S31 之前是两条支路的合并，S20 为活动步的情况下 X1 接通或 S61 为活动步情况下 C0 为 OFF 都应将 S21、S31 同时变为活动步，所以梯形图中 S20 和 S61 的 STL 触点控制的电路块中的转换目标均有 S21、S31。

3. 利用选择序列顺序功能图设计运料小车的控制程序

某小车运行情况如图 6-26 所示。具体控制要求如下：

图 6-26　小车运行示意图

（1）按下 SB1 后，小车由 SQ1 处前进到 SQ2 处停 6s，再后退到 SQ1 处停止。

（2）按下 SB2 后，小车由 SQ1 处前进到 SQ3 处停 9s，再后退到 SQ1 处停止。

首先统计输入、输出信号，分配端口，得到图 6-27 所示的外部接线图。因为按动 SB1 和按动 SB2 是两种不同的运行方式，所以为避免同时按动 SB1 和 SB2 导致 X0、X1 一个周期内同时为 ON（尽管可能性微乎其微），从按钮上进行了互锁。

SB1 和 SB2 决定了两种不同的工作方式，而小车每时刻只能工作在一种状态下，所以系统符合选择序列的特点。由此可得到图 6-28 所示的顺序功能图。初始步 S0 后有两个后续步 S20、S30 供选择。不论何种工作方式，系统都要求小车在原位（压下 SQ1）出发，所以 S0 的两个后续步转换条件都有 X2。转换条件 X0·X2 表示 X0 和 X2 同时为 ON，即

212

SQ1 被压情况下按下 SB1。X1·X2 表示 SQ1 被压情况下按下 SB2。

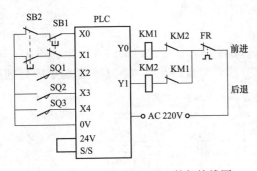

图 6-27　小车控制的 PLC 外部接线图

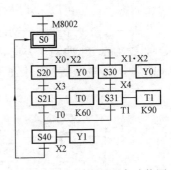

图 6-28　小车控制顺序功能图

初始步 S0 为 ON 时，如果 X0、X2 为 ON，将执行左边的序列；如果 X1、X2 为 ON，将执行右边的序列。因此，在图 6-29 的梯形图程序中，S0 的 STL 触点后应有两个并联电路，用来指明各转换条件和转换目标。S40 步之前是选择序列的合并，S21 为活动步，转换条件 T0 满足，或者 S31 为活动步，转换条件 T1 满足，都会使 S40 变为活动步。因此，梯形图中，S21 和 S31 的 STL 触点驱动的电路中转换目标都是 S40。系统从最后一步返回初始步时，既可以对初始步对应的状态使用 OUT 指令，也可以使用 SET 指令。

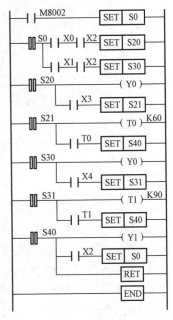

图 6-29　小车控制梯形图程序

4. 利用单序列和并行序列顺序功能图分别设计十字路口交通灯的控制程序

图 6-30 所示为某路口绿、黄、红交通灯工作时序图。符合此控制要求的梯形图程序可以用经验设计法设计，由于是时间原则，也可以用时序设计法设计。时序可以按状态的不同划分为几个"步"，所以也可以使用顺序功能图来设计程序。

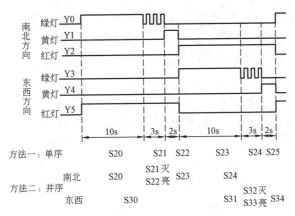

图 6-30　红绿灯时序图及设计方法的分析

213

electrical control与 PLC 应用（第四版）

用顺序功能图编制程序，也存在着多样性的问题。对于这个控制系统，既可采用单序列顺序功能图编程，也可以采用并行序列顺序功能图编程。

（1）方法一：用单序列顺序功能图编程。

综合考虑南北、东西两个方向，任一方向的状态一有变化，就设置一步。图 6-30 中，把一个周期划分为 S20~S25，共 6 步。由此分法，可设计出图 6-31 所示的单序列顺序功能图。

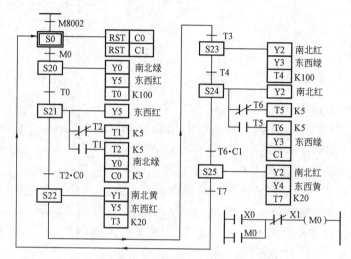

图 6-31　十字路口交通灯单序列顺序功能图

每个方向的绿灯闪烁步还可以细分为 6 步，或者分为 2 步，循环 3 次。此处设为一步，让其驱动一振荡电路。其实，绿灯的闪烁还可以通过时钟脉冲特殊辅助器的动合触点驱动 Y0 和 Y3 来实现。

顺序功能图中，X0 为启动按钮，X1 为停止按钮。按动 X0 后，M0 自保为 ON，交通灯一直连续工作。按动 X1 后，M0 成为 OFF，S0 成为活动步后，状态不会发生转移，所有灯都灭，系统等待下一次启动信号。

（2）方法二：用并行序列顺序功能图编程。

从时间的角度看，两个方向的联系不是很大，所以可以独立地分别考虑南北、东西两个方向的变化。这一点符合并行序列的特点。在每个分支中，将绿灯闪三次划分为两步，一步为灯灭，一步为灯亮，然后令其循环三次。具体划分如图 6-30 所示，根据步的划分，可以设计出相应的图 6-32 所示的并行序列顺序功能图。

五、用辅助继电器 M 代表步的顺序功能图

上述几个例子都是用状态器 S 代表步来设计顺序功能图，也就是说使用了步进梯形指令 STL。像 STL 这样专门为顺序控制设计的指令，属于专用指令，只能用于某一厂家某类型号的可编程控制器，此类指令的通用性较差。但是，由于此类指令是专门为顺控设计提供的，具有使用方便、容易掌握和程序较短等优点，应优先采用。

在一些低档的可编程控制器中，可能没有为顺控专门设计的指令，在这种情况下，可以用辅助继电器 M 代表步来设计顺序功能图。当某一步为活动步时，意味着此步对应的 M

214

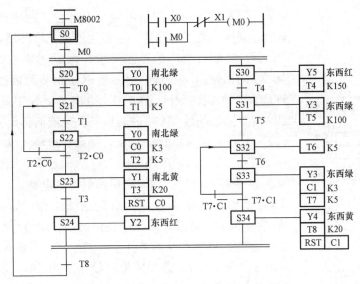

图 6-32　十字路口交通灯并行序列顺序功能图

为 ON，满足转换条件时，后续步变为活动步，该转换的前级步变为不活动步。应该注意的是，转换的前级步变为不活动步不是系统程序自动进行的，而应该是用户编制程序的结果。

因为一般情况下，每一步为 ON 时都要驱动一定的负载，条件不满足活动步不转移，所以活动步一般都要保持一段时间。因此将用 M 编制的顺序功能图转换为梯形图时，应该使用具有记忆功能的电路。

任何一种可编程控制器的编程语言都具有辅助继电器，都具有线圈和触点，而启保停电路只由触点和线圈组成，且具有记忆功能，因此用辅助继电器 M 代表步设计顺序功能图以及使用启保停电路对其进行梯形图转换是通用性最强的一种顺控设计方法。现举例加以说明。

【例 6-1】 图 6-33 所示为饮料、酒或化工生产中常用的混料设备示意图。阀 A、B、C 为电磁阀，用于控制管路。线圈通电时，打开管路；线圈断电后，关断管路。上、中、下三个液位传感器被液体淹没时为 ON。

系统初始状态为电动机停止，所有阀门关闭，装置内没有液体，上、中、下三个传感器处于 OFF 状态。

控制要求为按下启动按钮后，打开 A 阀，液体

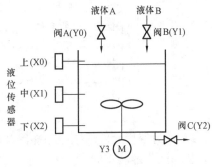

图 6-33　两种液体混合装置示意图

A 流入；当中传感器被淹没变为 ON 时，A 阀关闭，B 阀打开，B 液体流入容器；当上传感器被淹没变为 ON 时，B 阀关闭，电动机 M 开始运行，带动搅拌机搅动液体；8s 后停止搅动，打开 C 阀放出均匀的混合液体；当液体下降到露出下传感器（亦即下传感器由 ON 变为 OFF）时，开始计时，3s 后关闭 C 阀（以确保容器放空）系统回到初始状态，系统运行完一个完整的周期。此时，系统应检测在刚完成的运行周期里是否发出了停止信号，如果已发出，则系统停止在初始状态等待下一次启动信号，否则系统继续运行。也就是说，

可编程控制器的接线如图 6-12 所示，X0 为启动信号，X1 为停止信号，Y0、Y1 输出接口的 KM1、KM3 接触器控制电动机的星形启动，Y0、Y2 输出接口的 KM1、KM2 接触器控制电动机的三角形运行。

解 根据控制要求，启动时 Y0 和 Y1 应有输出；正常运行时 Y0 和 Y2 应有输出。应用数据传送指令 MOV 来编写程序。启动时 Y2、Y1、Y0 分别为 0、1、1，对应常数 K3，所以可以将 K3 传送到字元件 K1Y0 中来实现即可；运行时 Y2、Y1、Y0 分别为 1、0、1，对应常数 K5，将 K5 传送到字元件 K1Y0 中即可；停止时将 K0 传送到字元件 K1Y0 中即可。其梯形图如图 6-36 所示。在电动机正常角接运行过程中，Y0、T0、T1 皆为 ON 的状态，每个周期都执行第二条传送

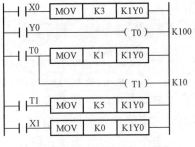

图 6-36 MOV 编写的 Y-△降压控制程序

指令，所以在正常运行过程中误按启动按钮，程序执行完毕后，第一条传送指令执行的结果无效，仍然是第二条传送指令执行的结果有效。

【例 6-3】 运用循环移位指令设计可双向移位的彩灯控制程序。

解 因为要求的是移位控制，从而所要移的状态在开始移动前应该预先设定，程序中应有初值设定开关。程序中还应有控制移位方向的控制开关。既然是移动控制，也应该有一个控制移动速度的开关。预设值由主控及主控复位指令实现，双向移位由右、左循环移位指令实现，移位指令执行的频率体现了移动的速率，可由一个定时器组成的脉冲发生器控制移位指令的执行来实现。

图 6-37 所示的梯形图程序中，X7 决定是否移位，它由 OFF 变为 ON 的第一个周期 M0 为 ON，将 Y0~Y7 全部复位，执行主控指令根据 X0~X6 的状态给 Y0~Y6 设定初始值。X7 控制定时器 T0，1s 执行一次移位指令，改变此定时器的设定值就可以改变移位的速率。X10 为 ON，向右移位；X10 为 OFF，向左移位。

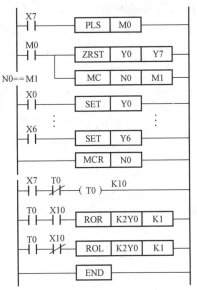

图 6-37 双向移位的彩灯控制程序

【例 6-4】 有一电加热炉，加热功率有 1000、2000W 和 3000W 三挡可供选择。要求用一个按钮来控制，按第一次时，选 1000W 加热功率；按第二次时，选 2000W 加热功率；按第三次时，选 3000W 加热功率；按第四次时，停止加热。

解 因为要求单按钮连续按动选择功率，所以可利用 INC 指令对 K1Y0 加 1 来实现。第一次按动按钮加 1 后，Y3、Y2、Y1 和 Y0 为 0、0、0、1；第二次按动按钮加 1 后，Y3、Y2、Y1 和 Y0 为 0、0、1、0；第三次按动按钮加 1 后，Y3、Y2、Y1 和 Y0 为 0、0、1、1；第四次按动按钮加 1 后，Y2 将 Y3~Y0 复位即可。由上可知，使可编程控制器 Y0 输出点控制 1000W 电阻丝，Y1 输出点控制 2000W 电阻丝，利用 INC 指令编写图 6-38 所示的梯形图即可实现控制要求。图中

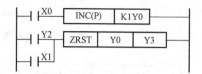

图 6-38　电加热炉控制程序

X0 输入点接功率选择按钮，前三次按动为功率选择，第四次按动为停止；为能够随时停止加热，另设置一个停止按钮接于 X1 输入点。

【例 6-5】　图 6-39 所示的设备可将工件由左工作台搬往右工作台的垂直、水平运动的工件取放机械传动设备，简称为机械手。机械手的上升、下降和右移、左移动作用双线圈二位电磁阀控制油路来完成。如下降电磁阀通电时，机械手下降，下降电磁阀断电时，机械手停止下降，只有上升电磁阀通电时机械手才上升。机械手的夹紧、放开动作用只有一个线圈的二位电磁阀控制油路来完成，线圈通电时夹住工件，线圈断电时松开工件。为检测机械手在上、下、左、右四个方向是否运动到位，系统设置有对应的四个限位开关。夹紧、松开动作的转换由时间来控制。试对此机械手进行可编程控制器的系统设计。

解　（1）控制要求。为了满足生产的需要，系统应该设置手动和自动两种工作方式。手动工作方式供维修用，它是用按钮对机械手的每一个动作进行点动控制。自动工作方式又包括自动回原点、单步、单周和连续四种工作方式。自动回原点工作方式用于为单步、单周和连续三种工作方式做准备，因为在选择后三种工作方式之前系统必须处于原点状态，如果不满足这一条件，就应该选择回原点工作方式使系统回到原点状态。单步工作方式用于系统的调试，它是在原点对应的初始步条件下按一下启动按钮，系统转换到下一步，完成该步任务后自动停止工作并停在该步，再按一下启动按钮，系统再向前走一步。单周工作方式用于首次检验，它是机械手在原位时按一下启动按钮，机械手自动执行一个周期的动作后，停止在原位。连续工作方式用于正常工作，它是机械手在初始状态下按下启动按钮，机械手从初始步开始一个周期一个周期地周而复始工作；按下停止按钮，并不马上停止工作，而是完成当前周期的剩余工作后停留在初始步。

（2）PLC 的选型及接线图。由图 6-39 可知：机械手在最上面和最左面且松开时为系统的原位或原点状态，又称为系统的初始状态；一个工作周期除初始步外可分为 8 步。根据控制要求统计系统所需的输入、输出点数并考虑留有一定的裕量，本例选用 FX3U-48MR 型 PLC，并设计如图 6-40 所示操作台面板布置图和设计如图 6-41 所示 PLC 外部接线图。

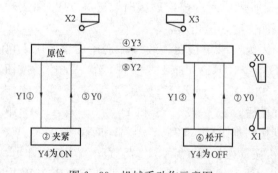

图 6-39　机械手动作示意图

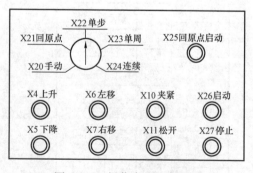

图 6-40　操作台面板布置图

要实现上述控制要求，可以有多种编程方式，其中最简单的是使用状态初始化指令 IST 的编程方式。由于 IST 的源操作数指定了与工作方式有关的元件的首址，从首址开始的连续 8 个元件被指定了特定的意义，所以 PLC 外部接线图中从手动到停止的 8 个输入端口的功能必须如图 6‑41 所示顺序排列。

（3）控制程序的设计。

1）初始化程序。该程序是用来设置初始状态和原点位置条件，它包括 M8044 原点条件特殊辅助继电器的置位和 IST 指令的驱动两部分。机械手处于原位（最上面和最左面且松开）时把 M8044 置 ON，以便给自动程序初始步向下一步转换提供必要条件。尽管 IST 的执行条件满足时，指定的元件的特定功能在执行条件变为 OFF 时仍然保持不变，但梯形图 6‑42 中还是用 M8002 运行监视特殊辅助继电器作为 IST 的执行条件。IST 的源元件取 X20，就意味着 X20～X27 共 8 个输入继电器具有了 PLC 外部接线图中所示的功能。S0～S9 和 S10～S19 供初始状态用和返回原点用，因此 IST 指令中指定的自动操作用到的最低元件号为 S20，根据一个周期为 8 步，又指定了自动操作用到的最高元件号为 S27。初始化程序的梯形图如图 6‑42 上方所示。

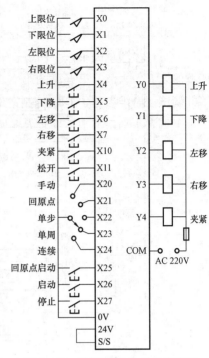

图 6‑41　机械手 PLC 外部接线图

2）手动程序。上述初始化程序执行后，S0 被指定为手动操作初始状态，即手动的任何操作都是在选择手动工作方式 S0 为 ON 后才能进行，所以手动程序都应该在 S0 步进触点控制之下。又 X20～X24 不会同时为 ON，使 S0（对应 X20）、S1（对应 X21）、S2（对应 X22、X23 和 X24）亦不可能同时为 ON，故程序的整体结构上不必使用 CJ 指令。手动程序比较简单，一般用经验设计法设计，如图 6‑42 所示。

3）自动回原点程序。这是为单步、单周和连续做准备工作的一个程序。首先，应该设计自动回原点的顺序功能图。回原点顺序功能图规定使用状态器 S10～S19，且 IST 指令指定了初始步必须用 S1。回原点结束后，再使用一步以便用 SET 指令将回原点完成特殊辅助继电器 M8043 置为 ON，并用 RST 指令将本步复位。如果工作方式选择开关在 M8043 为 ON 前企图由回原点方式转换为其他方式，则由于 IST 指令的作用，所有的输出将被关断。回原点的顺序功能图如图 6‑43 所示。然后将顺序功能图转化为图 6‑42 所示的梯形图。

4）自动程序。自动程序包括了单步、单周和连续三种工作方式。IST 指令规定了自动程序的初始步为 S2。初始步 S2 向下一步转换的条件之一是原点位置 M8044 为 ON，条件之二是开始转换特殊辅助继电器 M8041 为 ON，二者缺一不可。由条件一可知，系统不在原位时，将工作方式置为单步、单周和连续中的任何一种方式，系统都不会工作。M8041 的置位由启动按钮通过系统程序来完成，用户不必考虑。单周和连续工作方式的区别就通过 M8041 体现出来。而单步工作方式和单周、连续工作方式的区别主要是通过系统程序驱动禁止转移特殊辅助继电器 M8040 体现出来。这一点由 IST 指令自动控制，在用户程序中表面上不涉及 M8040，用户也不必考虑。这正是编写复杂系统控制程序时用 IST 功能指令

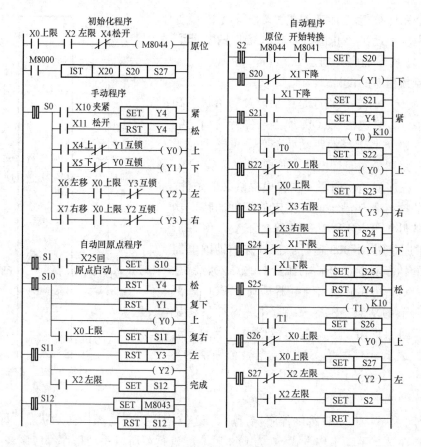

图 6-42　机械手控制系统梯形图程序

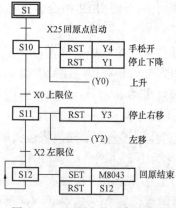

图 6-43　回原点的顺序功能图

优于其他方法的原因。

机械手的夹紧与松开是由 Y4 的 ON 与 OFF 实现的，在机械手夹紧后的上升、右移和下降过程中必须一直保持夹紧状态，所以 S21 步夹紧用的是置位指令。如果 S21 步仅仅驱动 Y4 的置位指令而用 Y4 动合触点作为转换条件，则下限位 X1 为 ON 的执行周期中，活动步将经 S21 转到 S22，这个周期集中输出的结果将是 Y4、Y0 同时为 ON，意味着夹紧和上升两个动作同时进行，可能会导致工件的跌落。为避免危险的发生，在 S21 步驱动置位指令的同时再驱动一定时器，由定时器的动合触点作为活动步的转换条件，定时器设定的时间能够确保 Y4 为 ON 的时间足够

长后机械手才开始上升。也就是说程序的设计保证了机械手确实夹紧后才能上升，这一点是由定时器 T0 来实现的。

在顺序功能图的状态转换过程中，相邻两步的两个状态同时为 ON 一个扫描周期，为避免不需同时接通的两个外部负载同时接通，一般在可编程控制器外部设置硬件互锁。本例中可编程控制器驱动的外部负载为电磁阀，无可供互锁的硬触点。为保证上升、下降电

磁阀线圈不同时得电和左移、右移电磁阀线圈不同时得电，在顺序功能图驱动直线运动的步中，对步所驱动的输出继电器用向后续步转换的状态转换条件的常闭触点加以控制。图6-44是按上述思路设计的自动程序的顺序功能图，它所对应的梯形图如图6-42所示。

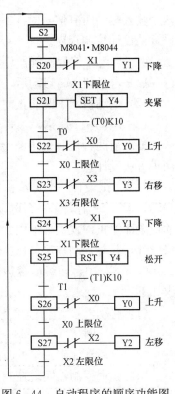

图6-44　自动程序的顺序功能图

把初始化程序、手动程序、回原点程序以及自动程序的梯形图程序顺序组合在一体就构成了机械手控制系统的完整梯形图程序，如图6-42所示。

如果工作方式选择开关拨到手动挡（X20为ON），IST指令将状态继电器S0置为ON，按下上升按钮，X4接通为ON导致Y0亦为ON，Y0输出信号使上升电磁阀线圈得电，机械手开始上升；松开上升按钮以后，机械手停止上升。同样，分别按下下降按钮、左移按钮、右移按钮、夹紧按钮、松开按钮可以分别完成下降、左移、右移、夹紧和松开的动作。如果选择开关拨到回原点挡（X21为ON），IST指令将S1置为ON，按下回原点启动按钮，X25接通为ON，活动步转移到S10，机械手松手、停止下降、开始上升，压下上限位开关后X0为ON，活动步转移到S11，停止右移、开始左移；压下左限位开关后X2为ON，活动步转移到S12，将回原点完成特殊辅助继电器M8043置ON，并将S12复位。如果选择开关拨到单步挡（X22为ON），IST指令将S2置为ON，由于在原位M8044为ON，未按启动按钮时M8040为ON、M8041为OFF，按一下按钮后M8040为OFF、M8041为ON，活动步转移到S20，机械手开始下降；压下下限位开关后由于M8040已为OFF，状态不会自动转移，只能等待下一次按动启动按钮。如果选择开关拨到单周挡（X23为ON），M8041仅在按启动按钮时接通，然后为OFF。当完成一个循环后，活动步由S27转换到S2时，由于M8041早已OFF，S2不能自动转移到S20，从而完成单周运行。如果选择开关拨到连续挡（X24为ON），IST指令使M8041一直为ON，M8040一直OFF，机械手回到原位后活动步能够自动通过S2步转移到S20步，自动循环工作一直进行下去，直到按下停止按钮X27为ON，M8041打开自锁变为OFF，机械手回到原位后停止。

习　题

6-1　用可编程控制器实现两台三相异步电动机的控制，控制要求如下：

（1）两台电动机互不影响地独立操作。

（2）能同时控制两台电动机的启动与停止。

（3）当一台过载时，两台电动机均停止。

试画出主电路和可编程控制器外部接线图，并用经验设计法设计出梯形图程序。

6-2　可编程控制器的X0～X4接有输入信号，Y0接有输出信号，当X0～X3中任何两个输入端同时有信号时 Y0 都有输出，X4 有信号时 Y0 封锁输出。根据上述要求用经验设计法设计控制程序。

6-3 用可编程控制器分别实现下述三种控制：

（1）电动机 M1 启动后，M2 才能启动；M2 停止后，M1 才能停止。

（2）电动机 M1 既能正向启动、点动，又能反向启动、点动。

（3）电动机 M1 启动后，经过 30s 后 M2 能自行启动，M2 启动后 M1 立即停止。

要求前两种控制采用经验设计法设计，第三种控制分别采用经验设计法和时序设计法两种方法设计。

6-4 试设计一个可编程控制系统，要求第一台电动机启动 10s 后，第二台电动机自行启动，运行 5s 后，第一台电动机停止并同时使第三台电动机自行启动，再运行 15s 后，电动机全部停止。设计梯形图并写出指令表（分别用经验设计法、时序设计法和 SFC 三种方法设计，并对控制程序加以比较）。

6-5 有一台四级皮带运输机，由 M1、M2、M3、M4 四台电动机拖动，具体控制要求如下：

（1）启动时按 M1→M2→M3→M4 的顺序启动。

（2）停止时按 M4→M3→M2→M1 的顺序停止。

（3）上述动作有一定的时间间隔。

用可编程控制器实现控制要求，画出外部接线图，分别采用经验设计法和 SFC 两种方法设计梯形图程序。

6-6 按下启动按钮 X0，某加热炉送料系统控制 Y0～Y3，依次完成开炉门、推料机推料、推料机返回和关炉门几个动作，X1～X4 分别是各个动作结束的限位开关，请设计控制系统的顺序功能图，并转换为梯形图。

6-7 试设计一个报警器，要求当条件 X1 为 ON 后，蜂鸣器响，同时报警灯连续闪烁 16 次，每次亮 2s、灭 3s，16 次后停止声光报警（分别用经验设计法和 SFC 两种方法）。

6-8 试设计一段程序，当输入条件满足时，依次将 C0～C9 的当前值转换成 BCD 码送到输出元件 K4Y0 中。 ［提示：用一个变址寄存器 Z，先将 0→（Z），每一次（C0Z）→（K4Y0），（Z）+1→（Z），当（Z）=9 时（Z）复位，再从头开始。］

6-9 试设计一梯形图程序，计算数据寄存器 D10 和 D20 中储存数据的差的绝对值。

6-10 试设计一梯形图程序，用来改变计数器的设定值。设 C3 的常数设定值为 K10，当 X0 为 ON 时设定值改为 K20；当 X1 为 ON 时设定值改为 K60。X0 和 X1 皆为脉冲信号。

6-11 某三相异步电动机具有正反向启动控制、正反向点动控制，正反向连续运行过程中能实现串电阻反接制动，点动过程中也串电阻。要求用 PLC 实现上述控制，试设计主电路、可编程控制器外部接线图和梯形图程序。

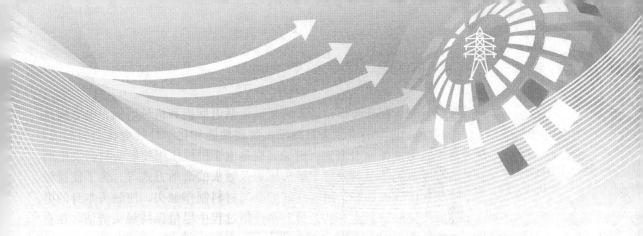

第七章　PLC 控制变频器方法及应用

第一节　PLC 控制变频器的方法

一、变频器的概述

由电机拖动中交流调速的相关知识可知，变频调速的性能最好。变频调速电气传动调速范围大，静态稳定性好，运行效率高，是一种理想的调速系统。目前，交流调速系统的性能已经可以达到或超过直流调速系统。在不久的将来，交流变频调速电气传动将替代包括直流调速在内的其他传动调速电气传动。

异步电动机的变频调速必须按照一定的规律同时改变电动机的定子电压和频率，即：必须通过变频装置获得电压和频率都可调的电源，实现所谓的 VVVF（Variable Voltage Variable Frequency）调速控制。这类能实现变频调速功能的变频调速装置称之为变频器。

随着现代功率电子技术的发展，变频器的性能日新月异，具有调速范围宽、调速精准度高、动态响应快、运行效率高、功率因数高、操作方便并且便于同其他设备接口等一系列优点，从而使变频器的用途越来越广。

下面以三菱公司的 VS-616G5 变频器为例，说明其外部控制端子的功能和 PLC 对其的控制方法。

二、VS-616G5 变频器外部接线图

VS-616G5 变频器属于电压型变频器，它包括了 4 种控制方式，即标准 V/F 控制、带 PG 反馈的 V/F 控制、无传感器的磁通矢量控制和带 PG 反馈的磁通矢量控制。VS-616G5 只需简单的参数设置就可以用于广泛的应用领域，其外部接线图如图 7-1 所示。

1. 主电路的连接

（1）主电路电源端子 R、S、T 经交流接触器和自动空气断路器与电源连接，无须考虑相序。变频器输出电源必须接到端子 U、V、W 上，如果接错，会损坏变频器。

（2）变频器的保护功能动作时，相应的继电器线圈吸合，其动断触点断开变频器电源侧主电路接触器的线圈电路，从而切断变频器主电路的电源。

（3）勿以主电路的通断来进行变频器的运行、停止操作，必须通过控制电路端子 1 或端子 2 来操作。

（4）直流电抗器连接端子 ⊕ + 1 和 ⊕ + 2 是连接改善功率因数用电抗器的端子。这两端子

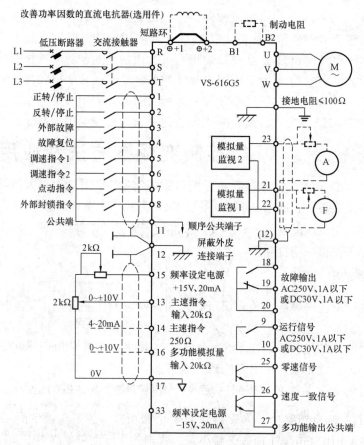

图 7-1　VS-616G5 变频器外部接线图

在出厂时接有短路片，对于 30kW 以上变频器需配置直流电抗器时，请卸掉短路片后再连接。

（5）对小容量变频器，内设制动电阻接在 B1 和 B2 端子上。对较大容量变频器，需连接外部制动电阻时，接在端子 B1、B2 上。制动电阻配线长度 5m 以下，且用绞线。

从安全以及降低噪声的需要出发，变频器必须可靠接地。

2. 控制电路端子的功能说明

表 7-1 列出了控制电路端子的功能说明。

（1）变频器的输入信号包括对运行/停止、正转/反转、点动等运行状态进行操作的数字操作信号。变频器通常利用继电器触点或者晶体管集电极开路形式得到这些运行信号，如 PLC 的继电器输出电路或 PLC 的晶体管输出电路。也就是说，PLC 的输出端口可以和变频器的上述信号端子直接相连接，从而实现 PLC 对变频器的控制。

（2）变频器的监测输出信号通常包括故障检测信号、速度检测信号、频率信号和电流信号等，它们分为开关量检测信号和模拟量检测信号两种，都用来和其他设备配合以组成控制系统。模拟量检测输出信号既可根据需要送给电流表或频率表，也可以送给 PLC 的模拟量输入模块。如果是后一种情况，必须注意 PLC 一侧输入阻抗的大小，以保证该输入电路中的电流不超过电路的额定电流。另外，由于这些模拟量检测信号和变频器内部并不绝缘，在电线较长或噪声较大的场合，应该在途中设置绝缘放大器。

表 7-1 控制电路端子的功能说明

种 类	端子符号	端 子 名 称	功 能 说 明	
数字输入信号	1	正转停止	"闭"，正转；"开"，停止	多功能输入端
	2	反转停止	"闭"，反转；"开"，停止	
	3	外部故障	"闭"，故障；"开"，正常	
	4	故障复位	"闭"时复位	
	5	主速/辅助切换（多段速指令1）	"闭"辅助频率指令	
	6	调速指令2	"闭"多段速设定2有效	
	7	点动指令	"闭"时点动运行	
	8	外部封锁指令	"闭"时变频器停止输出	
	11	顺序公共端子		
数字输出信号	9	运行信号	运行时"闭"	多功能输出端
	10			
	25	零速信号	零速值（b2-01）以下时"闭"	
	26	速度一致信号	在设定频率的±2Hz以内时"闭"	
	27	多功能输出公共端		
	18	故障输出	故障时18-20之间"闭合"	
	19		故障时19-20之间"断开"	
	20			
模拟输出信号	21	频率表输出	0～10V/100％频率	
	22	公共端		
	23	电流监视	5V/变频器额定电流	

对于开关量检测信号，由于它们是通过继电器触点或晶体管集电极开路的形式输出，额定值均在24V/50mA之上，完全符合FX系列PLC对输入信号的要求，所以可以将变频器的开关量检测信号和FX系列PLC的输入端直接相连接，从而实现信号的反馈控制。

三、VS-616G5 变频器多级调速的 PLC 控制

可以利用PLC的开关量输入/输出模块对变频器的多功能输入端进行控制，实现三相异步电动机的正反转、多速控制。对大多数控制系统来说，这种多级速度控制方式不仅能满足其工艺要求，而且接线简单，抗干扰能力强，使用也方便，与利用模拟信号进行速度给定的方法相比较，成本低，且不存在由于噪声和漂移带来的各种问题。

表7-1中，多功能输入端子和多功能输出端子的功能为出厂时所设定，用户也可以根据需要利用变频器的数字操作器对这些端口重新进行功能设定。用数字操作器对参数H1-01～H1-06进行设定，设定情况见表7-2。然后通过端子5、6、7、8和公共端子11之间的接通/断开的组合，可得9段速频率的选择。端子接通/断开的组合与被选择频率的对应关系见表7-3。表中"●"表示接通，"－"表示断开。其中，点动运转是一种与所设置的加减速时间无关的、单步的、以点动频率运转的驱动功能。变频器的5、6、7端子经过功能设定后再通过通断组合，可控制8挡频率，连同端子8对应的点动频率，共可实现9

电气控制与 PLC 应用（第四版）

段速的控制。每挡相应的频率可以通过数字操作器对参数 d1-01～d1-09 的设置而定（范围 0～400Hz）。

表 7 - 2 多 段 速 参 数 的 设 定

端 子	对应参数	设定值	内 容
5	H1—03	3	多段速指令 1
6	H1—04	4	多段速指令 2
7	H1—05	5	多段速指令 3
8	H1—06	6	点动频率选择

表 7 - 3 多 段 频 率 的 选 择

5—11（段速 1）	6—11（段速 2）	7—11（段速 3）	8—11（点动频）	被选择的频率
—	—	—	—	频率指令 1 d1-01 主速频率数
●	—	—	—	频率指令 2 d1-02 辅助频率数
—	●	—	—	频率指令 3 d1-03
●	●	—	—	频率指令 4 d1-04
—	—	●	—	频率指令 5 d1-05
●	—	●	—	频率指令 6 d1-06
—	●	●	—	频率指令 7 d1-07
●	●	●	—	频率指令 8 d1-08
			●	点动频率 d1-09

图 7 - 2 是利用 FX3U-32MR 型 PLC 和 VS-616G5 变频器实现 9 段速的硬件接线图。由上述变频器端口的重新设定和通断可知，Y6、Y7、Y10 和 Y11 全为 OFF 时，电动机以频率指令 1 对应的频率运行（d1-01 设定的值）；Y6 为 ON，而 Y7、Y10 和 Y11 全为 OFF 时，电动机以频率指令 2 对应的频率运行（d1-02 设定的值）；依此类推，可知电动机以其他频率指令运行时 Y6～Y11 的 ON/OFF 情况。变频器的数字量检测信号直接和 PLC 的输入端相连。当然，实际控制中 9 段速和所有检测信号未必一定全部采用，需根据具体情况

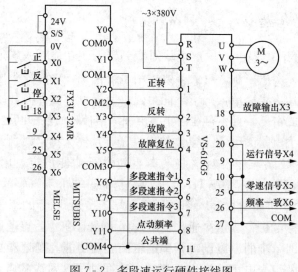

图 7 - 2 多段速运行硬件接线图

226

而定。可依据生产实际提出的具体多速控制要求，对图 7 - 2 的接线图稍加修改，然后设计出相对应的梯形图程序即可，在此不予介绍。

四、VS-616G5 变频器无级调速的 PLC 控制

变频器无级调速是指频率指令信号从变频器的模拟输入端子输入。变频器可以利用自身的频率设定电源来进行频率指令的设定，如 VS-616G5 变频器外部接线图（见图 7 - 1）所示。生产实际中，频率指令信号一般来自调节器或者 PLC。如果信号来自调节器，其输出一般是标准的 4~20mA，此信号可直接和变频器的输入端子 14、17 连接。如果频率指令信号来自 PLC，则意味着 PLC 必须配置模拟量输出模块，将输出的 0~10V 或 4~20mA 模拟量信号送给变频器相应的电压或电流输入端。这种 PLC 控制变频器的调速方法，优点是硬件上接线简单，可实现无级调速；缺点是 PLC 的模拟量输出模块价格较高。在 PLC 控制变频器的无级调速设计过程中，必须根据变频器的输入阻抗来选择 PLC 的模拟量输出模块，且尽可能使选用的 PLC 模拟量输出模块的信号范围和变频器的输入信号范围一致。

变频器还有其他一些设定频率指令信号的方法，因与 PLC 无关，本书不作介绍。

五、VS-616G5 变频器、PLC 在速度检测和位置控制时的接线

在工业控制中，可编程控制器既可以通过配置专用的高速计数模块来实现速度和位置的闭环控制，又可以使用专用的运动控制模块来达到同一目的。上述两种模块属于厂家开发的特殊功能扩展模块，它们无疑会增加系统的硬件投资。在 PLC/VVVF 控制系统中，如果将 PLC 基本单元内部的内置高速计数器和变频器的速度卡配合使用，也可以实现位置和速度的控制，从而节省硬件费用。

与电动机同轴相连的脉冲输出式旋转编码器 PG 会随着电动机的转动而发出相位互差 $90°$ 的 A、B 两相脉冲，变频器速度卡 PG-B2 能够接收这两相脉冲，并将其转换为与实际转速相应的数字信号送给变频器，变频器将实际速度与内部的给定速度相比较，从而调节变频器的输出频率和电压，同时将 A、B 两相脉冲分频后作为 A、B 两相脉冲的监视输出。编码器起着检测运行速度、运行位置和运行方向的作用，它和 VS-616G5 变频器速度卡 PG-B2 之间用屏蔽电缆相连接，该电缆连接于 PG-B2 卡上的 TA1 端子上，TA2 端子为两相脉冲的监视输出端子，屏蔽端接在卡上的 TA3 端子上。TA1 端子的 1、2 分别为脉冲发生器电源，1 端子为 DC+12V（±5%）、Max 200mA，2 端子为 DC0V（电源用接地端子）。为提高检测精确度，应选用每转脉冲数多的旋转编码器。但每转脉冲数越多，旋转编码器的价格越贵。

图 7 - 3 所示为 FX3U-64MR、VS-616G5、PG-B2 卡和旋转编码器 PG 在某系统中的硬件接线图。PLC 输出端和变频器输入端之间的连接根据具体控制要求进行，在此不予介绍。PG-B2 卡的 TA2 输出端子的使用情况与 PLC 程序中所使用的高速计数器有关。

如果程序中使用的是一相一计数计数器 C235~C245 中的一个计数器，则 TA2 端子中只使用一相输出即可，例如，使用 A 相，则把 TA2 的 2 号端子和 PLC 的输入端 COM 连接，而 TA2 的 1 号端子则需要根据所使用的计数器查相关 PLC 手册来定。如果使用 C237，2 号端子就需和 X2 连接；如果使用 C243，2 号端子就需和 X4 连接。至于一相一计数计数器的计数方向由 M8△△△的状态来决定。

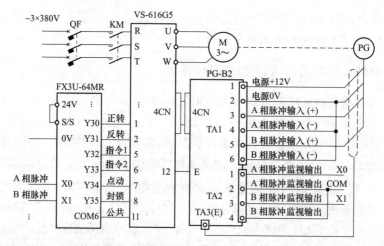

图 7-3　速度检测和位置控制的接线图（程序中使用 C251 的情况）

如果程序中使用的是一相双向计数计数器 C246～C250 中的一个计数器，则 TA2 端子中也只使用一相输出，以使用 A 相为例，同样把 TA2 的 2 号端子和 PLC 的输入端 COM 连接，而 TA2 的 1 号端子则需要根据所使用的计数器的计数方向查手册来定。如使用 C246 的加计数时 TA2 的 1 号端子和 X0 连接，而使用 C246 的减计数时 TA2 的 1 号端子和 X1 连接；如 C248 的加计数时 TA2 的 1 号端子和 X3 连接，而 C248 的减计数时，TA2 的 1 号端子和 X4 连接。

如果程序中使用的是两相双向计数输入计数器 C251～C255 中的一个，则 TA2 端子的两相输出都需使用，TA2 的 2、4 输出端子连在一起后与 PLC 的输入端 COM 相连接，1、3 端子连接的 PLC 输入端口随计数器的不同而不同。如果使用 C251，则 TA2 的 1、3 端子连接 PLC 的 X0、X1 端口（如图 7-3 所示）；如果使用 C255，则 TA2 的 1、3 端子连接 PLC 的 X3、X4 端口。运行前，须由数字操作器设置变频器参数 F1-05，以决定正转时 A、B 两相脉冲哪一相超前。设定值"0"的场合，意味着正转时 A 相输入在接通期间 B 相输入由断开变为接通，A、B 的这种相位关系使计数器加计数。通过上述设置，在电动机正转时计数器自动加计数，反转时计数器自动减计数。由 M8△△△ 的状态可以监视计数器的加减状态。

VS-616G5 变频器属电压型变频器，具有全程磁通矢量电流控制的特点。每一台变频器包含标准 V/F 控制、带 PG 速度反馈的 V/F 控制、无传感器的磁通矢量控制、带 PG 速度反馈的磁通矢量控制四种控制方式。所谓矢量控制即磁场和力矩互不影响，按指令进行力矩控制的方式。上述系统为 PG 矢量控制方式，需要获得相关的电动机参数，所以必须在运行前通过自学习，由变频器自动地设定必要的电动机有关参数。总之，按变频器说明书的提示和方法，在电动机空载的情况下，通过变频器的键盘操作，使变频器完成对电动机相关参数的自学习。在电动机负载不能脱开的场合，可以通过计算设定电动机的参数。

第二节　PLC 控制变频器应用实例

交流单速电动机 VVVF 拖动、集选 PLC 控制电梯具有调速范围宽、效率和精确度高等优点，目前在许多地方有着非常广泛的使用，现以该类型六层六站电梯为例对变频器的

PLC 控制要点及程序的难点加以介绍。

一、PLC 选型

电梯作为一种多层站、长距离运行的大型运输设备，在厅外及轿厢内有大量的信号要通过输入接口送入 PLC，经过对本系统六层电梯的输入信号进行分析并统计，需要 36 个输入信号。对 PLC 输出信号统计时，考虑到全集选控制方式及与变频器连接信号的个数，共需要 35 个输出信号。考虑到 FX3U 的点数序列，并考虑留有一定的裕量，选择日本三菱公司生产的 FX3U-80MR 型号的 PLC。

为深入理解本章第一节所讲授的变频器控制方法，该电梯控制系统仍然选用安川 VS-616G5 变频器。

PLC 输入地址分配见表 7-4，输出地址分配见表 7-5。

表 7-4　　　　　　　　　　　　　输 入 地 址 分 配

输入点	功　　能	输入点	功　　能
X0、X1	一、二级上限位开关 SQ1、SQ2	X15	制动接触器 KM1 动断输入
X2	变频器 PG 输出	X16	上班继电器 KA3 动断输入
X3、X4	一、二级下限位开关 SQ3、SQ4	X17	司机工作状态开关 SA1
X5	平层光电开关 SQ5	X20	变频器运行信号
X6	门连锁继电器 KA2 信号	X21	变频器故障信号
X7	安全运行继电器 KA1 输入信号	X22	变频器零速信号
X10	超载开关 KP	X23	检修开关 SA2
X11	开门按钮 SB1	X24~X31	1~6 层内选按钮 SB4~SB9
X12	关门按钮 SB2	X32~33	慢上、慢下按钮 SB10~SB11
X13	直驶按钮 SB3	X34~40	1~5 层上行呼梯按钮 SB12~SB16
X14	变频器自学习端子	X41~45	2~6 层下行呼梯按钮 SB17~SB21

表 7-5　　　　　　　　　　　　　输 出 地 址 分 配

输出点	功　　能	输出点	功　　能
Y0	运行接触器 KM2	Y11~16	1~6 层内选指示灯 HLN1~HLN6
Y1	风扇 FS	Y17~23	1~5 层上行呼梯指示灯 HLS1~HLS5
Y2	超载继电器 KA4	Y24~30	2~6 层下行呼梯指示灯 HLX2~HLX6
Y4	电源接触器 KM3（SQ6、SQ7 为上下两个极限位开关的触点）	Y31~33	楼层指示电子装置
Y5	开门继电器 KA5	Y34~35	上、下运行方向指示
Y6	关门继电器 KA6	Y40~41	变频器正、反运行
Y7	制动接触器 KM1	Y42~44	多段速指令 1、2、3 输入
Y10	蜂鸣器 FM（超载指示灯 HL0）	Y45	变频器点动输入

二、PLC 接线图

根据地址的分配设计 PLC 接线电路如图 7-4 所示。

X5 端子所接的 SQ5 为采集井道信息的 OMRON、4E 型光电开关，其工作电源引自 PLC 自身的 24V 电源。光电开关设置于电梯的轿厢上，遮光部件在轿厢平层时的井道里，

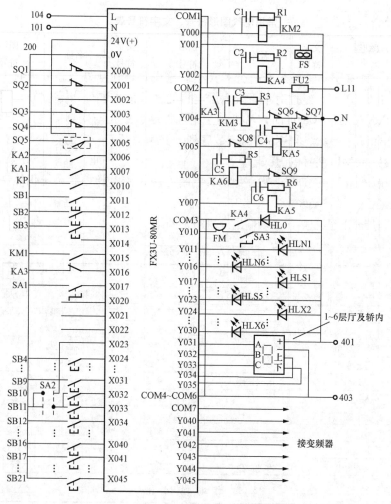

图 7 - 4　PLC 接线电路

每层各设置一个。

输入部分的 SA2 转换开关为电梯的检修开关。

输出部分的线圈所并联的 RC 用于保护 PLC 输出接口电路的继电器硬触点。

三、主电路及反馈电路设计

变频器主电路电源端子 R、S、T 应该通过低压断路器和交流接触器与电源连接。变频器所驱动的交流电动机必须接到变频器的输出端子 U、V、W 上，如果接错，将会损坏变频器。由此指导思想可以设计出图 7 - 5 所示的主拖动电路。

在电源和变频器之间接入的通断电源用的断路器 QF1 需和变频器功率相匹配。JXK 为极限限位开关，用于终端越位保护。KM3 接触器主触点用于接通或断开整个系统的电源，其线圈由上班或下班时通过钥匙开关 SQ17 间接控制。XJ 为相序继电器，其动合触点控制安全继电器 KA1。TC 为控制变压器，二次侧输出端子 01、02 的直流输出用于电梯门系统和制动器系统的电源，二次侧输出端子 101、103 的交流输出用于门连锁回路和安全回路的电源，输出

230

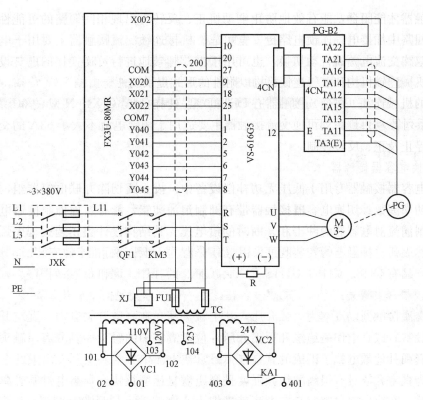

图 7-5 主电路及反馈电路

端子 401、403 的直流输出用作内指令信号灯、厅呼梯信号灯以及层显示和运行方向的电源。

设计的反馈回路如图 7-5 所示。VS616-G5 的 PG 速度控制卡有四种类型，分别为 PG-A2、PG-B2、PG-D2、PG-X2。其中，PG-B2 为有 PG 矢量控制方式专用，根据电梯的实际控制要求，本系统选用 PG-B2 速度卡。PG-B2 速度卡的 TA1 接线端子有 6 个端子，TA11、TA12 是变频器提供的脉冲发生器 PG 的电源，TA11 是直流 12V（+5%，Max. 200mA）端子，TA12 是电源用接地端子；TA13、TA14 是 A 相脉冲输入端子，TA15、TA16 是 B 相脉冲输入端子，TA14、TA16 为 A、B 相脉冲的输入公共端，TA13、TA15 为 +8~12V；TA2 接线端子有四个输出端子，依次为 A、B 相脉冲监视输出端子，本系统根据控制要求打算使用一相一计数输入的计数器，故只使用了 A 相脉冲监视输出端子 TA21、TA22。TA3 为屏蔽线接线端子。

在随后的控制程序中，使用一相一计数输入的计数器 C237，通过查表 5-11 可知，它属于 32 位双向高速计数器，其计数信号来自 PLC 的输入端子 X002，所以 A 相脉冲监视输出端子 TA21 接于 PLC 的输入端子 X002 处，输出端子 TA22 接于 PLC 的输入公共端子 COM。

变频器的输入信号包括对运行/停止、正转/反转、点动等运行状态进行操作的数字操作信号。变频器通常利用继电器触点或者晶体管集电极开路形式得到这些运行信号，如 PLC 的继电器输出电路或 PLC 的晶体管输出电路。也就是说，PLC 的输出端口可以和变频器的上述信号端子直接相连接，从而实现 PLC 对变频器的控制。由此指导思想可以设计出图 7-5 所示的 PLC 输出端子和变频器输入端子连接的反馈回路。

结合前述的变频器端子功能，可知 PLC 的输出端子 Y040、Y041 控制变频器的 1、2 端子，即是控制变频器的正、反转运行，也就是控制电梯的上、下运行。

根据电梯的实际情况，需要用变频器的数字操作器对参数 H1-01～H1-06 进行设定，从而使其 5～8 端子具有表 7-2 所示的多端速功能和点动功能。由图 7-5 可知，PLC 的输出端子 Y042、Y043、Y044 分别控制变频器的多段速指令 1、2、3，PLC 的输出端子 Y045 实现变频器的点动控制。

四、PLC 程序设计

PLC 电梯的控制程序较为复杂，基本组成部分包括上班开启及下班关闭电梯控制程序、电梯超载和防夹人控制程序、电梯报警控制及运行方向指示程序、内指令信号登记与消除程序、呼梯信号的登记与消除程序、内指令信号优先选向程序、自动选向程序、测取每层减速点的程序、电梯上下行控制程序、减速信号程序、调速及点动程序等几部分，各部分既相对独立又密切相关联。其中，测取每层减速点的程序、调速及点动程序、减速信号程序既和变频器有关联又具有一定的难度，在此逐一介绍，其他程序予以省略。

1. 测取每层减速点的程序

（1）计数方式。电梯是通过计算输入脉冲数检测轿厢位置从而测取各层减速点。对脉冲的计数有两种计数方式，即绝对计数方式和相对计数方式。

绝对计数方式通过多级级联计数器，采用绝对坐标累计所有层楼脉冲数。例如，假设层高为 3m，每个脉冲对应位移 0.6mm，则从一层到二层的过程脉冲数为 0～5000，二层到三层脉冲数为 5001～10000（假设层高之间误差小于 0.6mm，实际是不可能的），依此累计，在每层脉冲中算出换速点。这一方式的特点为各层的控制信号所对应的脉冲数均不相同，并且是唯一的，但程序处理较为麻烦。

相对计数方式是采用相对坐标计数，每次从平层点开始计数到下一个平层点，然后高速计数器复位，每一层都从 0 开始计数，楼层对应的脉冲数存放于一个数据寄存器中，将数据寄存器减去一个对应减速距离的脉冲数，剩下的脉冲数给另一个数据寄存器作为计数器的设定值。当计数器的位元件为 ON 时，表示到达了楼层减速点。这种计数方式的特点是每层的换速点对应的减速距离脉冲数都相同且程序较为简单，故本电梯采用相对计数方式来测取各层减速点。所设计的相关程序如图 7-6 所示。

（2）平层信号。在 PLC 的 X005 处接有光电开关 SQ5 的动合触点，当电梯轿厢不在平层位置时，光电开关处于"吸合"状态，其动合触点闭合，X005 为 ON 状态，程序中的 326 步 X005 动断触点打开，M418 为 OFF 状态。当轿厢平层时，SQ5 处于"释放"状态，X005 为 OFF，326 步程序中 X005 动断触点闭合使 M418 为 ON。通过上升沿微分输出指令 PLS 和下降沿微分输出指令 PLF 得出 M418 对应的单脉冲上升沿 M200 和单脉冲下降沿 M201。总之，M200 为 ON 表示轿厢进入平层，M201 为 ON 表示轿厢离开平层。

（3）空间位置继电器的程序设计。通过数据传送指令 MOV 在轿厢处于一层时将数据 0 送给数据寄存器 D200 和 D306，在轿厢处于六层时将数据 5 送给数据寄存器 D200 和 D306。INC 和 DEC 为加一和减一指令，在电梯向上运行期间过一个平层点 D200 中的数加一，向下运行期间过一个平层点 D200 中的数减一，这样电梯在一层到二层期间 D200 中的数据是

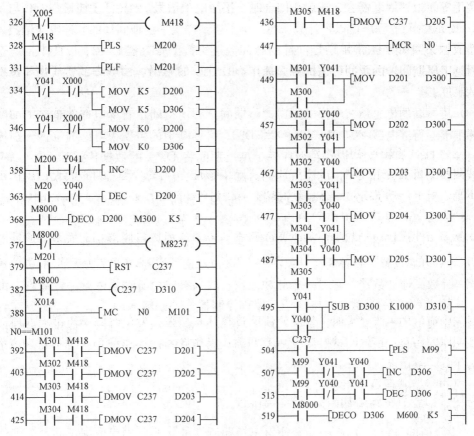

图 7 - 6　检测减速点程序

0，二层到三层期间 D200 中的数据是 1，以此类推，在五层到六层期间 D200 中的数据为 5。

通过对 D200 使用解码指令 DECO，目标操作数设为 M300，可知电梯在一层到二层期间 M300 状态是 ON，二层到三层期间 M301 状态是 ON，以此类推，在五层到六层期间 M305 状态是 ON。将 M300～M305 分别叫作 1～6 层的空间位置继电器。

（4）楼层高的测取。该电梯为有 PG 的矢量控制方式，必须通过自学习，由变频器自动地设定必要的电动机有关参数，才能实现电梯的矢量控制运行，达到最佳的运行效果。这是电梯慢速运行前的准备工作。

电梯经慢速运行确认电梯机电主要零部件技术状态良好，变频器相关参数经认真设定后在电梯快速运行之前，还应该将 PLC 的输入端子 X014 和线号 200 的 COM 短接，控制电梯自下而上运行一次，让 PLC 做一次自学习，使旋转编码器输出的脉冲存入预定的通道里，作为正常运行时 PLC 实现测距和控制减速的依据。自学习成功后应该将 X014 和线号 200 的 COM 之间的短接线拆除，便可做快速试运行，并根据试运行结果进行认真调整，直到结果满意为止。

在程序中 X014 的动合触点控制主控指令 MC，在 PLC 自学习期间程序执行主控触点 M101 和主控复位指令 MCR 之间的程序，这部分程序在电梯正常工作期间由于 X014 为 OFF 就不会执行了。

利用空间位置继电器 M300～M305，结合平层时的信号 M418，主控指令 MC 与主控复位指令 MCR 之间的程序可以将计数器在一层平层到二层平层期间计的脉冲数送给数据寄存器 D201，二层平层到三层平层期间计的脉冲数送给数据寄存器 D202。以此类推，五层平层到六层平层期间计的脉冲数送给数据寄存器 D205，这些数据寄存器的实质是各自反映了楼层的高度。

（5）楼层高的传送。在电梯的正常运行期间，利用空间位置继电器 M300～M305，结合电梯上下运行继电器 Y040 和 Y041，将 D201～D205 中的数据视电梯的位置分别传送给数据寄存器 D300。也就是说，轿厢在一、二层期间将 D201 的数据传送给 D300，轿厢在二、三层期间将 D202 的数据传送给 D300，以此类推，轿厢在五、六层期间将 D205 的数据传送给 D300。总之，D300 中的数据永远表示的是目前轿厢所在的楼层高对应的脉冲数。

（6）计数器的设置。程序中使用高速计数器，又称为中断计数器，它的计数不受扫描周期的影响，此处只用了一个计数器 C237，其计数最高频率可达 10kHz。

1）计数方向设置。各种高速计数器均为 32 位双向计数器，C237 为无启动/复位输入端的一相一计数高速计数器，它对一相脉冲计数，故只有一个脉冲输入端，计数方向由程序决定。计数器 C237 的计数信号来自于可编程控制器的外部输入端子 X002，所以在硬件电路中，变频器 PG 卡输出的脉冲输给了 PLC 的 X002 端子。C237 计数方向由特殊辅助继电器 M8237 的状态决定，M8237 为 ON 时，减计数；M8237 为 OFF 时，加计数。因为相对计数方式是在平层处复位计数器，然后不管上升还是下降计数器都是加计数，所以在程序中用运行监视继电器 M8000 的动断触点控制 M8237 的线圈，使 PLC 在运行状态 C237 永远处于加计数状态。

2）设定值的设置。D300 中的脉冲由于轿厢所在的楼层不同而数据不同，为了使不同楼层的减速距离相同，将 D300 中的数据用 SUB 指令减去一个特定值 H（程序中设置为 1000，在实际调试中根据具体情况加以调整）后剩下的数据送给数据寄存器 D310，再将 D310 作为 C237 的设定值。这样，当计数器 C237 的当前值和设定值相同时，C237 位元件变为 ON，意味着轿厢离平层位置正好是 H 对应的距离，实质是表示轿厢到达了楼层的减速点。

（7）各层减速点的测取。在一层平层时将 0 传送给数据寄存器 D306。M99 通过上升沿微分输出指令取自 C237 的上升沿。在电梯上升期间 M99 为 ON 通过 INC 加一指令给 D306 中内容加一，反之，在电梯下降期间 M99 为 ON 通过 DEC 减一指令给 D306 中内容减一。通过 DECO 解码指令对 D306 的内容解码，可以知道电梯在一层时 M600 为 ON，从一层上升到距离二层平层 H 的距离时（此时 M99 为 ON 一个周期），D306 中的数值变为 1，从而 M600 变为 OFF，M601 变为 ON，以此类推，在 M604 由 ON 变为 OFF、M605 由 OFF 变为 ON 意味着电梯到了六层减速点了。总之，M600～M605 中只有一个能够为 ON，状态的转换发生在各层的减速点处。

M600 由 OFF 变为 ON 意味着到了一层的减速点（只有一处），M601 由 OFF 变为 ON 意味着到了二层的减速点（上下各一处），以此类推，M604 由 OFF 变为 ON 意味着到了五层的减速点（上下各一处），M605 由 OFF 变为 ON 意味着到了六层的减速点（只有一处）。

2. 调速及点动程序

正常情况下，如果 Y040 或 Y041 有一个为 ON，电梯关好门，电机就应该以频率指令

8（此时变频器的 5、6、7 三个端子和 11 接通）运转，这由 Y042、Y043、Y044 全部为 ON 来实现。检测到减速信号 M7 后，Y043、Y044 变为 OFF，仅保持 Y042 继续为 ON，电机由频率指令 8 转为频率指令 2 减速运转。当光电开关动作后，M418 为 ON 导致 M70 为 ON，从而 Y042 变为 OFF。

　　检修状态下，M3 为 ON，仅仅需要将 Y045 变为 ON，将变频器端子 8 和端子 11 接通，电机以点动频率运行即可。根据上述思路，设计的正常情况下调速程序和检修状态下的点动运行程序如图 7-7 所示。

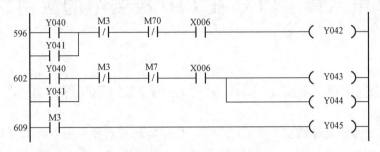

图 7-7　调速及点动程序

3. 减速信号程序

电梯减速包括正常减速和非正常减速两种情况。

　　正常情况下，除了两个终端层站外，其他中间层站务必实现电梯的顺向截梯、反向不截梯功能，这利用厅的上下召唤指令信号灯继电器和运行方向继电器 M8、M9 相配合很容易实现。每一层的减速实现由该层的内外信号灯继电器结合反映轿厢位置的 M600～M605 来实现。最远层站一定是反向截梯的情况，不需要考虑 M8、M9。

　　非正常情况下，当电梯出现失控情况，轿厢已经到达顶层或底层而不能减速停车时，轿厢的打板会使上或下的强迫减速开关动作（为防止冲顶或蹲底的第一道防线），此时电梯必须减速，整个减速程序如图 7-8 所示。

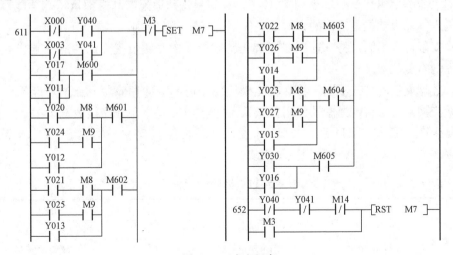

图 7-8　减速程序

第八章　PLC 在 PID 控制中的应用

第一节　FX3U 模拟量模块与 FX5U 内置模拟量

由于 PLC 是基于计算机技术发展而产生的数字控制型产品，所以它本身只能处理开关量信号，可以方便可靠地进行逻辑关系的开关量控制，不能直接处理模拟量。只要能进行适当的转换，就可以把一个连续变化的模拟量转换成在时间上是离散的，但取值上却可以表示模拟量变化的一连串的数字量，那么 PLC 就可以通过对这些数字量的处理来进行模拟量控制了。同样，经过 PLC 处理后的数字量也不能直接送到执行器，必须经过上述的逆运算转换成模拟量才能控制执行器动作。为了能够实现上述功能，PLC 厂家专门开发了与 FX3U 相对应的模拟量模块供用户选用，而 FX5U 系列 PLC 则在 CPU 模块中内置了模拟量处理功能。

一、FX3U 系列 PLC 的模拟量模块

三菱厂家为 FX3U 系列 PLC 开发的模拟量模块分为特殊适配器和特殊功能模块两大类，它们只能够使用在 FX3U 系列 PLC 上。模拟量特殊适配器和模拟量特殊功能模块对模拟量的输入、输出功能是一样的，但是在使用上有较大的差别，主要区别如下：

（1）安装位置不同。特殊适配器安装在基本单元的左侧位置，而特殊功能模块安装在基本单元的右侧位置。

（2）数据交换的方式不同。特殊功能模块使用内部缓冲存储单元通过功能指令与 PLC 基本单元交换数据，特殊适配器使用特殊软元件与 PLC 基本单元交换数据。

三菱生产厂家为 FX3U 系列 PLC 开发了六种模拟量模块，见表 8 - 1。本章只讲解 FX3U-4AD 与 FX3U-4DA 两种模拟量模块。

表 8 - 1　　　　　　　　　　FX3U 系列 PLC 模拟量模块一览表

序号	型号	名称	功能
1	FX3U-4AD	4 通道模拟量输入模块	4 通道模拟量输入
2	FX3U-4DA	4 通道模拟量输出模块	4 通道模拟量输出
3	FX3U-4AD-ADP	4 通道模拟量输入适配器	4 通道模拟量输入
4	FX3U-4DA-ADP	4 通道模拟量输出适配器	4 通道模拟量输出

续表

序号	型号	名称	功能
5	FX3U-4AD-PT-ADP	4 通道热电阻型温度传感器用适配器	4 通道 PT100 型热电阻温度传感器输入
6	FX3U-4AD-TC-ADP	4 通道热电偶型温度传感器用适配器	4 通道热电偶温度传感器输入

（一）FX3U-4AD

FX3U-4AD 的作用与 FX2N-4AD 相类似，都是将外部输入的 4 点（通道）模拟量（电压或电流）转换为 PLC 内部需要处理的数字量。

1. FX3U-4AD 性能参数

FX3U-4AD 模拟量输入模块的主要性能参数见表 8-2。

表 8-2　　　　　　　　　　　　FX3U-4AD 模拟量输入模块主要性能参数表

项目	参数		备注
	电压输入	电流输入	
输入点数	4 通道		
输入要求	DC −10～10V	DC 4～20mA 或 DC −20～20mA	
输入极限	±15V	±30mA	
输入阻抗	200kΩ	250kΩ	
数字量输出	16bit	15bit	0～65535
分辨率	0.32mV（20V/64000）	1.25μA（40mA/32000）	
处理时间	500μs/通道		每个运算周期更新数据
输入隔离	光电耦合		模拟电路和数字电路之间
占用 I/O 点数	8 点		
电源要求（耗电）	DC 24V±20%，80mA		DC 24V 需要外部供电

2. FX3U-4AD 模块接线

FX3U-4AD 模块外形图如图 8-1 所示。CH1 对应有自己的 V＋、I＋、VI＋及接地四个端子，CH2～CH4 每个通道对应有各自的 V＋、I＋、VI＋、FG 四个端子，其通过左侧（图中的下部）的扩展电缆与 PLC 基本单元或扩展模块相连接，通过 PLC 内部总线传送数字量，模块本身需要外部提供 DC 24V 电源输入。

图 8-1　FX3U-4AD 模块外形图

模拟量输入的每个通道既可以使用电压输入也可以使用电流输入，在电流输入、电压输入时的接线如图 8-2 所示。如果模块连接基本单元是 FX3U 系列 PLC（AC 电源型）时，模块的电源可以使用基本单元的 DC 24V 电源。模拟量的输入线使用 2 芯的屏蔽双绞电缆，要与其他动力线或者易于受感应的线分开布线。电流输入时，一定要将 V＋端子和 I＋端子短接在一起。电压输入时，如果电压有波动或者外部接线上有噪声时，请连接 0.1～0.47μF、25V 的电容。

3. 特殊功能模块编号及缓冲存储器

（1）特殊功能模块编号。当多个特殊功能模块与 PLC 相连时，PLC 对模块进行读/写操作时必须正确区分是对哪一个模块进行操作，这就产生了用于区分不同模块的位置编号。特殊功能模块和输入输出扩展单元或模块一样，可以串接在基本单元的右侧扩展接口上。从基本单元最近的特殊功能模块算起，由近到远依次按 0～7 的顺序编号，如果有扩展单元不算入编号，如图 8-3 所示。一个 PLC 最多可以连接 8 个特殊功能模块。FX 系列 PLC 的 I/O 点数最多是 256 点，它包括了基本单元的点数、扩展的 I/O 点数和特殊功能模块所占的点数。

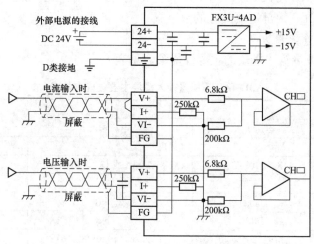

图 8-2 FX3U-4AD 模块接线图

基本单元 FX3U-32MT	扩展模块 16EYS	0# 模拟量输入模块 4AD	1# 脉冲输出 10PG	扩展单元 16EX	2# 模拟量输出模块 4DA

图 8-3 特殊功能模块的编号

（2）缓冲存储器。每个特殊功能模块里面有若干个 16 位存储器，产品手册中称为缓冲存储器 BFM，它是 PLC 与外部模拟量进行信息交换的中间单元。输入为模拟量时，由模拟量输入模块将外部模拟量转换成数字量先暂存在 BFM 中，再由 PLC 进行读取，送入 PLC 的字元件进行处理。输出模拟量时，PLC 将数字量送入输出模块的 BFM 中，再由输出模块自动转换成模拟量送入外部执行器或控制器，这是模拟量模块的 BFM 主要功能。除此以外，BFM 还有通道选择、转换速度、采样等应用设置功能以及依靠自己识别码进行模块识别的功能和差错功能。当模块的标定不能满足实际生产需要时，可以通过修改某些 BFM 单元数值建立新的标定关系。FX3U-4AD 的控制主要依靠操作 BFM 参数进行，常用的 BFM 参数见表 8-3。

表 8-3 FX3U-4AD 的常用 BFM 参数表

BFM 编号	内容	设定范围	初始值
0#	指定通道的输入模式，设置见表 8-4	0～F	H0000
2～5#	通道 1～4 求平均值的采样次数	1～4095	K1
6～9#	通道 1～4 数字滤波设定	0～1600	K0
10～13#	通道 1～4 采样数据	—	—

表 8-3 中，BFM0♯以 4 位的 16 进制格式指定通道 1 至通道 4 的输入模式，由低位到高位分别对应通道 1～4，BFM0♯各位与通道号的对应关系如图 8-4 所示，设定值对应输入模式见表 8-4。

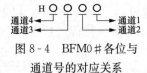

图 8-4 BFM0♯各位与通道号的对应关系

表 8-4   BFM0♯设定值对应的输入模式

设定值（H）	输入模式	模拟量输入范围	数字量输出范围
0	电压输入模式	−10～+10V	−32000～+32000
1	电压输入模式	−10～+10V	−4000～+4000
2*	电压输入模式（模拟量值直接显示模式）	−10～+10V	−10000～+10000
3	电流输入模式	4～20mA	0～16000
4	电流输入模式	4～20mA	0～4000
5*	电流输入模式（模拟量值直接显示模式）	4～20mA	4000～20000
6	电流输入模式	−20～20mA	−16000～+16000
7	电流输入模式	−20～20mA	−4000～+4000
8*	电流输入模式（模拟量值直接显示模式）	−20～20mA	−20000～+20000
9～E	不可以设定	—	—
F	通道不使用	—	—

注 ＊表示不能改变偏置/增益值

表 8-3 中，BFM2～5♯是设定通道 1～4 求平均值的采样次数，其用途是在测定信号中含有比较缓慢的波动噪声时，可以通过求设定的采样次数的平均值来获得稳定的数值。当使用平均值时，对于求平均值的通道，要设定其对应的数字滤波器的值（BFM6～9♯）为 0。反之，当使用数字滤波器时，要将对应通道的平均采样数（BFM2～5♯）设定为 1。

表 8-3 中，BFM6～9♯用于通道 1～4 数字滤波设定。当测定信号中含有陡峭的尖峰噪声时，与平均次数相比，使用数字滤波器可以获得更稳定的数据。设定值为 0，则意味数字滤波器功能无效；设定值为 1～1600，则意味数字滤波器功能有效。使用数字滤波器功能时，特别要注意前一组平均值采样次数中关于二者设置值相互影响的说明。

表 8-3 中，BFM10～13♯用于存放 4 个通道 A/D 转换的即时值或平均值或经过数字滤波的值。

4. 模拟量模块数据传输的指令

在三菱系列 PLC 内，设置了两条指令与模拟量模块进行数据传输，这就是读、写指令 FROM、TO。由于这两条指令对数据处理仅限于读、写功能，应用有限，所以三菱在推出 FX3U 时开发了一个专门应用于特殊功能模块的缓冲存储器 BMF 操作的编程软元件 U□\G□，当然，这个编程软元件仅适用于 FX3U 系列 PLC。下面分别进行简单的介绍。

（1）特殊功能模块 BFM 的读指令。读特殊功能模块缓冲存储器指令 FROM 用来将编号为 m1 的特殊功能模块内从 m2 号缓冲存储器（BFM）开始的 n 个数据读到 PLC 的基本单元，并存放到从目标 D 开始的 n 个字元件中，如图 8-5 所示（FX5U 机型）。其中，m1 表示特殊功能模块的编号，其值可以为 0～7；m2 表示特殊功能模块的缓冲存储器号，其值可以为 0~32767；；D 为 PLC 存储器首地址，可以为 KnY、KnM、KnS、T、C、D、V、Z；n 表示待传送数据的个数，其值可为 1~32767。

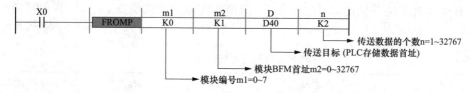

图 8 - 5　FROM 指令的用法

图 8 - 5 表示当执行条件 X0 从 OFF 变为 ON 时，将 0 号特殊功能模块内从 1 号缓冲寄存器（BFM1♯）开始的相邻两个缓冲寄存器数据，读到以 D40 为首地址的相邻两个数据寄存器（D40~D41）中。

（2）特殊功能模块 BFM 的写指令。写特殊功能模块缓冲存储器指令 TO 用来将从源 S 开始的 n 个字元件的基本单元数据，写到编号为 m1 的特殊功能模块内从 m2 号缓冲存储器（BFM）开始的 n 个缓冲存储器中，如图 8 - 6 所示（FX3U 机型）。这里的 m1、m2、n 的含义及取值范围与 FROM 指令相同。传送源可以为 K、H、KnX、KnY、KnM、KnS、T、C、D、V、Z。

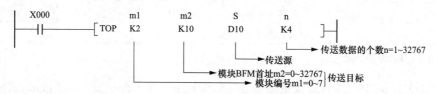

图 8 - 6　TO 指令的用法

图 8 - 6 表示当执行条件 X0 为从 OFF 变为 ON 时，将 D13~D10 四个数据寄存器中的数据写入到 2♯ 特殊功能模块的 BFM13~10♯ 四个缓冲寄存器中。

（3）特殊功能模块编程软元件 U□\G□。三菱 FX3U 系列 PLC 除了可以使用上述 FROM、TO 指令外，还可以使用自己专有的编程软元件 U□\G□，使用这个编程软元件不但可以直接进行数据交换，还可以直接应用功能指令对数据进行处理，这为程序的编制带来了极大的方便。编程软元件 U□\G□ 中的 U□ 表示特殊功能模块位置编号，□＝0~7。编程软元件中的 G□ 中表示特殊功能模块缓冲存储器 BFM 编号，□＝0~32767。由于 BFM 是一个 16 位的寄存器，所以 U□\G□ 和数据寄存器 D、V 一样是一个字元件。下边举例加以说明其应用。

MOV　U0\G0　D100，该指令执行的结果是把 0♯ 模块的 BFM0♯ 单元内容复制到 PLC 的 D100 中，其功能相当于上述的 FORM 功能。

MOV　D100　U0\G0，该指令执行的结果是把 PLC 的 D100 单元内容复制到 0♯ 模块的 BFM0♯ 中，其功能相当于上述的 TO 功能。

BMOV　U2\G10　D0　K4，该指令执行的结果是把 2♯ 模块的（BFM10~BFM13♯）4 个单元内容复制到 PLC 的（D0~D3）4 个寄存器中。

5. 编程实例

某一控制系统的基本单元为 FX3U-32MT，采用一个 FX3U-4AD 模块，连接在其右侧，编号为 3。设定通道 1 输入信号为 4～20mA，通道 2 输入信号为 1～5V，通道 3 输入信号为 0～20mA，通道 4 输入信号为 0～10V，平均值个数为 30 个，采样结果存放在 D16～D19 中。程序如图 8-7 所示。

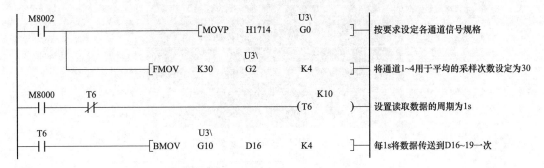

图 8-7　FX3U-4AD 模块编程实例

（二）FX3U-4DA

FX3U-4DA 的作用是基于 FX3U 系列 PLC 的高性能 D/A 模块，它能够将 PLC 内部的数字量转换为外部控制用的模拟量（电压或电流）输出，从而控制外部的执行器工作。

1．FX3U-4DA 性能参数

FX3U-4DA 模拟量输出模块的主要性能参数见表 8-5。

表 8-5　　　　　　　　　　FX3U-4DA 模拟量输出模块主要性能参数表

项目	参数		备注
	电压输出	电流输出	
输出点数	4 通道		4 通道输出可以不一致
输出要求	DC −10～10V	DC 0～20mA 或 DC 4～20mA	
输出极限	DC ±15V	DC 0～30mA	输出超过极限可能损坏模块
输出阻抗	2kΩ～1MΩ	≤500Ω	
数字量输入	带符号 16 位二进制数	15 位二进制数	
分辨率	0.32mV（20V/64000）	0.63μA（20mA/32000）	
D/A 转换时间	1ms，与使用通道数无关		
输出隔离	模拟电路和数字电路间隔离，输出通道之间隔离		
占用 I/O 点数	8 点		
电源要求（耗电）	DC 24V±10%，160mA		DC 24V 需要外部供电

2．FX3U-4DA 模块接线

FX3U-4DA 模块外形如图 8-8 所示。每个通道有各自对应的 V＋、I＋、VI＋ 三个端子。FX3U-4DA 模块通过扩展电缆与 PLC 基本单元或扩展单元相连接，通过 PLC 内部总线传送数字量，模块需要外加 DC 24V 电源。模块的接线如图 8-9 所示。

如果模块连接基本单元为 FX3U 系列 PLC（AC 电源型）时，模块的电源可以使用基本单元的 DC24 电源。图 8-8 的外形图中，每个通道有 ［·］接线端子，不要对该端子接线。模拟量的输出线使用 2 芯的屏蔽双绞电缆，要与其他动力线或者易于受感应的线分开布线。输出电压有噪声或者波动时，在信号接收侧附件连接 0.1～0.47μF、25V 的电容。

将屏蔽线在信号接收侧进行单侧接地。

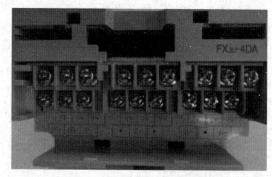

图 8-8   FX3U-4DA 模块外形图

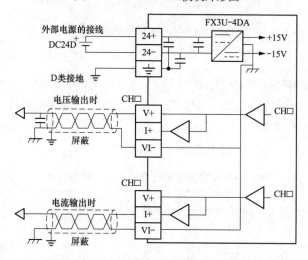

图 8-9   FX3U-4DA 模块接线图

3. FX3U-4DA 模块 BFM 参数

FX3U-4DA 的控制主要依靠操作 BFM 参数进行，其常用的 BFM 参数见表 8-6。表 8-6 中，BFM0♯至关重要，工程实践中需要根据模拟量输入仪表的规格，对 BFM0♯设定与之相符的输入模式。BFM0♯指定采用四位数的十六进制代码的输入模式，即 H□□□□，最低位对应通道 1，最高位对应通道 4，具体内容根据表 8-7 联系生产实际加以选择。

表 8-6   FX3U-4DA 常用 BFM 参数表

BFM 编号	内容	设定范围	初始值
0♯	指定通道的输入模式，详见表 8-7 所示	0～F	H0000
1～4♯	通道 1～4 输出数字量	根据模式定	K0
5♯	STOP 时的输出设定，通过 EEPROM 停电保持		H0000
6♯	输出状态		H0000
7～8♯	不用		
9♯	通道 1～4 的偏置、增益设定值的写入指令		H0000
10～13♯	通道 1～4 的偏置数据（mV 或 μA）	根据模式定	根据模式定
14～17♯	通道 1～4 的增益数据（mV 或 μA）	根据模式定	根据模式定

表 8-7 BFM0♯对输入模式的指定

设定值	输入模式	模拟量输出范围	数字量输入范围
0	电压输出模式	−10～+10V	−32000～+32000
1	电压输出，带模拟量值 mV 设定模式	−10～+10V	−10000～+10000
2	电流输出模式	0～20mA	0～32000
3	电流输出模式	4～20mA	0～32000
4	电流输出，带模拟量值 μA 设定模式	0～20mA	0～20000
5～F	不使用		

4. 编程实例

对安装在 PLC 基本单元右侧的第三个扩展模块（模块编号为 2）的 FX3U-4DA 模块进行 D/A 输出编程，1♯、2♯ 通道输出范围为 DC 0～10V，3♯、4♯ 通道输出范围为 4～20mA，进行 D/A 转换的数据放在 D0～D3 寄存器中。由于 1♯、2♯ 通道输出范围为 DC 0～10V，表 8-7 中没有 DC 0～10V 输出项，只能选择−10～+10V 输出项，为了防止输出负值，应该确保 D0、D1 中的数值绝对为正，在程序中使用触点比较指令，当 D0、D1 当中的值小于 0 时给其赋值 0。编程如图 8-10 所示。

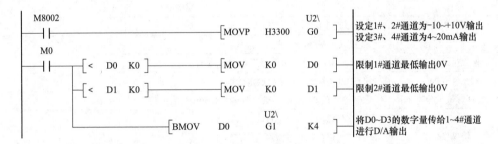

图 8-10　FX3U-4DA 模块编程实例

二、FX5U 系列 PLC 的内置模拟量

在模拟量处理方面，FX5U 系列 PLC 除了有自己的 FX5-4AD-ADP 、FX5-4DA-ADP、FX5-4AD-PT-ADP 、FX5-4AD-TC-ADP 模拟量适配器外，还可以使用上述的 FX3U 系列的 FX3U-4AD、FX3U-4DA 智能功能模块，另外也可以配置 FX3U-4LC 温度模块。相比较 FX3U 系列而言，FX5U 系列不但可以配置这些功能模块来处理模拟量，自身主机也带有模拟量处理功能，从经济性角度出发，应该是自己主机的模拟量处理通道不够使用时，才选择模拟量功能模块加以扩展。下面，对 FX5U 系列 PLC 的内置模拟量功能加以介绍。

FX5U 系列 PLC 模拟量接线端子有 AD 和 DA 两部分，AD 部分有 V1＋、V2＋、V－三个接线端子，DA 部分有 V＋、V－两个接线端子。

（一）内置模拟量规格

（1）模拟量输入规格。内置模拟量输入规格见表 8-8。其中，通道 1、2 的模拟量输入信号、软元件分配及数字输出值至关重要。

（2）模拟量输出规格。内置模拟量输出规格见表 8-9。其中，数字输入值、模拟量输出信号及其对应的软元件分配至关重要。之所以模拟量输入输出规格中这几项很重要，是因为设计用户程序的时候一定会用到。

表 8-8 　　　　　　　　　　　　　　模 拟 量 输 入 规 格

项目	规格
模拟量输入点数	2 点（2 通道）
模拟量输入	DC 0～10V（输入电阻 115.7kΩ）
数字输出	12 位（无符号，二进制）
软元件分配	SD6020（通道 1 的输入数据）；SD6060（通道 2 的输入数据）
输入特征、最大分辨率	数字输出值 0～4000
精确度	±0.5％以内（环境温度 25±5℃时） ±1.0％以内（环境温度 0～55℃时） ±1.5％以内（环境温度－20～0℃时）
转换速度	30μs/通道（数据更新为每个运算周期）
绝对最大输入	－0.5V，＋15V
输入输出占用点数	0 点（与 CPU 模块最大输入输出点数无关）

表 8-9 　　　　　　　　　　　　　　模 拟 量 输 出 规 格

项目	规格
模拟量输出点数	1 点（1 通道）
数字输入	12 位（无符号，二进制）
模拟量输出	DC 0～10V（外部负载电阻 2kΩ～1MΩ）
软元件分配	SD6180（通道 1 的输出设定数据）
输出特征、最大分辨率	数字输入值 0～4000，最大分辨率 2.5mV
精确度	±0.5％以内（环境温度 25±5℃时） ±1.0％以内（环境温度 0～55℃时） ±1.5％以内（环境温度－20～0℃时）
转换速度	30μs/通道（数据更新为每个运算周期）
绝对最大输入	－0.5V，＋15V
输入输出占用点数	0 点（与 CPU 模块最大输入输出点数无关）

（二）内置模拟量接线

1. 模拟量输入接线

FX5U CPU 模块只支持电压输入，具体接线如图 8-11（a）所示。输入线使用双芯的带屏蔽双绞线电缆，且接线时请与其他动力线或容易受电感影响的线隔离。不使用的通道务必将"V＋"端子和"V－"端子短路。

当输入模拟量为电流信号时，可以在"V＋"端子和"V－"端子间连接 250Ω 电阻（精密电阻 0.5％）即可使用，如图 8-11（b）所示。考虑最大输入电流，也可并联 500Ω 电阻。模拟量输入为 DC 4～20mA 时，数字输出值 400～2000（可利用比例缩放功能进行变更），分辨率 10μA，绝对最大输入范围－2～＋60mA。不使用的通道也需要"V＋"端子和"V－"端子短路。

2. 模拟量输出接线

模拟量输出接线比较简单，如图 8-12 所示，也使用双芯的带屏蔽双绞线电缆，且接线时请与其他动力线或容易受电感影响的线隔离。屏蔽线在信号接收侧一点接地。

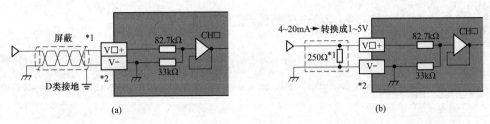

图 8-11　FX5U 系列 PLC 内置模拟量输入接线
(a) 电压输入；(b) 电流输入

3. 模拟量参数设置

要使用 FX5U 系列 PLC CPU 模块中的内置模拟量，需要通过参数进行功能的设置，设置后通过 FX5U 系列 PLC CPU 模块进行 A/D 转换的值，将按每个通道自动写入至特定的特殊寄存器，通过在 FX5U 系列 PLC CPU 模块的某些特殊寄存器中设置值，D/A 转换将自动进行模拟量输出。

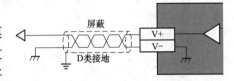

图 8-12　FX5U 系列 PLC 内置
模拟量输出接线

双击计算机桌面上的 GX Works3 图标，打开编程软件工作界面，在工具栏左下角单击导航栏，单击"参数"→"FX5U CPU"→"模块参数"，如图 8-13 所示。双击"模块参数"中的"模拟输入"，会出现基本设置和应用设置界面，如图 8-14 所示。在基本设置里面，根据需要将 CH1 通道的 A/D 转换设置为允许，单击"应用"即可，如图 8-15 所示。如果要使用内置模拟量输出功能，在图 8-13 中双击"模拟输出"，把弹出界面中的 D/A 转换设置为允许后，单击"应用"即可。

图 8-13　FX5U 系列 PLC 内置
模拟量设置路径

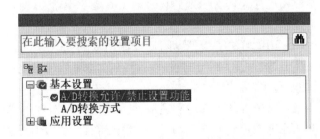

图 8-14　FX5U 系列 PLC 内置模拟量输入的设置

双击"模块参数"中的"模拟输入"或"模拟输出"后，出现"应用设置"里面有"比例缩放设置"，通过该项设置功能根据实际情况的需要可以将数字量的上限值和下限值设置为任意的值。未缩放的数字值乘上比例缩放上限值与比例缩放下限值的差然后除 4000，再加上比例缩放下限值即为缩放后的数值。

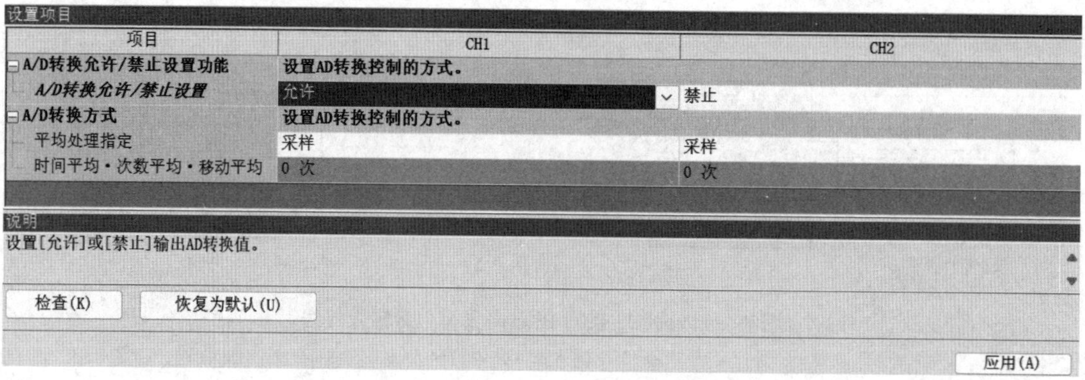

设置项目		
项目	CH1	CH2
□ A/D转换允许/禁止设置功能	设置AD转换控制的方式。	
A/D转换允许/禁止设置	允许 ∨ 禁止	
□ A/D转换方式	设置AD转换控制的方式。	
平均处理指定	采样	采样
时间平均·次数平均·移动平均	0 次	0 次

说明

设置[允许]或[禁止]输出AD转换值。

检查(K)　　　恢复为默认(U)

应用(A)

图 8 - 15　FX5U 系列 PLC 内置模拟量输入 CH1 的设置

第二节　PID 的基础知识

PID 控制的实质是根据输入的偏差值，按比例、积分、微分的函数关系进行运算，用运算结果控制输出。

一、PID 控制的特点

在工业控制中，PID 控制是连续控制系统中最成熟、应用最为广泛的一种调节方式。PID 控制之所以能够得到广泛的应用，是因为其具有以下的特点。

（1）不需要知道被控对象的数学模型。自动控制理论中的分析和设计方法是建立在被控对象的线性定常数数学模型上的，当不能完全掌握被控对象的结构和参数，或得不到精确的数学模型时，又或者系统控制器的结构和参数必须依靠经验和现场调试来确定时，对于这一类系统，使用 PID 控制可以得到比较满意的效果。有文献报道，目前 PID 控制及变型 PID 控制约占总控制回路数的 90%。

（2）结构简单，容易实现。PID 控制的结构简单，程序设计简单，计算工作量较小，各参数相互独立，有明确的物理意义，参数调整方便，容易实现多回路控制、串级控制等复杂控制。

（3）PID 解决了模拟量闭环控制所要解决的最基本问题，即系统的稳定性、快速性和准确性。调节 PID 控制的参数，可以在实现系统稳定的前提下，兼顾系统的带载能力和抗干扰能力。

（4）有较强的灵活性和适应性。根据被控对象的具体情况，可以采用各种 PID 控制的变型和改进的控制方式，如 PI、PD、带死区的 PID、积分分离式 PID、变速积分 PID 等，但比例控制一般是必不可少的。随着智能控制技术的发展，将 PID 控制与模糊控制、神经网络控制等现代控制方法相结合，可以实现 PID 控制器的参数自整定，使 PID 控制器具有经久不衰的生命力。

二、PID 控制系统框图

图 8 - 16 所示为采用 PLC 对模拟量实行 PID 控制的系统结构框图。

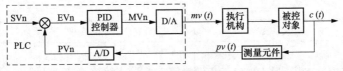

图 8 - 16　PID 控制的系统结构框图

三、PID 的运算指令

用 PLC 对模拟量进行控制时，可以使用包含有 A/D、D/A 转换器的过程控制模块，里面有 PLC 厂家设计好的 PID 控制程序，用户在使用时只需要设置一些参数，使用起来非常方便，一个模块可以控制几个甚至几十个闭环回路。但是这种模块的价格较高，一般在大型控制系统中使用。现在很多 PLC 都提供有 PID 指令，它们实际上是用于 PID 控制的子程序，与模拟量输入、模拟量输出模块一起使用，可以得到类似于使用 PID 过程控制模块的效果，但是价格便宜很多。基于上述原因，下面对 PID 指令进行介绍。

PID 指令如图 8 - 17 所示，源操作数 [S1]、[S2]、[S3] 和目标操作数 [D] 均为数据寄存器，可用 D、R、U□/G□。[S1]、[S2] 分别用来存放设定值和当前测量到的反馈值，[S3]～[S3]+6 用来存放控制参数的值，运算结果存放到 [D] 中。[S1]、[S2]、[D] 的范围 $-32768 \sim +32767$，[S3] 的范围为 $1 \sim 32767$。目标操作数目标 [D] 最好使用非停电保持型的数据寄存器，如果使用停电保持型的数据寄存器，则在 PLC 运行时

图 8 - 17　PID 指令用法

要用复位指令 RST 先清零。在一个程序中可以有多条 PID 指令，但 [S3] 和 [D] 不能重号。PID 指令可以在定时中断、子程序、步进指令和转移指令内使用，但是在执行 PID 指令之前应使用脉冲执行的 MOVP 指令将 [S3]+7 清零，即给其赋值 0 即可。

源操作数 [S3] 占用 [S3] 从开始的 25 个数据寄存器。[S3]～[S3]+24 用来设定控制参数，也就是说控制用的参数须在 PID 运算之前预先通过 MOV 等指令写入源操作数 [S3]～[S3]+24 中。[S3]～[S3]+24 所存放的控制参数含义见表 8 - 10。

表 8-10　　　　　　　　　　　　　　[S3]～[S3]+24 所存放参数含义

源操作数	参数	设定范围或说明	备注
[S3]	采样周期（Ts）	$1 \sim 32767$ms	不能小于扫描周期
[S3]+1	动作方向（ACT）	bit0：0 为正动作 1 为逆动作	动作方向指定
		bit1：0 无输入量报警 1 有输入量报警	—
		bit2：0 无输出量报警 1 有输出量报警	bit2 和 bit5 不能同时为 ON
		bit3：不使用	—
		bit4：0 自动调谐不动作 1 执行自动调谐	
		bit5：0 输出值不限制 1 为输出限制	bit2 和 bit5 不能同时为 ON

续表

源操作数	参数	设定范围或说明	备注
[S3]+1	动作方向（ACT）	bit6：0 步响应法 1 极限循环法	自动谐振模式选择
		bit7~bit15	不能使用
[S3]+2	输入滤波常数（L）	0~99%	设为 0，没有输入滤波
[S3]+3	比例增益（K_P）	1~32767%	—
[S3]+4	积分时间（T_I）	1~32767（×100ms）	0 作为∞处理（无积分）
[S3]+5	微分增益（K_D）	0~200（%）	设为 0，没有微分增益
[S3]+6	微分时间（T_D）	1~32767（×10ms）	0 为无微分
[S3]+(7~19)	—	—	PID 运算占用
[S3]+20	输入变化量（增）报警设定值	0~32767	[S3]+1 的 bit1=1 时有效
[S3]+21	输入变化量（减）报警设定值	0~32767	
[S3]+22	输出变化量（增）报警设定值	0~32767	[S3]+1 的 bit2=1、 bit5=0 时有效
[S3]+23	输出变化量（减）报警设定值	0~32767	
[S3]+24	报警输出	bit0	0：输入变化量增侧未溢出 1：输入变化量增侧溢出	[S3]+1 的 bit1=1 或 bit2=1 时有效
		bit1	0：输入变化量减侧未溢出 1：输入变化量减侧溢出	
		bit3	0：输出变化量增侧未溢出 1：输出变化量增侧溢出	
		bit3	0：输出变化量减侧未溢出 1：输出变化量减侧溢出	

第三节　PID 液位控制案例

　　某水箱里的水以变化的速度流出，而水箱要求保持一定的水位。该设计的要点是通过对液位进行 PID 控制，使液位能够在较短时间内达到一个相对稳定的状态。在上位机上设置液位设定值，然后调节比例、积分、微分参数的大小，查看上位机液位实际值的变化曲线，观察输入的比例、积分、微分参数对液位曲线的影响，不停地调节这三个参数的值，使液位能够稳定、快速地到达设定值。

一、硬件说明

1. 压力变送器

液位信号的检测使用的是 PT310 压力变送器，放置于水箱底部，用于检测水箱的液位。变送器的输入是 0~60MPa，供电电源 DC 12.5~36V，输出信号 DC 4~20mA，采用二线传输方式。

水箱液位刻度最高是 300mm，水箱内部设置有溢出管，水位最高所能够达到的高度为230mm，所以设计的上位机液位设定值范围为 0~230mm。很明显，压力变送器最大输入60MPa 压力对应的液位与 230mm 相差甚远。实际应用中，生产实际中所需要的液位的最大值对应的压力与所选用的压力变送器最大输入值恰好一致的概率太低了，没有必要要求两者必须一致。230mm 液位对应的水压是多少，该压力输入压力变送器后转换为的电流又是多少毫安，这两个问题不必过度关心，因为该电流是会经过 PLC 的 A/D 模块转换为一个数值，我们只需要关注 230mm 液位时 A/D 模块输出的数值是多少就可以了。因为 230mm 的液位是我们控制对象的最大值，此时 A/D 模块输出的数值需要转化成 PID 指令中反馈值的最大值 32767。

控制水箱进水的有恒频泵加电动阀与变频泵两种方案，后者调节速度快且节能，本系统采用后者。

2. 变频器

本系统采用的是 MP-55RM-380 型号的磁力驱动循环泵，额定扬程 4m，最大扬程 6.7m，额定功率 90W，额定频率 50Hz，额定电压 380V，额定转速 2850r/min。驱动该泵使用的是三菱 D700 变频器，采用交流 220V 单相电源。PLC 的 D/A 模拟量输出模块计划采用 4～20mA 电流信号，所以 D/A 模拟量输出模块的 I＋端子需要接于变频器的频率设定（电流）端子 4，模拟量输出模块的 VI－端子接于频率设定公共端子 5。变频器参数 Pr.267 设置为 0、1、2 分别代表端子 4 输入 4～20mA、0～5V、0～10V，此处确保将参数 Pr.267 设置为 0，且保证电压/电流输入切换开关处于"I"位置（初始设定）。

3. PLC

该案例使用的 PLC 基本单元是 FX3U-32MR/ES-A，模拟量输入模块和模拟量输出模块采用了本章第一节讲述的 FX3U-4AD 和 FX3U-4DA。

二、接线图

根据上述硬件的说明绘出的接线图如图 8-18 所示。系统绝大多数处于自动运行状态，从节能的角度出发，转换开关 SA 断开 X0 为 OFF 时定义为自动状态。在自动状态时，启停按钮有效。在手动状态时，加减速按钮有效，可以根据需要人为设置水箱进水的快慢。

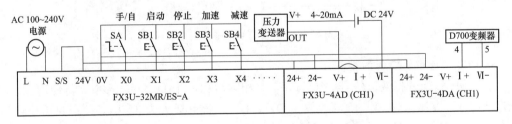

图 8-18　液位 PID 控制接线图

三、梯形图程序

1. FX3U-4AD 通道信号规格设置及液位信号传送

由于 FX3U-4AD 紧邻基本单元右侧配置，故其特殊功能模块编号为 0 ♯。BFM0 ♯以 4 位的 16 进制格式指定通道 1 至通道 4 的输入模式，由低位到高位分别对应通道 1～4。本案例只有一个模拟量输入信号，即压力变送器的 4～20mA 电流信号，这里使用通道 1，通道 2、3、4 不使用。结合表 8-4 所示，选用数字量输出范围 0～16000，将 HFFF3 通过

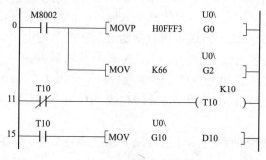

图 8-19　通道信号规格设置及液位信号传送

MOVP 指令写入软元件 U0 \ G0 中就完成了 FX3U-4AD 通道信号规格的设置工作，如图 8-19 所示。4 位十六进制的最高位是字母时在梯形图输入时其与 H 之间自动加 0。

BFM2♯是通道 1 求平均值的采样次数，图 8-19 中，用 MOV 指令将 66 传送给软元件 U0/G2 意味着将通道 1 求平均值的采样次数设定为 66。T10 定时器动断触点控制 T10 线圈，T10 周期设置为 1s 就可以实现 T10 动合触点每 1s 闭合一次的功效。BFM10♯存放着通道 1 的采样数据，其代表着液位高低的信息，T10 动合触点控制 MOV U0 \ G10 D10 就可以实现每一秒给 D10 传送一次液位信号。

2. 液位信号范围的约束

上述程序下载到 PLC 后，使 PLC 处于 RUN 状态，将编程软件设置为监视状态。在监视状态下，想法使液位分别处于 0mm 刻度和满刻度 230mm，观察液位在这两个刻度时 D10 的数据分别在 0 和 7050 附近微小变化。因为后续需要将满刻度 230mm 对应的 7050 转换为 PID 指令中反馈值的最大值 32767，所以 D10 绝对不可以超过 7050，否则 PID 指令中反馈值存在超过 32767 的情况。此处使用区间比较指令 ZCP 将 D10 的数据约束在 0～7050 的范围之内。

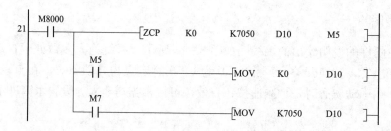

图 8-20　液位信号范围的约束

3. PID 指令中反馈值的换算

通过 MUL 指令将液位信号 D10 与 32767 相乘后存放于 D15、D14 中，再使用 32 位除法指令 DDIV 将其与 7050 相除商存放于 D17、D16，该商最大为 32767，所以只需要将 D16 的值传送给 D6，D6 即为后续 PID 指令中的反馈值，程序如图 8-21 所示。

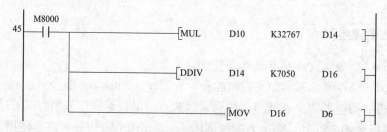

图 8-21　PID 指令中反馈值的换算

4. 上位机中反馈值的换算及采样周期的设置

上位机中液位的显示值必须真实反映实际液位的高度，也就是说 D10 中的 0～7050 需要换算为实际液位 0～230mm，换算思路同 PID 指令中反馈值的换算一样，只是换算后的数值范围不一样而已。换算后的实际液位值存放于 D22 中，后续上位机系统设计中会用到该寄存器。后续所设计 PID 指令的源操作数 [S3] 打算使用 D100，则 D100 就是用来设定采样周期。PID 控制用的参数须在 PID 运算之前预先通过 MOV 指令写入源操作数，此处将采样周期设置为 0.1s。程序如图 8-22 所示。

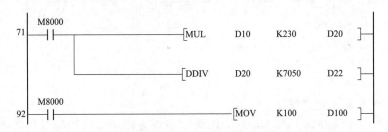

图 8-22　上位机中反馈值的换算及采样周期的设置

5. FX3U-4DA 通道信号规格设置及工作状态显示

由于 FX3U-4DA 处于基本单元右侧第二个配置，故其特殊功能模块编号为♯1。本案例只需要一个电流信号来控制变频器，所以将通道1信号规格设置为数字量输入范围 0～32000、模拟量输出范围 4～20mA 的模式即可，通道2、3、4不使用。程序中将 HFFF3 通过 MOV 指令写入软元件 U1/G0 中就完成了 FX3U-4DA 通道信号规格的设置工作，见图 8-23 所示。由 PLC 接线图可知，X0 输入端口转换开关 SA 的作用是工作状态转换，后续程序可以看出为了节能 X0 为 ON 是手动工作方式，X0 为 OFF 是自动工作方式。M8、M9 分别对应上位机控制系统中的手动工作方式指示灯和自动工作方式指示灯。

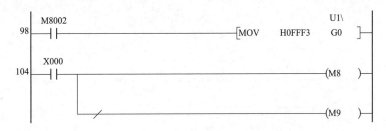

图 8-23　FX3U-4DA 通道信号规格设置及工作状态显示

6. 手自动工作方式切换

手动程序和自动程序的切换依靠两个条件跳转指令来实现，程序如图 8-24 所示。当 X0 为 OFF 时序号 108 处的 X0 动合触点断开，第一个跳转指令不执行，系统会依次执行序号 108 至序号 204 之前的自动程序，而序号 204 处的 X0 动断触点由于 X0 为 OFF 处于接通状态，系统会执行第二个跳转指令，不执行手动程序。反之，当 X0 为 ON 时不执行自动程序而执行手动程序。该程序的设计决定了 SA 转换开关断开时系统是自动工作状态，接通时是手动工作状态。

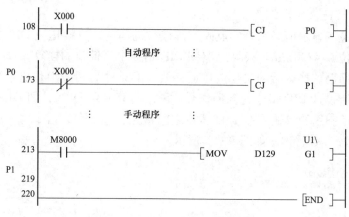

图 8-24　手自动工作方式的切换

7. 启停及上位机设定值程序

自动状态下，系统开始工作或停止工作需要现场或使用上位机按动启停按钮。现场启停按钮已经接于 PLC 的 X1、X2 端口，上位机的启停按钮对应 PLC 的 M0、M1 辅助继电器，它们各自启保停 M4 辅助继电器。D0 数据寄存器的值由上位机人为写入，代表的是实际液位设定值，数值范围限定在 0～230。D0 的值换算为 0～32767 范围的值后传送 D62，后续用 D2 作为 PID 指令的设定值，所以此处再将 D62 传送给 D2。

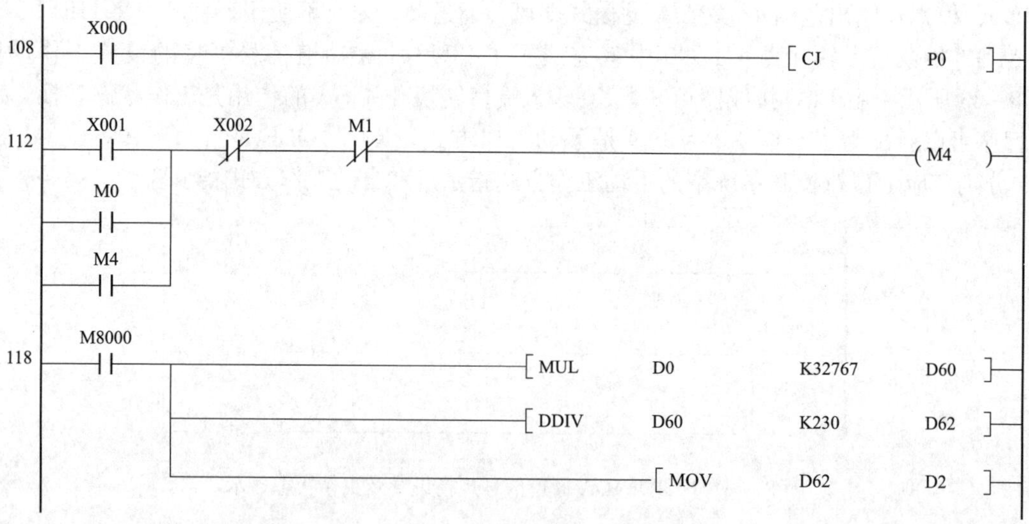

图 8-25　启停及上位机设定值程序

8. PID 指令及输出值的传送

PID 指令执行前，必须设置好 PID 控制的动作方向。PID 控制的动作方向有两种：一种是正动作方向，针对目标值（SV），随着测定值（PV，亦即反馈值）的增加，输出值（MV）也增大，如冷气的控制；另一种是逆动作方向，针对目标值（SV），随着测定值（PV）的减少，输出值（MV）增大，如暖气的控制。本案例中，针对设定液位值，随着检测到液位值的减少，输出值应该增加（水泵电机加大转速），因而动作方向属于逆动作。PID 指令的〔S3〕计划使用 D100，由表 8-10 可知，将 D101 的 bit0 设为 1 就完成了逆动作的设置。图 8-26 中序号 144 处，自动状态下系统启动，M4 为 ON 就可以通过 MOV 指令将 1 传送给了 D101。

由前边几个程序可知，上位机设定值经过换算后最终传送给了 D2，D2 作为 PID 的设定值。液位信号经过换算后传送给了 D6，D6 作为 PID 指令中反馈值。参数〔S3〕使用 D100，输出值 MV 使用 D200，由此设计出的 PID 指令见图 8-26 的序号 151 处。

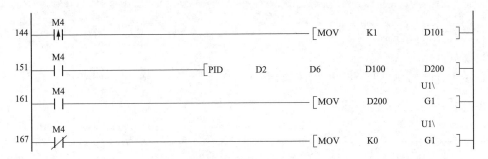

图 8-26 PID 指令及输出值的传送

自动状态的运行期间，M4 动合触点的闭合会将 PID 指令的输出值 D200 通过 MOV 指令传送给 FX3U-4DA 通道 1 对应的软元件 U1/G1，FX3U-4DA 自动会将该数转换为电流信号从而控制变频器的运行。运行期间按下停止按钮后，M4 动断触点闭合会通过 MOV 指令将 0 传送给 U1\G1，水泵电机自然就会停止运行。

9. 手动程序

当 X0 为 ON 时，X0 动断触点打开，图 8-27 中，序号 173 处的条件跳转指令不执行，因此系统会执行序号 178 以后的手动程序。为防止自动运行期间不经过按动停止按钮的环节直接转动 SA 进入手动后水泵继续转动，在 X0 由 OFF 转为 ON 的第一个周期利用 MOV 指令将 0 传送给 U1\G1。

手动应该是可以任意设定电机速度，X3、X4 是现场加减按钮，M2、M3 是上位机加减速按钮。FX3U-4DA 设置的是 4～20mA 电流输出模式，对应的输入数字是 0～32000。点击一次按钮，U1\G1 中的数字加或减 3200，加减各有十个挡位。当然，根据需要可以设置若干个挡位。

四、上位机系统设计

使用 USB-SC09-FX 编程电缆将上述所设计的 PLC 程序下载到 FX3U-32MR/ES-A 中，可以进行手动状态下的调试，但是自动状态无法调试，因为 PID 参数需要上位机去设置。下面讲述上位机系统的设计。

从官网下载 Kingview7.5 软件，安装后单击桌面的 KingView 图标进入工程管理器界面，单击"新建"，在"新建工程向导之二"输入工程名称"水箱液位的 PID 控制系统"并选择路径，双击刚才建立的当前工程，授权选择演示模式，确定后进入工程浏览器界面。在电脑上查找 USB-SC09-FX 编程电缆所在的 COM 口后，在工程浏览器的设备下找到对应的 COM 口，本案例对应的是 COM3，在该端口下进行设备的配置。

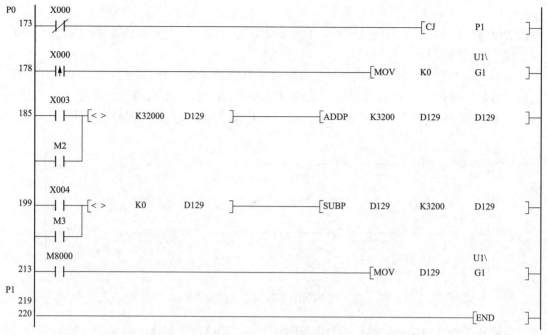

图 8-27　手动程序

1. 设备配置

双击 USB-SC09-FX 编程电缆所对应的 COM 口，会出现图 8-28 所示的设备配置向导，按图设备配置。该界面后续的是逻辑名称、选择串口号、设备地址设置指南、通信参

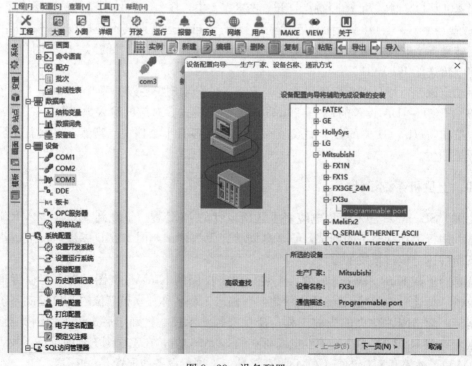

图 8-28　设备配置

数等环节，比较简单，在此省略。

2. 建立数据词典

单击数据库中的数据词典，通过双击右侧的“新建”即可依次对需要上位机监控的PLC变量和数据建立词典，目的是监控画面中某些图形与其对应和关联。本案例中有自动状态下上位机的启动停止按钮以及液位设定值、反馈值、比例系数、积分时间、微分时间，手动状态下的加速减速按钮以及工作状态显示等。建立过程中，一是要确保变量类型选择正确，二是寄存器的选取一定要和 PLC 程序中相关元件正确无误的对应，三是寄存器选择以后确保其数据类型选择正确。本案例中数据词典的建立如图 8 - 29 所示。

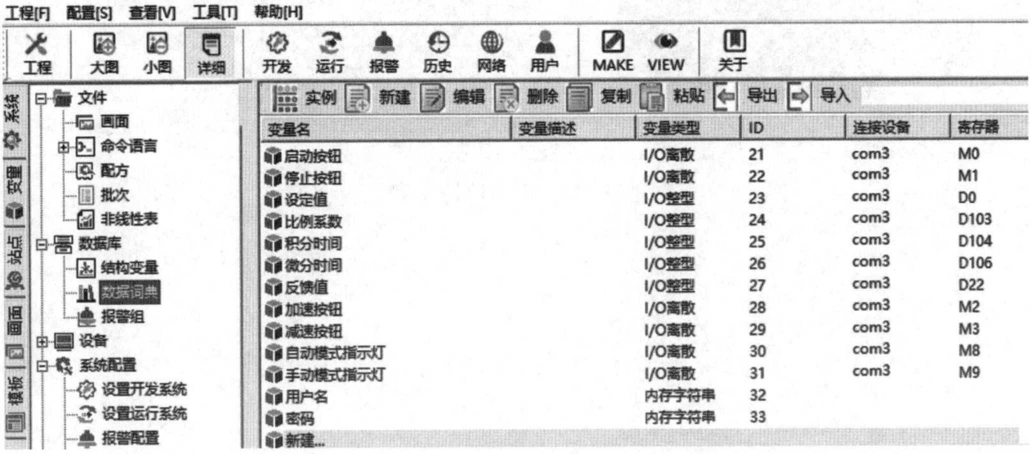

工程[F] 配置[S] 查看[V] 工具[T] 帮助[H]
工程 大图 小图 详细 开发 运行 报警 历史 网络 用户 MAKE VIEW 关于
实例 新建 编辑 删除 复制 粘贴 导出 导入
文件 画面 命令语言 配方 批次 非线性表 数据库 结构变量 数据词典 报警组 设备 系统配置 设置开发系统 设置运行系统 报警配置
系统 变量 站点 画面 模板
变量名 变量描述 变量类型 ID 连接设备 寄存器
启动按钮 I/O离散 21 com3 M0
停止按钮 I/O离散 22 com3 M1
设定值 I/O整型 23 com3 D0
比例系数 I/O整型 24 com3 D103
积分时间 I/O整型 25 com3 D104
微分时间 I/O整型 26 com3 D106
反馈值 I/O整型 27 com3 D22
加速按钮 I/O离散 28 com3 M2
减速按钮 I/O离散 29 com3 M3
自动模式指示灯 I/O离散 30 com3 M8
手动模式指示灯 I/O离散 31 com3 M9
用户名 内存字符串 32
密码 内存字符串 33
新建...

图 8 - 29　建立数据词典

3. 监控画面设计

单击工程浏览器“文件”下的“画面”，然后双击“新建”，可以建立新画面。在画面中，利用工具箱中的工具按钮设计满足自己监控要求的监控界面，其中包括蓄水池、水泵、出水阀、液位传感器、水箱液位指示、启动停止按钮、指示灯等要素。

4. 动画连接

动画连接就是建立画面的图素与数据库变量的对应关系。双击画面中的按钮会出现“动画连接”对话框，按下时使变量域中该按钮对应的变量为“1”，弹起时使变量域中该按钮对应的变量为“0”。液位设定值及 PID 参数是在画面中输入文本“＃＃＃”，然后双击“＃＃＃”，弹出动画连接对话框，选择模拟值输入，在模拟值输入连接中连接定义好的对应变量及设置范围即可实现动画连接，而液位反馈值则选择模拟值输出。实时曲线在工具箱中选择实时趋势曲线进行相关设置即可。

5. 运行监控

使 PLC 处于运行状态，单击组态王的“VIEW”按钮进入运行监控状态，将现场的 SA 断开使系统处于自动状态，上位机上设置好设定值及相关参数并按动启动按钮后即可观察液位的变化情况，如图 8 - 30 所示。

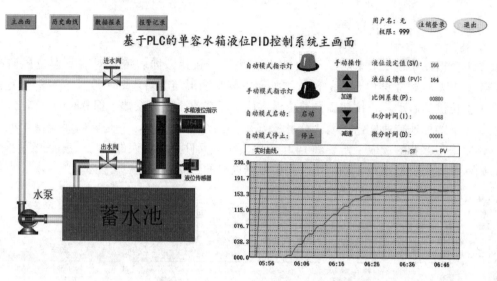

图 8 - 30　运行监控界面

附录　常用低压电器主要技术参数

附表 1　　　　　　　**CJX1（3TB3TF）系列交流接触器技术参数**

接触器型号		CJX1-9 (3TB40) CJX1-12 (STB41)	CJX1-16 3TB42 CJX1-22 STB43	CJX1-32 3TB44	CJX1-45 3TB46 CJX1-63 STB47	CJX1-75 3TB48 CJX1-85 STB49	CJX1-110 3TB50 CJX1-140 STB51	CJX1-170 3TB52 CJX1-205 STB53
机械寿命（×10^{6}次）		10	10	10	10	10	6	8
约定发热电流（A）		20	30	45	80	100	160	200/220
额定绝缘电压（V）		660	660	660	1000	1000	1000	1000
额定工作电流（A）	380V	9/12	16/22	32	45/63	75/85	110/140	170/205
	660V	7.2/9.5	13.5	18	45/63	75/85	110/140	170/225
可控电机功率（kW）	380V	4/5.5	7.5/11	15	22/30	37/45	55/75	90/110
	660V	5.5/7.5	11	15	22/30	37/45	55/75	90/110
操作频率（次/h）	AC3	1200	600	600	1200/1000	1000	1000	700/500
	AC4	300	300	300	600/400	400	400	300/130
电寿命（×10^{6}次）	AC3	1.0	1.0	1.0	1.0	1.0	1.0	1.0/0.8
	AC4	0.2	0.2	0.2	0.1	0.1	0.1	0.1
吸引线圈功率损耗	吸合（VA）	10	10	10	17	32	39	58
	启动（VA）	68	69	71	183	330	550	910
辅助接触额定绝缘电压（V）		660	660	660	660	660	660	660
辅助触点额定工作电流（V）		10	10	10	10	10	10	10
吸引线圈工作电压范围		$(0.8\sim1.1)U_N$						

附表 2　　　　　　　**CJ20 系列交流接触器技术指标**

型号	额定绝缘 电压（V）	额定工 作电压 U_N(V)	约定发 热电流 I_t(A)	额定工 作电流 （AC-3） （A）	额定控 制功率 （kW）	额定操 作频率 （AC-3） （次/h）	与 SCPD 的 协调配合	动作特性	线圈控制功率 （VA/W）	
									启动	吸持
CJ20-10	660	220	10	10	2.2	1200	NT00-20/660	吸合电压 范围(0.85~ 1.1)U_s 释放电压 范围(0.2~ 0.75)U_s	65/47.6	8.3/2.5
		380		10	4	1200				
		660		5.2	4	600				
CJ20-16		220	16	16	4.5	1200	NT00-32/660		62/47.8	8.5/2.6
		380		16	7.5	1200				
		660		13	11	600				
CJ20-25		220	32	25	5.5	1200	NT00-50/660		93.1/60	13.9/4.1
		380		25	11	1200				
		660		14.3	13	600				
CJ20-40		220	55	40	11	1200	NT00-80/660		175/82.3	19/5.7
		380		40	22	1200				
		660		25	22	600				

257

续表

型号	额定绝缘电压(V)	额定工作电压 U_N(V)	约定发热电流 I_t(A)	额定工作电流(AC-3)(A)	额定控制功率(kW)	额定操作频率(AC-3)(次/h)	与SCPD的协调配合	动作特性	线圈控制功率(VA/W) 启动	吸持
CJ20-63		220	80	63	18	1200	NT1-160/660		480/153	57/16.5
		380		63	30	1200				
		660		40	35	600		吸合电压范围(0.8~1.1)U_s 释放电压范围(0.2~0.7)U_s		
CJ20-100	660	220	125	100	28	1200	NT1-250/660		570/175	61/215
		380		100	50	1200				
		660		63	50	600				
CJ20-160		220	200	160	48	1200	NT2-315/660		855/325	855/325
		380		160	85	1200				
		660		100	85	600				
CJ20-160/11	1140	1140	200	80	85	300				
CJ20-250		220	315	250	80	600	NT2-440/660		1710/565	152/65
		380		250	132	600				
CJ20-250/06		660		200	190	300		吸合电压范围(0.85~1.1)U_s 释放电压范围(0.2~0.75)U_s		
CJ20-400	660	220	400	400	115	600	NT2-500/660		1710/565	152/65
		380		400	200	600				
CJ20-400/06		660		250	220	300				
CJ20-630		220	630	630	175	600			3578/790	3578/790
		380		630	300	600	NT2-630/660			
CJ20-630/06	660	660		400	350	300				
CJ20-630/11	1140	1140	400	400	400	120				

附表 3 　　　　　　　　　JS7-A 系列空气阻尼式时间继电器

型号	吸引线圈电压(V)	触点额定电压(V)	触点额定电流(A)	延时范围(s)	延时触点数量 得电延时 动合	得电延时 动断	失电延时 动合	失电延时 动断	瞬动触点数量 动合	动断
JS7-1A	24,36, 110,127, 220,380,420	380	5	0.4~60 和 0.4~180 两种	1	1				
JS7-2A					1	1			1	1
JS7-3A							1	1		
JS7-4A							1	1	1	1

附表 4 　　　　　　　　　DY-30 系列电压继电器

型号	最大整定电压(V)	额定电压(V) 线圈并联	线圈串联	长期允许电压(V) 线圈并联	线圈串联	电压整定范围(V)	动作电压(V) 线圈并联	线圈串联	返回系数	动作时间(s) 1.1倍动作值	2倍动作值	0.5倍动作值	触点形式 1副动合	1副动合1副动断	触点断开容量(VA) 直流	交流
DY-31																
DY-32	60 200 400	30 100 200	60 200 400	35 110 220	70 220 440	15~60 50~200 100~400	15~30 50~10 100~200	30~60 100~200 200~400	≥0.8	≥0.12	≥0.04		DY-31 DY-35	DY-32 DY-36 KY-32/-60C	50	250
DY-33																
DY-34																
DY-35																
DY-36	48 160 320	30 100 200	60 200 400	35 110 220	70 220 440	12~48 40~160 80~320	12~24 80~160 160~320	24~48 80~160 160~320	≥1.25			≥0.15				
DY-37																
DY-38																

258

续表

型号	最大整定电压(V)	额定电压(V) 线圈并联	额定电压(V) 线圈串联	长期允许电压(V) 线圈并联	长期允许电压(V) 线圈串联	电压整定范围(V)	动作电压(V) 线圈并联	动作电压(V) 线圈串联	返回系数	动作时间(s) 1.1倍动作值	动作时间(s) 2倍动作值	动作时间(s) 0.5倍动作值	触点形式 1副动合	触点形式 1副动合1副动断	触点断开容量(VA) 直流	触点断开容量(VA) 交流
DY-32/60C	60	100	200	110	220	15~60	30~60	30~60	≥0.8	≥0.12	≥0.04				50	250

附表 5 **ST3P 系列时间继电器的技术数据**

型号	ST3PA	ST3PG	ST3PC	ST3PF	ST3PK	ST3PY	ST3PR
重复精度	0.5‰+20ms			0.1‰+20ms		0.5‰+20ms	0.1‰+20ms
整定误差	<5%(最大刻度值)					<10%(最大刻度值)	
复位时间	500ms		—		100ms	500ms	500ms
触点容量 AC-12	220V、3A					220V、2A	
触点容量 AC-15	220V、1A	220V、0.5A	220V、1A	220V、0.5A			
触点容量 DC-12	110V、0.5A	24V、3A	110V、0.5A	24V、3A	24V、3A	24V、2A	24V、2A
触点容量 DC-13	110V、0.2A	24V、0.5A	110V、0.2A	24V、0.5A			
额定功耗	AC 220V、2.9VA AC 110V、1.9VA DC 24V、1.3W	AC 3.3VA DC 2.4W	AC 220V、1.1VA AC 110V1.3VA DC 24V1.3W	AC 3.3VA DC 1.5W	4.4VA	AC 3.3VA DC 1.5W	
绝缘强度	电气与大地 AC 2000V、1min;电气回路间 AC 1500V、1min; 同组触点间 AC 1000V、1min						
绝缘电阻	>100MΩ						
机械寿命(次)	5×10⁷	1×10⁷	2×10⁷	2×10⁷	2×10⁷	1×10⁷	
电寿命(次)	AC-12 20×10⁴ AC-15 32×10⁴ DC-12 50×10⁴ DC-13 15×10⁴				AC-12 12×10⁴ AC-15 15×10⁴ DC-12 10×10⁴ DC-13 15×10⁴		
产品质量(g)	100			140		180	150

附表 6 **国产部分舌(干)簧继电器主要参数**

型号 参数	JAG-2 H 型	JAG-2 Z 型	JAG-3 H 型	JAG-3 Z 型	JAG-4 H 型	JAG-4 Z 型	JAG-5 H 型	JAG-5 Z 型
触点形式	动合	转换	动合	转换	动合	转换	动合	转换
使用温度(℃)	−10~+55		−25~+55		−10~+55		−10~+55	
舌簧管外形尺寸(mm)	φ4×36	φ4×35	φ3×20	φ3×20	φ3×21	φ3×20	φ8×42	φ8×50
吸合安匝(A·匝)	60~80	45~65	45~85		25~40	60~100	180~330	
释放安匝(A·匝)	≥25	≥20	5~30		≥8	≥20	≥60	
吸合时间(ms)	≤1.7	≤2.5	≤3		≤0.9		≤5	
接触电阻(Ω)	≤0.1	≤0.15	≤0.2		≤0.15		≤0.5	
触点容量	直流 24V ×0.2A		直流 24V×0.1A		直流 12V×0.05A		直流 30V×1A	
寿命(次)	10⁷	10⁶	10⁶	10⁵	10⁶		5×10⁴	
备注	上述参数均在标准线圈中测出						环境温度可达+55℃	

附表 7 　　　　　　　　　　　　　　 **NR2（JR28）系列热过载继电器**

型　　号	型号	整定电流范围（A）	相匹配熔断器规格（推荐 RT16）（A）		相匹配的接触器型号
			aM	GG	
NR2-11.5/Z	NR2-11.5/Z-0A	0.11～0.16	0.25	0.5	NC6-0.6
	NR2-11.5/Z-O0B	0.16～0.23	0.25	0.5	NC6-0.6
	NR2-11.5/Z-OC	0.23～0.36	0.5	1	NC6-06
	NR2-11.5/Z-OD	0.36～0.54	1	1	NC6-06
	NR2-11.5/Z-OE	0.54～0.8	1	2	NC6-06
	NR2-11.5/Z-OF	0.8～1.2	2	4	NC6-06
	NR2-11.5/Z-1A	1.2～1.8	2	6	NC6-06
	NR2-11.5/Z-1B	1.8～2.6	4	8	NC6-06
	NR2-11.5/Z-1C	2.6～3.7	4	10	NC6-06
	NR2-11.5/Z-1D	3.7～5.5	6	16	NC6-06
	NR2-11.5/Z-1E	5.5～8	8	20	NC6-09
	NR2-11.5/Z-1F	8～11.5	10	25	NC6-09
NR2-11.5/F	NR2-11.5/F-0A	0.11～0.16	0.25	0.5	NC6-09
	NR2-11.5/F-0B	0.16～0.23	0.25	0.5	NC6-09
	NR2-11.5/F-0D	0.36～0.54	1	1.6	NC6-09
	NR2-11.5/F-0E	0.54～0.8	1	2	NC6-09
	NR2-11.5/F-0F	0.8～1.2	2	4	NC6-09
	NR2-11.5/F-1A	1.2～1.8	2	6	NC6-09
	NR2-11.5/F-1B	1.8～2.6	4	8	NC6-09
	NR2-11.5/F-1C	2.6～3.7	4	10	NC6-09
	NR2-11.5/F-1D	3.7～5.5	6	16	NC6-09
	NR2-11.5/F-1E	5.5～8	8	20	NC6-09
	NR2-11.5/F-1F	8～11.5	10	25	NC6-09
NR2-25/Z	NR2-25/Z-0A	0.1～0.16	0.25	2	NC1-09
	NR2-25/Z-0B	0.16～0.25	0.25	2	NC1-09
	NR2-25/Z-0C	0.25～0.4	1	2	NC1-09
	NR2-25/Z-0D	0.4～0.63	1	2	NC1-09
	NR2-25/Z-0E	0.63～1	2	4	NC1-12
	NR2-25/Z-1A	1～1.6	2	4	NC1-12
	NR2-25/Z-1B	1.25～2	4	6	NC1-12
	NR2-25/Z-1C	1.6～2.5	4	6	NC1-12
	NR2-25/Z-1D	2.5～4	6	10	NC1-12
	NR2-25/Z-1F	5.5～8	12	20	NC1-12
	NR2-25/Z-1G	7～10	12	20	NC1-12
	NR2-25/Z-1H	9～13	16	25	NC1-12～32
	NR2-25/Z-2A	12～18	20	35	NC1-18～32
	NR2-25/Z-2B	17～25	25	50	NC1～25
NR2-36/Z	NR2-36/Z-2A	23～32	40	63	NC1-25
	NR2-36/Z-2B	28～36	40	80	NC1-32
NR2-93/Z	NR2-93/Z-2A	23～32	40	63	NC1-40～95
	NR2-93/Z-2B	40～40	40	100	NC1-40～95
	NR2-93/Z-2C	37～50	63	100	NC1-40～95
	NR2-93/Z-2D	48～65	63	100	NC1-40～95
	NR2-93/Z-2E	55～70	80	125	NC1-40～95
	NR2-93/Z-2F	63～80	80	125	NC1-40～95
	NR2-93/Z-2G	80～93	100	160	NC1-40～95

附表 8   **OPTO 22 交流电源系列－120/240V 固态继电器**

型号	输入线电压(V)	负载电流(A)	浪涌峰值电流(A)	输入阻抗(Ω)	控制电压范围(V)	关断电压(V)	电器系统峰值(V)	最大输出压降(V)	断态漏电流最大值(mA)	负载电压范围(交流)(V)	I^2t(A²s)	绝缘耐压VRMS	热阻系数(℃/W)	耗散系数(W/A)
120D3	120	3	85	1000	DC 3～32V	DC1V	600	1.6	2.5	12～140	30	4000	11	1.7
120D4	120	10	110	1000	DC 3～32V	DC1V	600	1.6	7	12～140	50	4000	1.3	1.6
120D25	120	25	250	1000	DC 3～32V	DC1V	600	1.6	7	12～140	250	4000	1.2	1.3
120D45	120	45	650	1000	DC 3～32V	DC1V	600	1.6	7	12～140	1750	4000	0.67	0.9
240D3	240	3	85	1000	DC 3～32V	DC1V	600	1.6	5	24～280	30	4000	11	1.7
240D10	240	10	110	1000	DC 3～32V	DC1V	600	1.6	14	24～280	50	4000	1.3	1.6
240D25	240	25	250	1000	DC 3～32V	DC1V	600	1.6	14	24～280	250	4000	1.2	1.3
240D45	240	45	650	1000	DC 3～32V	DC1V	600	1.6	14	24～280	1750	4000	0.67	0.9
380D25	380	25	250	1000	DC 3～32V	DC1V	800	1.6	12	24～420	250	4000	1.2	1.3
380D45	380	45	650	1000	DC 3～32V	DC1V	800	1.6	12	24～420	1750	4000	0.67	0.9
120A10	120	10	110	33K	AC 85～280V	AC10V	600	1.6	7	12～140	50	4000	1.3	1.6
120A25	120	25	250	33K	AC 85～280V	AC10V	600	1.6	7	12～140	250	4000	1.2	1.3
240A10	240	10	110	33K	AC 85～280V	AC10V	600	1.6	14	24～280	50	4000	1.3	1.6
240A25	240	25	250	33K	AC 85～280V	AC10V	600	1.6	14	24～280	250	4000	1.2	1.3
240A45	240	45	650	33K	AC 85～280V	AC10V	600	1.6	14	24～280	1750	4000	0.67	0.9

附表 9   **LXK3 系列行程开关**

型号 \ 动作特性	LXK3-20$^{S}_{H}$/B LXK3-20$^{S}_{H}$/L	LXK3-20$^{S}_{H}$/B LXK3-20$^{S}_{H}$/T LXK2-20$^{S}_{H}$/J	LXK3-20$^{S}_{H}$/D	LXK3-20$^{S}_{H}$/H1 LXK3-20$^{S}_{H}$/H2 LXK3-20$^{S}_{H}$/H3	LXK3-20$^{S}_{H}$/W
操动力（OF）最大	30N	0.24N·m	0.22N·m	0.2N·m	0.038N·m
回复力（RF）最小	5N	0.06N·m	0.03N·m	—	0.015N·m
动作行程（PT）最大	1.7～2.2mm	18°～24°	18°～24°	70°～80°	12°～20°
差程（MD）最大	1.2mm	15°	15°	40°～60°	8°
全行程（TTP）最大	6.0mm	60°	60°	90°	—

附表 10   **RS3 螺旋式熔断器主要技术参数**

型号	额定电流（A）	额定电压（V）	额定耗散功率（W）	质量（kg）
RS3	25	380、800	8.6	0.18
	32		9.9	
	40		11.3	
	50		13.2	
	63		15.7	
	80		18.7	
	100		22.6	
	125		27.0	
	100	380、660、1000	34	0.47
	125		36	
	160		40	
	200		46	
	250		55	
	200		47	0.69
	250		53	
	280		56	
	315		62	
	355		67	
	400		75	
	355		65	0.92
	400		72	
	450		75	
	500		83	
	560		92	
	630		105	

附表 11 　　　　　　　　　　**DZ10 系列塑壳低压断路器主要技术参数**

型　号				DZ10-100		DZ10-250	DZ10-100
额定工作电压 U_N（V）				AC 380，DC 220			
约定发热电流 I_t（A）				100		250	600
极数（p）				2，3			
脱扣器额定电流 I_r（A）				15 20	25，30 40，50	60，80 100	100	120	140，150，170，400，500，600	200，250，300，350 400，500，600
脱扣器电流整定值				$10I_r$		$(5\sim10) I_r$	$(5\sim10) I_r$ 或 $10I_r$
极限通断能力（kA）	DC 220V，$T=$10±1.5ms			6	8	12	20	25
	AC 380V，$\cos\varphi=$0.5±0.05（峰值）			3.5	4.7	7.0	17.7	23.5
附件	分励脱扣器额定电压（V）			AC 220、380，DC 24、48、110、220			
	欠电压脱扣器额定电压（V）			AC 220、380，DC 110、220			
	电动操动机构			AC 220V，DC 220V			
	辅助触点			AC 220V，DC 220V 最多二开，二闭		AC 380V，DC 220V 最多四开，四闭	AC 380V，DC 220V 最多六开，六闭
寿命（千次）	电气			5		4	2
	机械			10		8	7
操作频率不小于（次/h）				60		30	30

附表 12 　　　　　　　　　　**DW10 系列万能式低压断路器主要性能参数**

型　号	壳架等级额定电流（A）	额定电流（A）	过电流脱扣器的整定电流（A）	极限通断能力（A，交流 380V、$\cos\varphi\geqslant0.4$）	机械寿命（次）	电寿命（次）
DW10-200/2 DW10-200/3	200	100	100－150－300	10000	2000	5000
		150	150－225－450			
		200	200－300－600			
DW10-400/2 DW10-400/3	400	100	100－150－300	15000 20000	10000	2500
		150	150－225－450			
		200	200－300－600			
		250	250－375－750			
		300	300－450－900			
		350	350－525－1050			
		400	400－600－1200			
DW10-600/2 DW10-600/3	600	400	400－600－1200	15000	10000	2500
		500	500－750－1500			
		600	600－900－1800			

型　　号	壳架等级额定电流（A）	额定电流（A）	过电流脱扣器的整定电流（A）	极限通断能力（A，交流380V，$\cos\varphi \geqslant 0.4$）	机械寿命（次）	电寿命（次）
DW10-1000/2 DW10-1000/3 DW10-2500/2 DW10-2500/3	1000 2500	400	400—600—1200	30000	10000 5000	2500 1250
		500	500—750—1500			
		600	600—900—1800			
		800 1000	800—1200—2400 1000—1500—3000			
		1500	1500—2250—4500			
		2000	2000—3000—6000			
		2500	2500—3750—7500			

附表 13　　　　　　　　**DZ47 系列小型断路器主要技术参数**

1. 断路器的基本参数

额定电流（A）	极数（p）	额定电压（V）	分断能力（kA）	瞬间脱扣类型	瞬间保护电流范围
6、10、16、20、25、32	1、2、3、4	230/400	6	B	$3I_N < I \leqslant 5I_N$
				C	$5I_N < I \leqslant 10I_N$
				C	$10I_N < I \leqslant 14I_N$
40、50、60			4.5	B	$3I_N < I \leqslant 5I_N$
				C	$5I_N < I \leqslant 10I_N$
				D	$10I_N < I \leqslant 14I_N$

2. 过电流脱扣特性

脱扣器形式	脱扣器额定电流 I_n（A）	起始状态	试验电流	规定时间	预期结果	备　　注
B、C、D	≤63	冷态	$1.13I_N$	$t \geqslant 1h$	不脱扣	
B、C、D	≤63	热冷	$1.45I_N$	$t < 1h$	脱扣	电流在5s稳定地上升至规定值
B、C、D	≤32 >32	冷态	$2.55I_N$	$1s < t < 60s$ $1s < t < 120s$	脱扣	
B	所有值	冷态	$3I_N$	$t \geqslant 0.1s$	不脱扣	闭合辅助开关，接通电流
C			$5I_N$			
D			$10I_N$			
B	所有值	冷态	$5I_N$	$t < 0.1s$	脱扣	闭合辅助开关，接通电流
C			$10I_N$			
D			$14I_N$			

附表 14　　　　　KB0 基本型控制与保护开关电器主电路主要参数

框架	I_n（A）	I_{th}（A）	U_i（V）	f（Hz）	I_N（A）	U_N（V）
C	12	45	690	50（60）	0.25～12	380
						690
	16				0.25～16	380
						690
	32				0.25～32	380
						690
	45				0.25～45	380
						690
D	50	100			13～50	380
						690
	63				13～63	380
						690
	100				13～100	380
						690

附表 15　　　　KB0 基本型控制与保护开关电器电气间隙、爬电距离、
U_{imp} 和隔离气隙的冲击耐受电压

电路	电气间隙（mm）	爬电距离（mm）	U_{imp}（kV）	隔离气隙的冲击耐受电压（kV）
主电路	≥8.00	≥10	8.00	10.00
控制电路	≥8.00	≥10	8.00	—
机械无源辅助电路	≥8.00	≥10	8.00	—
隔离辅助电路	≥8.00	≥10	8.00	10.00
双电源控制电路	≥8.00	≥10	8.00	—
信号报警辅助电路	≥1.50	≥4.0	2.50	—

附表 16　　KB0 基本型控制与保护开关电器主电路电寿命次数及接通与分断条件

U_N（V）	使用类别	框架	电寿命×10^4 次			接通条件		分断条件		
			新试品	I_{cs} 试验后	I_{cr} 试验后	I/I_N	U/U_N	I_c/I_N	U_r/U_N	$\cos\varphi$
380	AC-43	C	120	0.15	0.3	6	1	1	0.17	0.35 (0.65*)
		D	100							
	AC-44	C	3	0.15	0.3	6	1	6	1	0.35 (0.65*)
		D	2							
690	AC-44	C	1							
		D	1							

注　标 * 的值适用于 I_N≤17A。

附表 17　　KB0 基本型控制与保护开关电器工频耐压试验电压值和绝缘电阻最小值

U_i（V）	试验电压值（交流有效值）（V）	绝缘电阻最小值（MΩ）
60＜U_i≤300	1500	1
300＜U_i≤690	1890	1

附表 18　　接 KB0 基本型控制与保护开关电器承载和分断短路电流的能力

| U_N（V） | 框架 | I_n（A） | 额定运行短路分断电流 I_{cs}（kA） | | | 预期约定试验电流 I_{cr}（A） | 附加分断能力 I_c（A） |
			C 型	Y 型	H 型		
380	C	12	35	50	—	25×45（即 1125）	16×45×0.8（即 576）
		16					
		32					
		45					
	D	50	35	50	80	20×100（即 1600）	16×100×0.8（即 1280）
		63					
		100					
690	C	12	4	4	4	25×45（即 1125）	16×45×0.8（即 576）
		16					
		32					
		45					
	D	50	10	10	10	20×100（即 1600）	16×100×0.8（即 1280）
		63					
		100					

附表 19　　KB0 基本型控制与保护开关电器主体及其模块的机械寿命

壳架等级代号及模块名称		机械寿命（×10^4 次）
主体	C 框架	1000
	D 框架	500
（可逆型）机械联锁		30
机械无源辅助触头		500
隔离辅助触头		1
信号报警辅助触头		1
就地操动机构及隔离功能触头		1
双电源控制器		1
就地消防操动机构及消防隔离功能触头		0.3
声光报警模块		0.3
热磁脱扣器		0.1
分励脱扣器		0.1
远距离再扣器		0.1

参 考 文 献

[1] 李林涛. 三菱 FX3U/5U PLC 从入门到精通 [M]. 北京：机械工业出版社，2022.

[2] 姚晓宁. 三菱 FX5UPLC 编程及应用 [M]. 北京：机械工业出版社，2021.

[3] 向晓汉. 三菱 FX 系列 PLC 完全精通教程 [M]. 2 版. 北京：化学工业出版社，2021.

[4] 向晓汉. 三菱 FX5U PLC 从入门到精通 [M]. 北京：化学工业出版社，2021.